Chemie

Chemie

Eine Einführung in die Welt der Elemente und ihrer Verbindungen

Gesamtherstellung: Naumann & Göbel Verlagsgesellschaft mbH
Autorin: Christine Schuseil

ISBN 978-3-625-11570-0

Inhalt

Allgemeine Chemie

Elemente und Verbindungen

Der Stoffbegriff

Täglich kommen wir mit einer Vielzahl von Gegenständen in Berührung, die aus Stoffen wie z. B. Metallen, Holz, Glas, Ton und Papier bestehen. Den Begriff Stoff verwenden wir, wenn wir von Werkstoffen, Baustoffen, Kunststoffen, Farbstoffen, Treibstoffen, Klebstoffen usw. sprechen. Mit dem Begriff *Stoff* werden aber nicht nur Gegenstände aus festen Materialien, sondern auch Flüssigkeiten und Gase wie z. B. Benzin, Wasser, Luft, Erdgas usw. bezeichnet. Ganz allgemein besteht unsere Umwelt aus *Stoffen* oder *stofflicher Materie,* die alles umfasst, was Masse hat, d. h. wägbar ist und zugleich Raum beansprucht.

Stoffe sind Substanzen, die Masse haben und Raum einnehmen.

Eigenschaften der Stoffe

Jeder einzelne Stoff kann durch seine gleichbleibenden, charakteristischen, die sogenannten *spezifischen Eigenschaften,* beschrieben werden.

Sie werden in *physikalische und chemische Eigenschaften* untergliedert. Die chemischen Eigenschaften beziehen sich auf die Zusammensetzung, die Reaktionen mit anderen Stoffen und die Umwandlung der Stoffe. Wichtige chemische Eigenschaften sind z. B. Reaktionen beim Erhitzen, die Brennbarkeit, das Verhalten gegenüber Säuren, die Korrosionsbeständigkeit.

Die physikalischen Eigenschaften beschreiben den Zustand und die Zustandsänderungen, wobei der Stoff als solcher unverändert bleibt. Wichtige physikalische Eigenschaften sind z. B. Aggregatzustand, Schmelz- und Siedepunkte, die elektrische Leitfähigkeit, der Geruch, die Verformbarkeit, die Härte, die Farbe, der Oberflächenglanz. Die spezifischen Eigenschaften sind von der Form und Größe eines Körpers unabhängig. So können Gegenstände, die aus gleichen Materialien bestehen, wie z. B. Nägel, Zangen, Bohrer und Scheren, unterschiedliche Formen und Größen haben, aber trotzdem gleiche spezifische Eigenschaften besitzen. Genauso können Körper gleicher Form und Größe, z. B. Becher aus Glas, Kunststoff, Keramik oder Zinn, unterschiedliche spezifische Eigenschaften aufweisen. Der Glasbecher z. B. zerspringt, wenn er auf eine harte Unterlage fällt, der Kunststoffbecher nicht.

Die einzelnen Stoffe können durch ihre verschiedenen *spezifischen Eigenschaften,* die in physikalische und chemische Eigenschaften untergliedert werden, charakterisiert und unterschieden werden. Die spezifischen Eigenschaften sind von der Form und Größe des Stoffes unabhängig.

Einige Eigenschaften lassen sich äußerlich mit den Sinnesorganen wahrnehmen, wie z. B. der Geruch, der Geschmack, die Verformbarkeit, die Farbe und der Oberflächenglanz.

Viele Stoffe haben charakteristische Gerüche, wie Alkohol, Benzin oder Ammoniak. Zucker und Salz kann man durch ihren Geschmack unterscheiden. Ton und Wachs sind verformbar. Metalle haben einen typischen Oberflächenglanz. Schwefel ist gelb und Eisen grau gefärbt.

Geruchs- und Geschmacksproben sind aber nur in wenigen Fällen problemlos, da viele Stoffe Gesundheitsschädigungen hervorrufen. Die äußeren Erkennungsmerkmale eines Stoffes reichen aber noch nicht aus, um einen Stoff eindeutig zu charakterisieren, denn oft erscheinen verschiedene Stoffe nach außen hin gleich; auch kann ein Stoff in verschiedenen äußeren Erscheinungsformen, den sogenannten Modifikationen, auftreten, sodass er unter Umständen nicht erkannt wird. Kohlenstoff beispielsweise kommt in zwei kristallinen Modifikationen vor: einmal als farbloser Diamant und zum anderen als grauer, metallisch glänzender Grafit.

Bei der Identifizierung eines Stoffes reicht allgemein eine Übereinstimmung in einer Eigenschaft nicht aus, sondern es muss immer eine Übereinstimmung in mehreren Eigenschaften auftreten, um den Stoff zu klassifizieren, z. B. den Metallen oder Nichtmetallen zuzuordnen, und ihn dann eindeutig durch seine typischen Eigenschaften zu bestimmen.

Viele wichtigen Eigenschaften eines Stoffes müssen experimentell ermittelt und zahlenmäßig erfasst werden, wie z. B. die Siede- und Schmelztemperatur, die die Übergänge zwischen den verschiedenen Aggregatzuständen der Stoffe kennzeichnen, oder die Dichte, das Verhalten gegenüber Säuren. Im Folgenden werden diese Stoffeigenschaften näher erläutert.

Aggregatzustand

Die drei möglichen Erscheinungsformen der Materie, fest, flüssig und gasförmig, werden als *Aggregatzustände* bezeichnet.

Die meisten Stoffe kann man, je nach Druck und Temperatur, in alle drei Aggregatzustände überführen. Die Begriffe Schmelzen, Erstarren, Verdampfen, Kondensieren, Sublimieren und Verfestigen bezeichnen die Übergänge zwischen den Aggregatzuständen. Wasser z. B. erstarrt bei 0 °C zu Eis. Bei Temperaturen oberhalb des Gefrierpunktes beginnt es zu schmelzen. Es geht dann vom festen in den flüssigen Aggregatzustand über. Bei 100 °C siedet Wasser und verdampft. Hier erfolgt der Übergang vom flüssigen in den gasförmigen Zustand. Der Wasserdampf kondensiert beim Abkühlen, es entsteht wieder flüssiges Wasser.

Bei der Sublimation wird ein Aggregatzustand übersprungen, d. h. es erfolgt ein direkter Übergang vom festen in den gasförmigen Zustand. Nasse Wäsche z. B. erstarrt durch gefrierendes Wasser bei Temperaturen unter dem Gefrierpunkt zuerst und trocknet dann, ohne dass das Eis schmilzt. Der umgekehrte Vorgang wird Resublimation oder Verfestigung genannt. Beispielsweise entstehen Eisblumen an den Fenstern oder Raureif durch diesen direkten Übergang von gasförmigem Wasser (Wasserdampf) zu festem Eis.

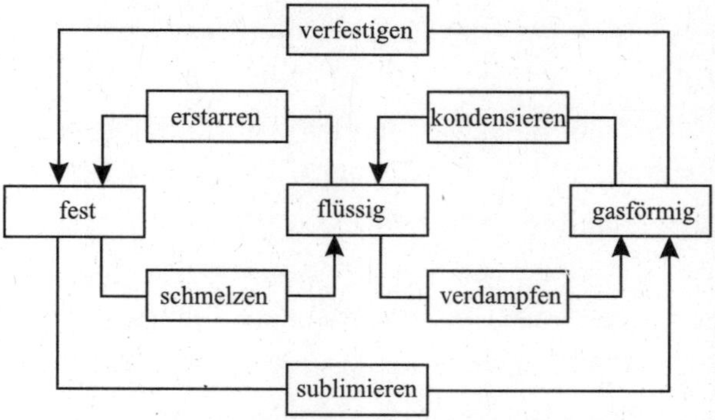

Aggregatzustände und ihre Übergänge

Schmelz- und Siedetemperatur

Die Punkte, an denen ein Reinstoff von einem Aggregatzustand in einen anderen übergeht, kann man experimentell bestimmen, indem man die Siede- und Schmelztemperatur bestimmt. Die Siedetemperatur, auch Siedepunkt genannt (Abkürzung Sdp.), ist diejenige Temperatur, bei der ein Stoff unter Energie-(Wärme-)zufuhr vom flüssigen in den gasförmigen Aggregatzustand übergeht. Sie hat für jeden Stoff einen charakteristischen Wert. Kühlt man das entstandene Gas wieder ab, kondensiert es bei der gleichen Temperatur, bei der es gesiedet hat. Kondensationspunkt und Siedepunkt sind damit gleich. Als Schmelztemperatur oder Schmelzpunkt (abgekürzt Smp.) wird die Temperatur bezeichnet, bei der ein Stoff unter Energie-(Wärme-)zufuhr vom festen in den flüssigen Aggregatzustand übergeht. Das Erstarren eines Stoffes kennzeichnet den umgekehrten Vorgang am Erstarrungs- oder Gefrierpunkt. Beispielsweise schmilzt und erstarrt Schwefel bei 119,6 °C. Die Schmelz- bzw. Erstarrungstemperatur von Schwefel kann daran erkannt werden, dass die Temperatur konstant bleibt, bis der gesamte Schwefel vom festen in den flüssigen Zustand übergegangen ist. Bei der Erstarrungstemperatur verläuft der Vorgang umgekehrt. Genauso verhält es sich bei der Bestimmung der Siede- bzw. Kondensationstemperatur von 444 °C des Schwefels. Diese Temperatur bleibt ebenfalls so lange konstant, bis der gesamte Schwefel vom flüssigen in den gasförmigen Zustand übergegangen ist und umgekehrt.

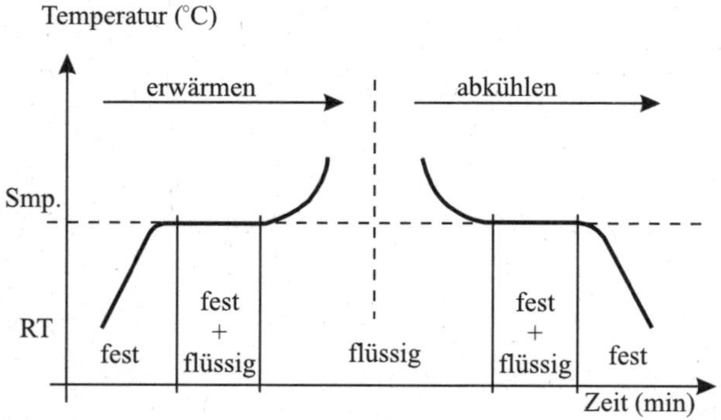

Temperaturverlauf beim Schmelzen und Erstarren von Schwefel

Beispiele von Schmelz- und Siedepunkten einiger Stoffe bei Normdruck (1,013 bar)

Stoff	Smp. (°C)	Sdp. (°C)
Sauerstoff	–218,8	–183
Schwefelkohlenstoff	–111,6	46,3
Quecksilber	–38,8	357
Wasser	0	100
Natrium	97,8	881,3
Schwefel	114	444
Blei	327,4	1751
Kochsalz	808	1465
Eisen	1539	3070
Wolfram	3410	5700

Dichte

Für die Dichtebestimmung fester Stoffe wird die Masse eines Metall- oder Nichtmetallstücks durch Wiegen ermittelt. Um die Massen der Stoffe vergleichen zu können, muss man sie auf ein bestimmtes Volumen beziehen. Dieses wurde auf ein Volumen eines 1 cm^3 großen Würfels festgelegt. Aufgrund ihrer unterschiedlichen Dichten haben die Würfel unterschiedliche Massen.

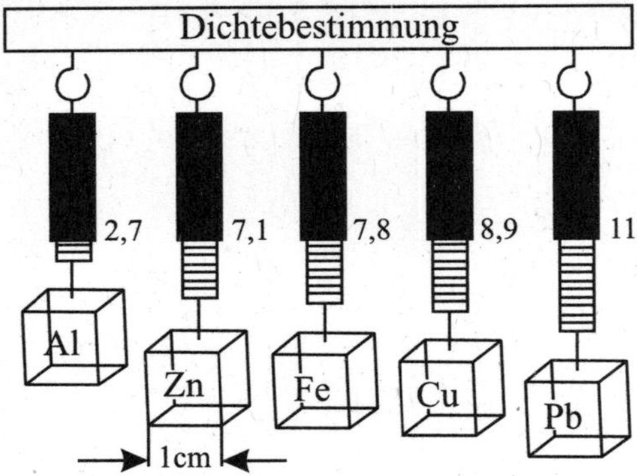

Masse verschiedener Stoffe mit dem Volumen von 1 cm³

Die Dichte eines Körpers ist definiert als der Quotient aus der Masse m (in g) und dem Volumen V (in cm^3) eines Körpers.

$$\rho\ (g/cm^3) = \frac{m(g)}{V(cm^3)}$$

Ihre Aufgabe erfolgt bei Feststoffen und Flüssigkeiten in g/cm^3 und bei Gasen wegen ihrer geringen Dichte in g/dm^3 (g/l).

Das Volumen von unregelmäßig geformten Feststoffen wird durch Wasserverdrängung, das von Flüssigkeiten durch Messen in einem Messzylinder und das Volumen von Gasen durch geeichte Messgeräte ermittelt.

Dichten verschiedener Stoffe bei 20 °C und Normdruck

Stoff	Dichte (g/cm^3)	Aggregatzustand
Stickstoff	0,00125	gasförmig
Luft	0,00129	gasförmig
Sauerstoff	0,00143	gasförmig
Wasser	1,00	flüssig
Quecksilber	13,55	flüssig
Schwefel	2,07	fest
Aluminium	2,70	fest
Eisen	7,86	fest
Blei	11,34	fest
Wolfram	19,30	fest

Löslichkeit

Viele Substanzen lösen sich mehr oder weniger in bestimmten Flüssigkeiten, den sogenannten Lösungsmitteln (z. B. Wasser).

Auch bei leicht löslichen Stoffen nimmt das Lösungsmittel nur begrenzte Mengen des zugegebenen Stoffes auf. Wird eine bestimmte, für den Stoff charakteristische Menge überschritten, sinkt er ungelöst als Bodenkörper nach unten. Die Lösung ist dann mit diesem Stoff gesättigt.

Die Löslichkeit einer Substanz wird auf die Stoffmenge (in g) bezogen, die sich gerade noch in 100 g des Lösungsmittels lösen lässt, ohne dass ein Bodenkörper (Rückstand) entsteht.

Die Stoffmengen, die sich in einem Lösungsmittel lösen lassen, können sehr unterschiedlich sein. Daraus folgt die Einteilung in leicht lösliche, mäßig lösliche und schwer lösliche Stoffe. Vollkommen unlösliche Stoffe gibt es nicht. Kochsalz ist z. B. in Wasser leicht, Gips nur mäßig und Schwefel schwer löslich.

Die Löslichkeit eines Stoffes ist temperaturabhängig. Allgemein nimmt sie mit steigender Temperatur zu. Eine Ausnahme machen die Gase, deren Löslichkeit mit steigender Temperatur abnimmt.

Normzustand

Die Eigenschaften der Stoffe sind druck- und temperaturabhängig. So ist z. B. die Dichte druck- und temperaturabhängig, die Löslichkeit temperaturabhängig und die Siedetemperatur druckabhängig. Die experimentell ermittelten Werte können nur dann miteinander verglichen werden, wenn sie unter gleichen Messbedingungen erhalten wurden. Deshalb hat man sich auf die Messbedingungen von 0 °C und 1,013 bar geeinigt. Werden Messungen bei anderen als den Normbedingungen durchgeführt, so müssen diese zusätzlich genannt werden. Sind keine Zusätze vorhanden, bezieht man sie auf den *Normzustand.*

Einteilung der Stoffe

Weiter oben haben wir die verschiedenen Erscheinungsformen, die Aggregatzustände, in denen Stoffe auftreten können, kennengelernt und Stoffe in Feststoffe, Flüssigkeiten und Gase eingeteilt.

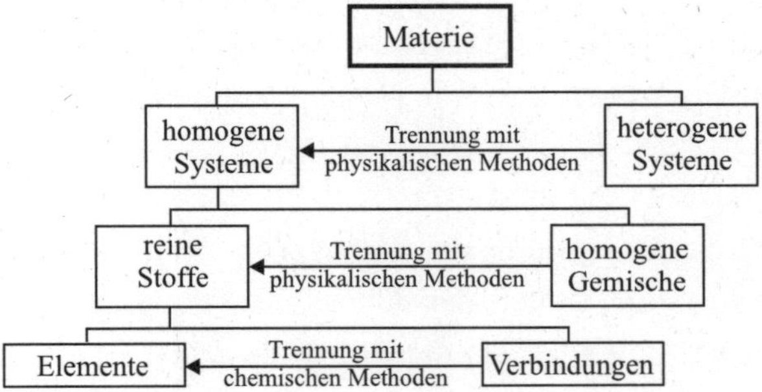

Einteilung der Stoffe

Interessiert man sich dafür, ob ein Stoff aus einer oder mehreren Komponenten aufgebaut ist, so erhält man eine weitere Möglichkeit zur Klassifizierung der Stoffe. Bei manchen Stoffen erkennt man bereits mit bloßem Auge, dass es sich bei ihnen um ein Stoffgemisch handelt, bei anderen muss man erst das Mikroskop zur Hilfe nehmen. Solche uneinheitlichen Stoffe nennt man *heterogene Systeme*. Ein Beispiel für ein heterogenes System ist der Granit, der aus weißem Quarz, rötlichem Feldspat und schwarzem Glimmer besteht.

Genauso gibt es flüssige, feste und gasförmige Stoffgemische, die nach außen hin einheitlich erscheinen. Die Bestandteile sind dann so gut ineinander verteilt, dass nicht zu erkennen ist, dass der Stoff aus mehreren Stoffen zusammengesetzt ist. Diese Stoffgemische werden *homogene Systeme* genannt. Beispiele für homogene Systeme sind die Luft, die ein homogenes Gemisch aus verschiedenen Gasen ist, Lösungen, bei denen ein fester Stoff in einer Flüssigkeit gelöst ist, oder Legierungen, d. h. Gemische aus mehreren Metallen.

Nicht alle Stoffe müssen zwangsläufig aus verschiedenen Stoffen aufgebaut sein. Es gibt Stoffe, die selbst unter dem Mikroskop betrachtet aus einem Stoff bestehen. Solche Stoffe nennt man *Reinstoffe*. Die Gruppe der Reinstoffe lässt sich noch weiter untergliedern in die chemischen nicht weiter zerlegbaren Stoffe, die *Elemente* und die *Verbindungen.* Verbindungen sind Stoffe, die durch chemische Reaktionen entstanden sind, physikalisch nicht weiter auftrennbar sind, sich aber chemisch in die sie aufbauenden Elemente zerlegen lassen.

Stoffgemische

Homogene Systeme

Homogene Systeme verhalten sich nach außen hin wie ein Stoff, können aber durchaus aus verschiedenen Bestandteilen bestehen, die so gut ineinander verteilt sind, dass sie nach außen hin homogen erscheinen. Man nennt sie homogene Stoffgemische.

Homogene Stoffgemische lassen sich durch physikalische Trennverfahren in ihre einzelnen Bestandteile, die *Reinstoffe,* zerlegen. Reinstoffe besitzen einheitliche spezifische Eigenschaften und lassen sich mit physikalischen Methoden nicht weiter zerlegen.

Heterogene Systeme

Heterogene Systeme sind Stoffgemische aus mehreren verschiedenen homogenen Bestandteilen, die unverändert nebeneinander vorliegen und deren jeweilige spezifische Eigenschaften damit erhalten bleiben. Sie lassen sich mithilfe einfacher physikalischer Verfahren trennen.

Man bezeichnet die homogenen Bestandteile eines heterogenen Systems auch als *Phasen* und unterscheidet folgende heterogene Systeme:

Einteilung heterogener Systeme

Aggregatzustand	Gemischtyp	Beispiel
fest / fest	Gemenge	Granit, Steinsalz
fest / flüssig	Suspension	Schlamm
fest / gasförmig	Aerosol	Rauch
flüssig / flüssig	Emulsion	Milch, Lebertran
flüssig / gasförmig	Aerosol	Nebel, Schaum

Stofftrennung

Sollen die Eigenschaften eines reinen Stoffes untersucht werden, muss er häufig erst aus einem Stoffgemisch isoliert werden. Verfahren der Stofftrennung spielen deshalb in der Chemie eine wichtige Rolle. Zur Zerlegung heterogener Systeme nutzt man die physikalischen Eigenschaften der Komponenten, wie z. B. verschiedene Dichten und unterschiedliche Teilchengrößen, aus. Nach folgenden Verfahren kann man heterogene Gemische trennen:

Sedimentieren / Dekantieren: Liegt ein fest / flüssiges Gemisch vor, trennt man den schwereren, aufgeschlämmten Feststoff ab, indem man ihn sich als Bodenkörper absetzen lässt (Sedimentation) und die überstehende Flüssigkeit abgießt (dekantiert).

Extrahieren: Bei flüssig / flüssigen Gemischen trennt man die spezifisch leichtere von der spezifisch schwereren Flüssigkeit in einem Scheidetrichter ab. Die dichtere Flüssigkeit sammelt sich dabei unter der leichteren Flüssigkeit an und kann durch einen Hahn am Trichter abgelassen werden.

Zentrifugieren: Bei fest / flüssigen und flüssig / flüssigen Gemischen kann die Abtrennung auch durch Zentrifugieren erfolgen. Dabei wird das Gemisch in ein Zentrifugengläschen gefüllt, in die Zentrifuge gesetzt und die schwerere Komponente durch schnelle Rotation unter Einwirkung der Zentrifugalkraft nach außen geschleudert. Da die Zentrifugalkraft um ein Vielfaches größer ist als die natürliche Schwerkraft, kann die Trennung erheblich schneller erfolgen.

Filtrieren: Zur Trennung von fest / flüssigen Phasen wird das Gemisch durch einen Filter gegossen, dessen Poren die größeren, festen Teilchen zurückhält. Die durch den Filter laufende flüssige Phase wird „Filtrat" genannt, die festen Teilchen im Filter „Rückstand". Um mit höherer Geschwindigkeit zu filtrieren, bedient man sich der Vakuumfiltration. Dazu verwendet man einen Porzellantrichter (Nutsche) mit eingelegtem Rundfilter, der auf eine Saugflasche mit angeschlossener Wasserstrahlpumpe gesetzt wird. Die Wasserstrahlpumpe erzeugt durch den Unterdruck einen Sog, der das Filtrat durch den Filter saugt.

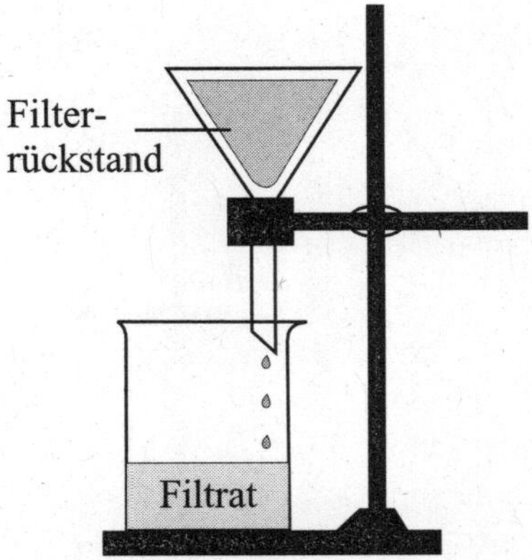

Trennung einer Suspension durch Filtrieren

Sieben: Fest / feste Gemische können bei unterschiedlicher Teilchengröße auf Sieben mit verschiedener Maschenweite getrennt werden. Der feinere Stoff fällt durch das Sieb, der gröbere bleibt zurück. Homogene Gemische werden durch Änderung der physikalischen Bedingungen in heterogene Gemische überführt und dann getrennt. Häufig angewandte Trennverfahren für homogene Gemische sind folgende Verfahren:

Abdampfen: Man kann eine homogene Flüssigkeit, die aus einem gelösten Feststoff und dem flüssigen Lösungsmittel (z. B. wässerige Kochsalzlösung) besteht, durch Erhitzen bis zum Sieden trennen. Die Trennung erfolgt aufgrund der verschiedenen Siedetemperaturen der Bestandteile. Wasser z. B. siedet bei 100 °C und Kochsalz bei 1460 °C. Deshalb verdampft nur das Wasser, und festes, weißes Kochsalz bleibt zurück. Soll der flüchtige Bestandteil nicht verloren gehen, kann die Trennung auch durch Destillation erfolgen.

Abdampfen

Destillation: Die Destillation wird bei homogenen Flüssigkeiten angewendet, die aufgrund der verschiedenen Siedepunkte der Komponenten getrennt werden können. Der leichter flüchtige Bestandteil wird bei Wärmezufuhr verdampft, im Liebig-Kühler abgekühlt, wobei er kondensiert und in einem Rundkolben aufgefangen wird, während die schwer flüchtige Komponente zurückbleibt.

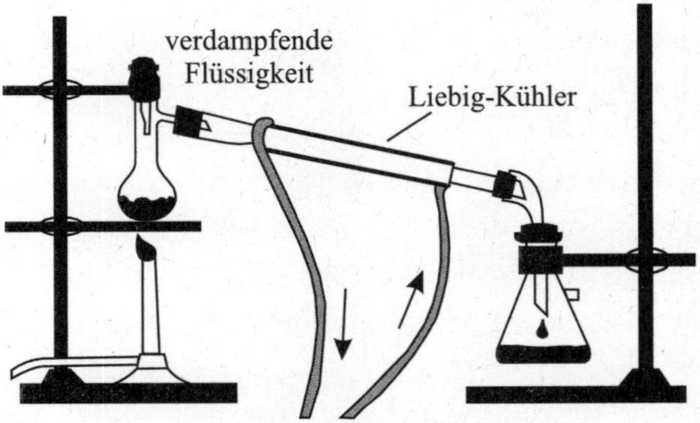

Destillieren einer Lösung

Extraktion: Feste, in einer Flüssigkeit gelöste Stoffe können durch Zugabe eines Lösungsmittels, das nicht mit der Lösung mischbar ist, abgetrennt werden. Der Feststoff muss in dem zugesetzten Lösungsmittel besser löslich sein als in der Lösung, er reichert sich durch „Ausschütteln“ im Siedetrichter im Lösungsmittel an. Die weitere Trennung erfolgt durch Abdampfen des Lösungsmittels und Kristallisation des Stoffes.

Chromatografie: Es gibt verschieden Methoden der Chromatografie. Eine der einfachsten Methoden ist die Dünnschichtchromatografie. Bringt man eine Lösung (mobile Phase) mit einer Feststoffoberfläche (stationäre Phase) in Kontakt, bleiben die gelösten Stoffe in der Grenzfläche fest / flüssig haften (Adsorption). Unterschiedliche Stoffe haften unterschiedlich fest, deshalb können sie getrennt werden. Diejenigen, die nur wenig von der stationären Phase zurückgehalten werden, wandern mit der mobilen Phase auf der Dünnschichtplatte hinauf; die anderen wandern langsam.

Reinstoffe

Reinstoffe können chemische Verbindungen oder Elemente sein. Sie sind immer homogen. Mit physikalischen Trennmethoden sind Reinstoffe nicht weiter zerlegbar. Elemente lassen sich auch auf chemischem Wege nicht weiter zerlegen. Deshalb werden sie auch Grundstoffe genannt.

> *Elemente* sind Reinstoffe, die sich auf physikalischem und chemischem Weg nicht weiter zerlegen lassen.

Chemische *Verbindungen* entstehen bei der chemischen Reaktion von zwei oder mehr Elementen. Sie enthalten diese Elemente in definierter Zusammensetzung. Man kann sie mit chemischen Methoden zerlegen. Erhitzt man z. B. Quecksilberoxid, ein orangerotes Pulver, auf über 400 °C, spaltet es sich in zwei Stoffe: gasförmigen Sauerstoff und flüssiges, metallisch glänzendes Quecksilber.

Die Zerlegung von Stoffen in ihre Bestandteile nennt man *Analyse,* den umgekehrten Vorgang, die Herstellung eines Stoffes aus den Ausgangsstoffen, *Synthese*. Chemische Verbindungen haben völlig neue, von den sie aufbauenden Elementen verschiedene spezifische Eigenschaften und sind deshalb keine Stoffgemische.

> *Verbindungen* sind Reinstoffe. Sie entstehen durch chemische Reaktionen aus zwei oder mehr Elementen. Eine Verbindung ist jedoch kein Stoffgemisch dieser Elemente, sondern ein neuer Stoff mit neuen charakteristischen Eigenschaften. Sie sind auf physikalischem Wege nicht weiter zerlegbar, lassen sich aber chemisch zerlegen.

Chemische Elemente (Grundstoffe)

Chemische Elemente sind Reinstoffe, die sich chemisch nicht weiter zerlegen lassen. Alle Verbindungen und Stoffgemische, überhaupt die gesamte belebte und unbelebte Umwelt ist aus chemischen Elementen aufgebaut. Aus diesem Grund nennt man sie auch chemische Grundstoffe. Bis heute sind 109 verschiedene Elemente bekannt, wovon 93 natürlich vorkommende Elemente sind und 16 künstliche Elemente.

Jedes Element kann in Abhängigkeit von Temperatur und Druck in die drei Aggregatzustände fest, flüssig und gasförmig überführt werden. Bei Normalbedingungen (Raumtemperatur, 20 °C) und Atmosphärendruck (1,013 bar) sind 11 Elemente gasförmig (Wasserstoff, Fluor, Chlor, Sauerstoff, Stickstoff und die Edelgase Helium, Neon, Argon, Krypton, Xenon und Radon), 2 flüssig (Brom, Quecksilber) und alle übrigen fest. Etwa 3/4 der Elemente sind Metalle, etwa 1/4 Halbmetalle (z. B. Silicium, Arsen, Germanium) bzw. Nichtmetalle (z. B. Wasserstoff, Kohlenstoff, Chlor).

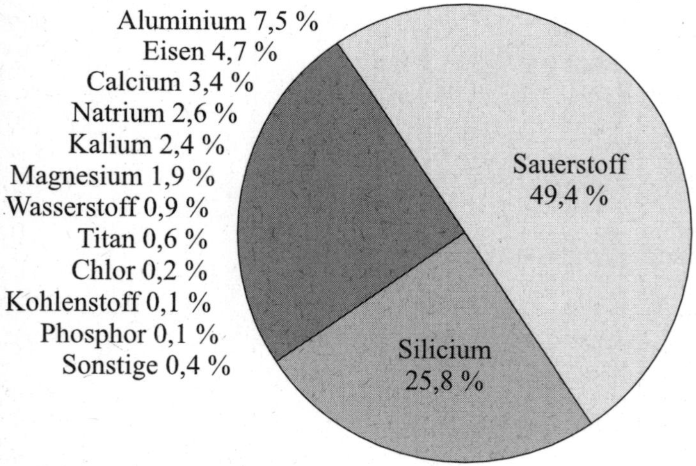

Verteilung der Elemente in der Erdrinde

Die Häufigkeit der natürlichen Elemente auf der Erde ist sehr unterschiedlich. Die folgenden Prozentzahlen beziehen sich auf die Luft („Atmosphäre"), das Meer („Hydrosphäre"), Tier- und Pflanzenwelt („Biosphäre") und eine ca. 20 km dicke Schicht Erdkruste. Danach besteht die Erde etwa zur Hälfte (49,4 %) aus Sauerstoff (elementar und gebunden in z. B. Oxiden, Carbonaten), zu mehr als einem Viertel (25,8 %) aus Silicium (in Gesteinen z. B. in Form von Silicaten gebunden), weitere 24,4 % teilen sich die Elemente Aluminium, Eisen, Calcium, Natrium, Kalium, Magnesium, Wasserstoff, Titan, Chlor, Phosphor und Kohlenstoff.

Insgesamt liegt der prozentuale Anteil der 13 genannten Elemente bei 99,6 %, d. h. auf die restlichen Elemente entfallen 0,4 %.

Atome und Moleküle

Massenverhältnisse bei chemischen Reaktionen (Massengesetze)

Gesetz von der Erhaltung der Masse

Bei der Verbrennung eines Holzstückes hat die zurückbleibende Asche eine geringere Masse als der Ausgangsstoff. Beim Rosten eines Eisennagels dagegen nimmt die Masse zu. Oberflächlich betrachtet könnte man nun annehmen, dass bei einer chemischen Reaktion Substanz hinzukommt oder verloren geht.

Dass dies aber nicht der Fall ist, stellt man fest, wenn die Reaktion in einem geschlossenen Gefäß durchgeführt wird. Wiegt man die Ausgangsstoffe vor der Reaktion und die Reaktionsprodukte nach der Reaktion samt Gefäß, so kann man keine Gewichtsveränderung feststellen. Beim Verbrennen des Holzstücks entstehen Gase, z. B. Kohlendioxid und Wasserdampf, die im geschlossenen Gefäß nicht entweichen können und deshalb mit zur Wägung gelangen. Beim Rosten des Eisennagels wird Sauerstoff aus der Luft aufgenommen und das Luftgewicht um die Masse verringert, die der Eisennagel hinzugewinnt.

Diese Tatsache wird durch das allgemein gültige *Gesetz von der Erhaltung der Masse* beschrieben:

Bei allen chemischen Reaktionen bleibt die Gesamtmasse der Reaktionsteilnehmer unverändert, d. h., die Gesamtmasse der Ausgangsstoffe ist gleich der Gesamtmasse der Reaktionsprodukte.

Es wurde Ende des 18. Jahrhunderts von dem französischen Chemiker Antoine Laurent de Lavoisier (1743–1794) entdeckt.

Gesetz von der Erhaltung der Masse

Gesetz von den konstanten Massenverhältnissen

Sowohl bei der Synthese chemischer Verbindungen als auch bei ihrer Analyse stellt man fest, dass sich beliebige Stoffportionen in einem ganz bestimmten Massenverhältnis miteinander verbinden. Überschüssige Mengen der Ausgangsstoffe liegen nach der Synthese unverändert vor. Beispielsweise liefert die Zerlegung von Wasser im Hofmann'schen Zersetzungsapparat Sauerstoff und Wasserstoff im Massenverhältnis von 7,936 : 1.

Im gleichen Massenverhältnis müssen die beiden Gase auch zur Synthese von Wasser vorliegen, wenn nicht eine der Ausgangskomponenten nach der Reaktion unverändert zurückbleiben soll.

In der Synthese von Bleisulfid müssen Blei und Schwefel in einem Massenverhältnis von 207,2 : 32,066 oder 12,923 : 2 eingesetzt werden. Die Analyse von Kupfer(II)oxid liefert ein Massenverhältnis von 63,54 : 15,999 oder 3,971 : 1.

Alle derartigen Untersuchungen führen zu dem gleichen Ergebnis; deshalb muss es sich um ein allgemein gültiges Gesetz handeln. Man nennt es das 2. Grundgesetz oder *Gesetz der konstanten Massenverhältnisse:*

> Die Elemente, aus denen eine chemische Verbindung entsteht, stehen stets in einem konstanten Massenverhältnis.

Dieses Gesetz wurde 1799 von dem französischen Chemiker Joseph Louis Proust (1754–1826) entdeckt.

Das Gesetz der vielfachen Massenverhältnisse

Häufig bilden zwei Elemente nicht nur eine Verbindung miteinander, sondern mehrere verschiedene Verbindungen. Bei einem Vergleich ihrer Massenverhältnisse stellt man fest, dass sie in einfachen ganzen Zahlenverhältnissen zueinander stehen.

Kohlenstoff bildet beispielsweise mit Sauerstoff Kohlenmonoxid und Kohlendioxid in folgenden Massenverhältnissen:

Kohlenmonoxid:
Massenverhältnis Kohlenstoff : Sauerstoff = 1 : 1,332 = 1 : (1 · 1,332)
Kohlendioxid:
Massenverhältnis Kohlenstoff : Sauerstoff = 1 : 2,664 = 1 : (2 · 1,332)

Die Sauerstoffmassen, die jeweils mit der gleichen Masse Kohlenstoff verbunden sind, stehen also im Verhältnis 1 : 2.

Wie weitere Untersuchungen zeigten, handelt es sich auch hier um ein allgemein gültiges Gesetz, das als *Gesetz der vielfachen (multiplen) Massenverhältnisse* bezeichnet wird:

> Bilden zwei Elemente A und B mehr als eine Verbindung miteinander, stehen die Massen von A, die sich mit derselben Masse von B verbinden, im Verhältnis einfacher ganzer Zahlen.

Dieses Gesetz wurde im Jahr 1803 von dem englischen Naturforscher John Dalton (1766–1844) entdeckt. Es erweitert das Gesetz der konstanten Massenverhältnisse und schließt es ein.

Daltons Atomhypothese – Der Atombegriff

Im Jahr 1808 veröffentlichte der englische Naturforscher John Dalton (1766–1844) ein Buch mit dem Titel „A new system of chemical philosophy", worin er seine Deutung der chemischen Massengesetze vorstellte. Sie bildeten die Basis für die Aufstellung der Dalton'schen Atomhypothese. Daltons wichtigste Aussagen waren:

1. Jedes chemische Element besteht aus kleinsten Massekugeln, den *Atomen* (atomos (griech.) = unteilbar), die chemisch nicht weiter zerlegbar sind.

2. Die Atome eines Elements sind untereinander alle gleich, d. h., sie besitzen gleiches Volumen und gleiche Masse, während sich die Atome verschiedener Elemente in ihrem Volumen und ihrer Masse unterscheiden. Damit entspricht die Anzahl der unterschiedlichen Atomtypen der Anzahl der Elemente.

3. Die Vereinigung zweier Elemente zu einer Verbindung erfolgt atomweise, d. h. dass a-Atome eines Elements A mit b-Atomen des Elements B zu der Verbindung A_aB_b reagieren, wie z. B.:

$$A + B \rightarrow AB$$

$$A + 2\,B \rightarrow AB_2$$

$$3\,A + B \rightarrow A_3B$$

Mit Daltons Atomhypothese lässt sich das Gesetz von der Erhaltung der Masse zwanglos erklären. Da Atome weder verschwinden noch neu entstehen können, bleibt die Anzahl der an einer chemischen Reaktion beteiligten Stoffe unverändert, und damit ändert sich auch die Gesamtmasse nicht. Bei chemischen Reaktionen werden Atome lediglich getrennt und neu verbunden (umgruppiert). Eine chemische Verbindung resultiert aus der Verknüpfung von zwei oder mehreren Atomen eines oder verschiedener Elemente. Eine bestimmte Verbindung enthält immer die gleichen Atomsorten in einem konstanten definierten Verhältnis. Die Gesetze der konstanten und vielfachen Massenverhältnisse geben dann die Verhältnisse der Atommassen der Elemente bzw. ihr ganzzahliges Vielfaches wieder.

Chemische Zeichensprache

Chemische Symbole

Im Jahre 1814 wurden die noch heute geltenden Elementsymbole von dem schwedischen Chemiker Jöns Jakob Berzelius (1779–1848) eingeführt, die sich an die griechischen oder lateinischen Namen der Elemente anlehnen.

Da die 26 Buchstaben des Alphabets zur Kennzeichnung aller Elemente nicht ausreichen, setzen sich viele Elementsymbole aus zwei Buchstaben zusammen, wie z. B. Eisen Fe, Kupfer Cu, Gold Au, die man getrennt voneinander ausspricht.

Auswahl wichtiger chemischer Elemente mit Namen und Symbolen

Deutscher Name	Stammname	Symbol
Wasserstoff	Hydrogenium	H
Sauerstoff	Oxygenium	O
Kohlenstoff	Carboneum	C
Stickstoff	Nitrogenium	N
Schwefel	Sulfur	S
Silber	Argentum	Ag
Gold	Aurum	Au
Kupfer	Cuprum	Cu
Eisen	Ferrum	Fe
Quecksilber	Hydrargyrum	Hg
Blei	Plumbum	Pb
Zinn	Stannum	Sn

Im Fall von Sauerstoff (O), Wasserstoff (H), Kohlenstoff (C) und Stickstoff (N) werden auch die international geltenden Namen „Oxygen“, „Hydrogen“, „Carbon“ und „Nitrogen“ verwendet.

Chemische Formeln

Eine eindeutige und übersichtliche Methode zur Kennzeichnung von chemischen Verbindungen sind *chemische Formeln.*

Eine erste qualitative Aussage, die über den Aufbau einer Verbindung gemacht werden kann, ist, aus welchen Elementen sie sich aufbaut. Dazu reiht man die jeweiligen Elementsymbole aneinander, wobei das Symbol eines Metalls vor dem eines Nichtmetalls steht.

Eine zweite, quantitative Aussage, nämlich in welchem Zahlenverhältnis die Atome der beteiligten Elemente zueinander stehen, kann getroffen werden, indem rechts unten hinter das Elementsymbol eine tiefgestellte Zahl, die man *Index* (Mehrzahl: Indices) nennt, gesetzt wird. Das Elementsymbol steht hier also nicht nur für den Namen des betreffenden Elements, sondern auch für ein einzelnes Atom. Dies soll anhand zweier Beispiele erläutert werden:

1. Die Verbindung *Bleisulfid* enthält die Elemente Blei (Pb) und Schwefel (S). Da Blei ein Metall und Schwefel ein Nichtmetall ist, wird das Symbol für Blei vor das Symbol für Schwefel gestellt.

Die beiden Atome reagieren im Atomzahlenverhältnis 1 : 1., d. h. auf ein Atom Blei kommt ein Atom Schwefel. Die Formel lautet dann PbS. Korrekterweise müsste sie Pb_1S_1 heißen, der Index 1 wird allerdings nicht geschrieben.
Bleisulfid besteht nicht, wie man aufgrund der einfachen Formel annehmen könnte, aus einzelnen Atompaaren oder Atomgruppen, sondern bildet Teilchenverbände. Die Formel gibt also lediglich das Atomzahlenverhältnis wieder für Blei und Schwefel. Die chemische Formel für PbS ist demnach eine *Verhältnisformel*.

2. *Schwefeldioxid* besteht aus Schwefel (S) und Sauerstoff (O), wobei ein Schwefelatom mit zwei Sauerstoffatomen zu einem Schwefeldioxidmolekül verbunden ist. Die chemische Formel lautet SO_2. Schwefeldioxid bildet Verbindungsmoleküle; damit steht die Formel SO_2 für ein einzelnes Molekül. Sie wird auch *Molekülformel* genannt.

Eine *chemische Formel* bezeichnet a) den betreffenden Stoff, b) ein Verbindungsteilchen oder Molekül des Stoffes und c) das Atomzahlenverhältnis.

Es ist wichtig, sich darüber klar zu werden, dass mit der chemischen Formel nur eine Aussage über das Zahlenverhältnis der Atome getroffen wird, nicht aber über den Aufbau und die Struktur der darin enthaltenen kleinsten Teilchen.

H_2O
- Kurzschreibweise für Wasser
- ein Molekül Wasser
- Atomzahlenverhältnis H : O = 2 : 1

Aussagen der chemischen Formel H_2O

Stöchiometrische Wertigkeit von Atomen

Die stöchiometrische Wertigkeit ist für das Aufstellen von chemischen Formeln von Bedeutung.

Wie aus den Verbindungsgesetzen hervorgeht, verbinden sich Atome immer in einem bestimmten Zahlenverhältnis. Wasser hat die Formel H_2O. Sauerstoff und Wasserstoff stehen im Zahlenverhältnis 1 : 2. Das Sauerstoffatom bindet also zwei Wasserstoffatome. Die Bindefähigkeit wird als Wertigkeit bezeichnet. Sauerstoff muss demnach zweiwertig sein.

Ein Wasserstoffatom vermag sich immer nur mit einem Atom zu verbinden. Bis heute ist keine Verbindung bekannt, in der Wasserstoff mehr als einwertig auftritt. Deshalb wird durch die Anzahl der Wasserstoffatome, die ein Element binden kann, seine Wertigkeit festgelegt.

Die *Wertigkeit* eines Elements gibt die Anzahl der Wasserstoffatome an, die ein Atom dieses Elements zu binden oder zu ersetzen vermag.

Beispielsweise ist das Stickstoffatom im Ammoniak (NH_3) dreiwertig, der Kohlenstoff im Methan (CH_4) vierwertig. Im Chlorwasserstoff (HCl) kommt auf ein Chloratom ein Wasserstoffatom, Chlor ist also einwertig. Das Magnesium im Magnesiumoxid (MgO) muss zweiwertig sein, da im Vergleich mit Wasser formal zwei Wasserstoffatome durch ein Magnesiumatom ersetzt wurden.

Zu beachten ist, dass einige Elemente verschiedene Wertigkeiten besitzen können. Schwefel z. B. kann zwei-, vier- und sechswertig sein.

In einer aus zwei Atomsorten aufgebauten Verbindung muss das Produkt aus Wertigkeit und Atomanzahl der einen Atomart gleich dem entsprechenden Produkt der anderen Atomart sein.

Stöchiometrische Wertigkeiten einiger Elemente

I-wertig	H, Li, Na, K, Ag, Cu, F, Cl, Br, I, N
II-wertig	Mg, Ca, Cu, Fe, Zn, O, S, Pb, C, N
III-wertig	N, P, Al, Fe
IV-wertig	C, Pb, S, Si, N
V-wertig	N, P
VI-wertig	S

Aufstellen von chemischen Formeln

Um eine chemische Formel aufzustellen, geht man folgendermaßen vor:

1. Die Elemente, aus denen die Verbindung besteht, ermitteln, z. B. Aluminiumoxid besteht aus Aluminium und Sauerstoff

2. Elementsymbole einsetzen: Al O

3. Stöchiometrische Wertigkeit der Elemente in der Verbindung angeben: Al^{III} O^{II}

4. Kleinstes gemeinsames Vielfaches der Wertigkeit ermitteln: 6

5. Kleinstes gemeinsames Vielfaches durch Wertigkeit dividieren, um festzustellen, wie oft Wertigkeit in kleinstem gemeinsamen Vielfachen enthalten ist: Al 6/3 = 2, O 6/2 = 3.

6. Zahlenverhältnis der Atomarten in der Verbindung angeben: 2 : 3.

7. Formel aufschreiben: Al_2O_3

Atommassen und Molekülmassen

Ein wichtiges Unterscheidungsmerkmal für die Atome der Elemente ist ihre Atommasse. Dalton hielt es noch für unmöglich, die Atommassen (früher:

Atomgewicht) zu bestimmen, weil man die Teilchen aufgrund ihrer Winzigkeit nicht wiegen könne. Heute ist es – wenn auch nicht durch Wägung – möglich, mit einem speziellen Gerät, dem Massenspektrometer, die Atommassen genau zu ermitteln. Für das Atom mit der geringsten Masse m, das Wasserstoffatom, erhält man folgende Masse:

$$m = 0{,}000\,000\,000\,000\,000\,000\,000\,001\,674 \text{ g} = 1{,}674 \cdot 10^{-24} \text{ g}$$

Da eine solche Massenangabe sehr unübersichtlich ist, wurde im Jahre 1961 durch die Internationale Atommassenkommission IUPAC (International Union of Pure and Applied Chemistry) die dimensionslose *atomare Masseneinheit u* (von engl. atomic mass *u*nit = Atommasseneinheit) festgelegt, die sich auf den zwölften Teil der Masse des Kohlenstoffisotops $^{12}_{6}C$ bezieht. Es gilt nach neuesten Messungen:

1 u = 1/12 der Masse des Kohlenstoffatoms $^{12}_{6}C = 1{,}661 \cdot 10^{-24}$ g

Es werden dabei nur *relative Atommassen* angegeben, d. h., dass der „wahre" Wert der Atommassen nicht angegeben wird, sondern das Verhältnis der Atommassen zueinander. Dabei erfolgt die Wahl einer Bezugsgröße willkürlich. Dalton wählte als Bezugsgröße das Wasserstoffatom, dem er die Atommasse 1 zuordnete. Aus dem Massenverhältnis bei der Reaktion von Wasserstoff und Sauerstoff zu Wasser von 1 : 7,936 erhielt der Sauerstoff die Atommasse von 2 · 7,936 = 15,872. Später wurden die Massen auf Sauerstoff bezogen, dem die Masse 16 zugeordnet wurde, bis man sich 1961 darauf einigte, als Bezugsgröße das Kohlenstoffisotop $^{12}_{6}C$ zu wählen.

Die relativen Atommassen der Elemente werden in der Atommasseneinheit u angegeben, die sich auf den zwölften Teil der Masse des Kohlenstoffisotops $^{12}_{6}C$ bezieht. Es gilt:

$$1\ u = 1{,}661 \cdot 10^{-24}\ g$$

In folgender Tabelle sind die Atommassen wichtiger Elemente in genauen und gerundeten Werten, die man in der Praxis meistens verwendet, angegeben.

Atommassen einiger wichtiger Elemente

Element	Atommasse in u	gerundet
H	1,008	1
C	12,011	12
N	14,007	14
O	15,999	16
Mg	24,305	24
Al	26,982	27
P	30,974	31
S	32,064	32

Element	Atommasse in u	gerundet
Cl	35,453	35,5
Ca	40,08	40
Fe	55,847	56
Cu	63,546	63,5
Zn	65,38	65
Ag	107,87	108
Au	196,97	197
Hg	200,59	200,5

Die *relativen Molekülmassen* lassen sich durch Addition der Atommassen der sie aufbauenden Elemente berechnen. Die Molekülmasse des Wassers ist demnach:

$$2 \cdot 1{,}008\ \text{u} + 1 \cdot 15{,}999\ \text{u} = 18{,}015\ \text{u}$$

Die *relativen Molekülmassen* erhält man durch Addition der Massen der im Molekül enthaltenen Atome.

Stoffmenge und Molbegriff

Da relative Atom- und Molekülmassen keine in der Praxis verwendbaren Mengen darstellen, wurde der Begriff der *Stoffmenge* eingeführt. Darunter versteht man die der relativen Atom- bzw. Molekülmasse entsprechende Masse eines Elementes oder einer Verbindung in Gramm; man nennt sie auch ein *Mol* (Einheit „mol“). In einem Mol einer Substanz (Element oder Verbindung) sind genau $N_A = 6{,}02205 \cdot 10^{23}$ Teilchen (Atome oder Moleküle) enthalten. N_A heißt Avogadro'sche Konstante. Die Anzahl Mole einer Substanz wird mit „n“ bezeichnet.

Die Stoffmenge, in der $N_A = 6{,}02205 \cdot 10^{23}$ Teilchen enthalten sind, nennt man 1 Mol (Einheitenzeichen: mol).

In 1 mol Kohlenstoff mit der Masse m = 12 g sind N_A Teilchen enthalten, genauso wie in 1 mol Schwefel mit der Masse m = 32 g oder 1 mol Wasser mit der Masse m = 18 g.

Die molare Masse

Die *molare Masse* bezieht sich auf die auf 1 Mol bezogene Masse eines Teilchens. Sie ist als der Quotient aus der Masse eines Stoffes in Gramm und der Stoffmenge *n* definiert.

Die *molare Masse* (Formelzeichen M) ist die auf 1 mol einer Teilchensorte bezogene Masse. Damit entspricht sie dem Zahlenwert der relativen Atom- bzw. Molekülmasse, besitzt aber die Einheit g/mol (Beispiel: M (Kohlenstoff) = 12 g/mol).

Durch Umstellen der obigen Gleichung lassen sich die Stoffmenge n und die Masse von Stoffen in Gramm berechnen.

$$n = m/M \text{ bzw. } m = M \cdot n$$

Beispiele:
Ist z. B. die Molzahl n gesucht, die in 48,044 g Kohlenstoff enthalten ist, so liefert die Rechnung:

$$n = \frac{m}{M} = \frac{48{,}044\ \text{g}}{(12{,}011\ \text{g})\ /\ \text{mol}} = 4\ \text{mol}$$

Werden umgekehrt für eine Umsetzung zwei Mol Schwefel benötigt, so lässt sich die entsprechende Masse folgendermaßen berechnen:

$$m = M \cdot n = 32{,}064\ \text{g/mol} \cdot 2\ \text{mol} = 64{,}128\ \text{g}$$

Volumenverhältnisse bei chemischen Reaktionen

Volumengesetze bei chemischen Reaktionen

Die Massengesetze gelten ebenfalls für chemische Gasreaktionen. Da die Bestimmung der Masse eines Gases komplizierter ist als die Bestimmung seines Volumens, hat man sich darauf geeinigt, die Volumina verschiedener

Gase im Normzustand (0 °C und 1,013 bar) zu vergleichen. Die Massengesetze bei gasförmigen Stoffen können in Volumengesetze umformuliert werden, indem man statt des Begriffes „Massenverhältnis“ den Begriff „Volumenverhältnis“ einsetzt (z. B.: „Die Elemente jeder Verbindung stehen stets in einem bestimmten, konstanten Volumenverhältnis“).

Bei der Untersuchung der Volumenverhältnisse in Gasreaktionen ergab sich eine Besonderheit gegenüber festen und flüssigen Stoffen: Die Volumenverhältnisse lassen sich im Gegensatz zu den Massenverhältnissen in einfachen ganzen Zahlen ausdrücken. So ergab die Synthese von Wasser, dass Wasserstoff und Sauerstoff im Volumenverhältnis 2 : 1 miteinander reagieren. Überschüssige Mengen Sauerstoff oder Wasserstoff liegen nach der Synthese unverändert vor. Führt man die Synthese von Wasser bei über 100 °C durch, wird Wasserdampf gebildet.

Es lässt sich feststellen, dass auch hier das Wasserdampfvolumen im einfachen ganzen Zahlenverhältnis zu den Volumina der Ausgangsstoffe steht: Zwei Raumteile (RT) Wasserstoff reagieren mit einem Raumteil Sauerstoff zu zwei Volumeneinheiten Wasserdampf.

Die gleichen Beobachtungen wurden auch bei anderen Gasreaktionen gemacht, z. B.: Ein Volumen Chlor reagiert mit einem Volumen Wasserstoff zu zwei Volumina Chlorwasserstoffgas, und ein Volumen Stickstoff reagiert mit drei Volumina Wasserstoff zu zwei Volumina Amonniakgas.

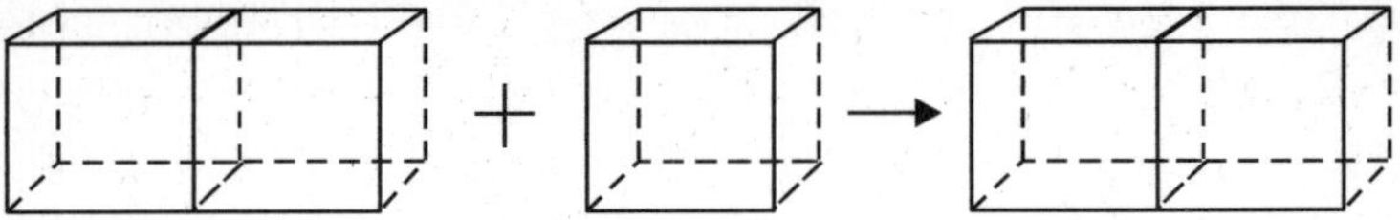

2RT Wasserstoff + 1RT Sauerstoff → 2RT Wasserdampf

Dieses allgemein gültige Gesetz wurde im Jahr 1808 von dem französischen Naturwissenschaftler Joseph Louis Gay-Lussac (1778–1850) entdeckt und als *chemisches Volumengesetz* bezeichnet:

> Bei Gasreaktionen stehen die Volumina der an der Umsetzung beteiligten gasförmigen Stoffe bei gleichem Druck und gleicher Temperatur im Verhältnis einfacher, ganzer Zahlen.

Satz von Avogadro

Die Erklärung für das von Gay-Lussac aufgestellte chemische Volumengesetz wurde 1811 von dem Physiker Amedeo Avogadro (1776–1856) gegeben. Er formulierte folgende Hypothese, die sich nachträglich als richtig erwies:

> Gleiche Volumina beliebiger gasförmiger Elemente oder Verbindungen enthalten bei gleichem Druck und gleicher Temperatur die gleiche Anzahl Moleküle.

Die Annahme, dass in gleichen Gasvolumina gleich viele Teilchen enthalten sind, erklärte das gleiche physikalische Verhalten von allen Gasen gegenüber Druck-, Temperatur- und Volumenänderungen. So dehnen sich z. B. alle Gase, von 0 °C ausgehend, bei 1 Grad Temperaturerhöhung um den Bruchteil von 1/273 ihres Anfangsvolumens aus. Dies ist nur möglich, wenn alle Teilchen im Gasraum die gleichen mittleren Abstände voneinander haben. Der mittlere Abstand zwischen den Teilchen kann aber nur dann gleich sein, wenn in gleichen Rauminhalten auch tatsächlich gleich viele Teilchen vorhanden sind.

Zuerst nahm man an, dass das Volumenverhältnis der miteinander reagierenden gasförmigen Elemente direkt die Anzahl der an der Reaktion beteiligten kleinsten Teilchen wiedergibt. Dann müssten aber auch gasförmige Verbindungen in gleichen Volumina gleich viele kleinste Teilchen enthalten. Diese Annahme stand im Widerspruch zu den bei chemischen Gasreaktionen gefundenen Volumenverhältnissen.

So entstehen z. B. aus einer Volumeneinheit Chlor und der entsprechenden Menge Wasserstoff zwei Volumeneinheiten Chlorwasserstoff. Da Atome definitionsgemäß nicht weiter teilbar sind, kann es sich bei den kleinsten Chlor- bzw. Wasserstoffteilchen nicht um Atome handeln. Vielmehr stellen diese kleinsten Teilchen Verbände aus je zwei Atomen dar, die man *Moleküle* nennt. Der Molekülbegriff wurde ebenfalls 1811 von Avogadro eingeführt.

Moleküle (molecula (lat.) = kleine Masse) sind abgeschlossene Einheiten, in denen zwei oder mehrere Atome miteinander verbunden sind. Sie stellen also Atomverbände dar.

Bei der Reaktion von Chlor mit Wasserstoff werden die Chlor- und Wasserstoffmoleküle also in Atome aufgespalten; für die Chlorwasserstoffbindung treten dann je ein Chlor- und ein Wasserstoffatom zu einem Chlorwasserstoffmolekül zusammen:

$$H_2 + Cl_2 \rightarrow 2\ HCl$$

Molares Volumen

Nach dem Gesetz von Avogadro muss 1 Mol Teilchen aller Gase das gleiche Volumen, das *molare Volumen,* einnehmen. Das molare Volumen der Gase nimmt unter Normbedingungen ein Volumen von 22,4 l ein.

Das *molare Volumen* ist unter Normbedingungen für alle Gase gleich. Es beträgt 22,4 l/mol.

Sowohl ein Mol Chlorgas mit Masse 71 g als auch ein Mol Wasserstoff mit der Masse 2 g nehmen bei Normbedingungen also ein Volumen von 22,4 l ein. Dieses Volumen enthält definitionsgemäß $N_A = 6{,}022 \cdot 10^{23}$ Teilchen. Das molare Volumen V_m errechnet sich aus dem Quotienten aus der molaren Masse (g/mol) und der Dichte (g/dm^3):

$$V_m = \frac{M}{\rho}$$

Aufstellen von chemischen Reaktionsgleichungen

Mit den Symbolen der Elemente und den chemischen Formeln für Verbindungen kann jede chemische Reaktion übersichtlich und in kürzester Form durch chemische Reaktionsgleichungen dargestellt werden. Für die Aufstellung einer chemischen Reaktionsgleichung müssen die Formeln aller Reaktionsteilnehmer bekannt sein. Man schreibt die chemischen Formeln der Ausgangsstoffe *(Edukte)* auf die linke Seite, die der Endstoffe *(Produkte)* auf die rechte Seite der Reaktionsgleichung und verbindet diese durch einen *„Reaktionspfeil"*, der die Richtung der Reaktion angibt. Einzelne Produkte und Edukte werden jeweils durch Pluszeichen miteinander verbunden. Beispiele für Reaktionsgleichungen:

$$H_2 + Cl_2 \rightarrow 2\,HCl$$
$$2\,H_2 + O_2 \rightarrow 2\,H_2O$$
$$S + O_2 \rightarrow SO_2$$
$$Pb + S \rightarrow PbS$$
$$2\,Na + Cl_2 \rightarrow 2\,NaCl$$

Die Anzahl der sich bei der Reaktion umsetzenden Moleküle bzw. Atome *(Reaktanden)* gibt man durch eine Zahl *(Koeffizient)* an, die vor die entsprechende Formel gesetzt wird. Die quantitative Aussage einer Reaktionsgleichung wird immer auf Molmengen bezogen, z. B. ein Mol H_2 setzt sich mit einem Mol Cl_2 zu zwei Mol HCl um.

Da bei einer chemischen Reaktion nur eine Umgruppierung der Ausgangsstoffe stattfindet, können keine Atome verloren gehen oder hinzukommen, d. h. die Gesamtmasse vor der Reaktion muss gleich der Gesamtmasse nach der Reaktion sein. In Übereinstimmung mit dem Gesetz von der Erhaltung der Masse (s. 32 f.) muss die Anzahl der Mole jedes Elements auf der rechten und linken Seite der Reaktionsgleichung übereinstimmen. Um eine Reaktionsgleichung korrekt zu formulieren, geht man in zwei Schritten vor.

Beispiel: Reaktion mit Wasserstoff und Sauerstoff zu Wasser

1. Die Formeln aller Edukte, ein Pfeil und die Formeln der Produkte werden notiert:
   Die Ausgangsstoffe Wasserstoff und Sauerstoff kommen natürlich als zweiatomige Moleküle vor; deshalb setzt man H_2 und O_2 in die Reaktionsgleichung auf der Eduktseite ein. Im Wassermolekül (H_2O) ist das Atomzahlenverhältnis von Sauerstoff zu Wasserstoff gleich 1 : 2; deshalb muss vor das Elementsymbol H_2 der Koeffizient 2 geschrieben werden.
2. Als zweiter Schritt muss die Gleichung ausgeglichen werden:
   Beim Nachzählen der Wasserstoff- und Sauerstoffatome auf der Edukt- und Produktseite ergibt sich, dass die Anzahl der Atome auf der Produkt-

seite doppelt so groß ist wie auf der Eduktseite. Um die Bilanz auszugleichen, muss vor die Molekülformel von H_2O der Koeffizient 2 gesetzt werden:

$$2\ H_2 + O_2 \rightarrow 2\ H_2O$$

Insgesamt ist dann die Reaktionsgleichung mit 4 Atomen Wasserstoff und 2 Atomen Sauerstoff auf jeder Seite ausgeglichen.

Beim Ausgleichen von Reaktionsgleichungen durch die Koeffizienten dürfen die Formeln (Indices) der Reaktionsteilnehmer in keinem Fall verändert werden.

Der Aggregatzustand der Stoffe kann durch die Zeichen *s* (engl. solid) für fest, *l* (engl. liquid) für flüssig und *g* (engl. gaseous) für gasförmig in Klammern hinter dem jeweiligen Stoff angegeben werden; *aq* (engl. aqueous) steht für in Wasser gelöst.

Energieumsatz bei chemischen Reaktionen

Chemische Reaktionen sind immer mit einem Energieumsatz verknüpft. Chemische Reaktionen, bei denen Energie (Wärme, Licht, elektrische Energie) freigesetzt wird, nennt man *exotherm.* Chemische Reaktionen, bei denen Energie zugeführt werden muss, nennt man *endotherm.*

Soll in der Reaktionsgleichung zum Ausdruck gebracht werden, ob eine Reaktion exotherm oder endotherm verläuft, kann dies in der Reaktionsgleichung mit angegeben werden.

Beispiele:

$$S + O_2 \rightarrow SO_2 + \text{Energie}$$

$$\text{Energie} + 2\ H_2O \rightarrow 2\ H_2 + O_2$$

Luft und Sauerstoff

Die Zusammensetzung der Luft

Die atmosphärische Luft ist ein Gasgemisch, das sich zum größten Teil aus Stickstoff und Sauerstoff zusammensetzt. Dazu kommen Edelgase, Kohlendioxide und Wasserdampf. Zufällige Bestandteile sind gasförmige Verunreinigungen (z. B. durch Industrieanlagen und Abgase) wie Schwefeldioxid, Stickoxide, Kohlenmonoxid und andere Gase, sowie Schwebeteilchen (Staub und Ruß). Trockene, reine Luft der unteren Atmosphäre hat folgende Zusammensetzung:

Bestandteile trockener, reiner Luft

Bestandteil	Vol.-%
Stickstoff	78,09
Sauerstoff	20,95
Edelgase	0,93
Kohlendioxid	0,03

Bedeutung der Luftbestandteile:

Edelgase

Edelgase sind reaktionsträge und gehen praktisch keine Verbindungen mit anderen Elementen ein. Sie sind nicht brennbar.

Helium wird als Füllstoff von Ballons und Luftschiffen verwendet. Neon, Krypton und Xenon sind Füllgase für Leuchtstoffröhren. Argon wird als Schutzgas beim Schweißen verwendet.

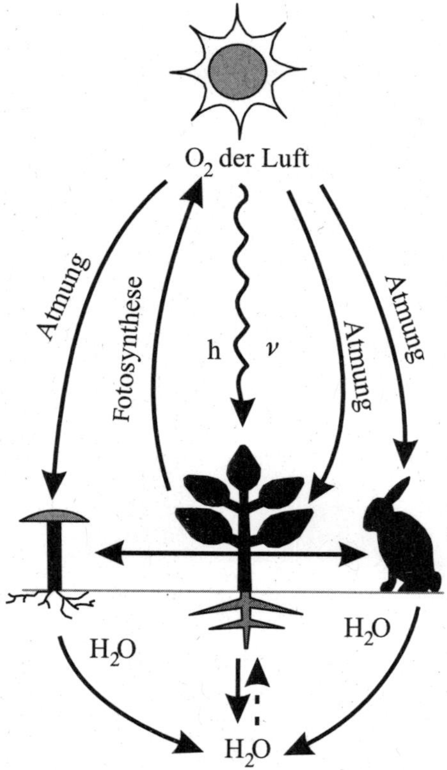

Sauerstoffkreislauf

Kohlendioxid

Kohlendioxid ist als Gas farblos, nicht brennbar und unterhält weder die Atmung noch die Verbrennung. Für grüne Pflanzen ist es lebensnotwendig. Sie nehmen es aus der Luft auf und bauen es bei der Fotosynthese unter Sauerstoffabgabe in energiereiche Verbindungen um. Kohlendioxid entsteht bei Verbrennungsvorgängen und bei der Atmung von Menschen und Tieren.

Sauerstoff

Wichtige Sauerstoff verbrauchende Prozesse sind die Atmung von Mensch und Tier; die Verwesung und Vermoderung und die Verbrennungsvorgänge z. B. zur Wärmeerzeugung und zum Antrieb von Motoren. Ein wichtiger Sauerstoff liefernder Prozess ist die Fotosynthese der Pflanzen.

Stickstoff

Stickstoff ist ein farb-, geruch- und geschmackloses Gas. Er ist nicht brennbar und unterhält die Verbrennung auch nicht. Stickstoff ist ebenfalls ein für Lebewesen wichtiger Stoff. Tiere und Menschen nehmen Stickstoff mit der Nahrung auf, Pflanzen mit ihren Wurzeln aus dem Boden.

Zerlegung von Luft in ihre Bestandteile

Über 99 % des technisch produzierten Sauerstoffs werden durch Luftverflüssigung nach dem *Linde-Verfahren* und anschließende fraktionierende (stufenweise) Destillation hergestellt.

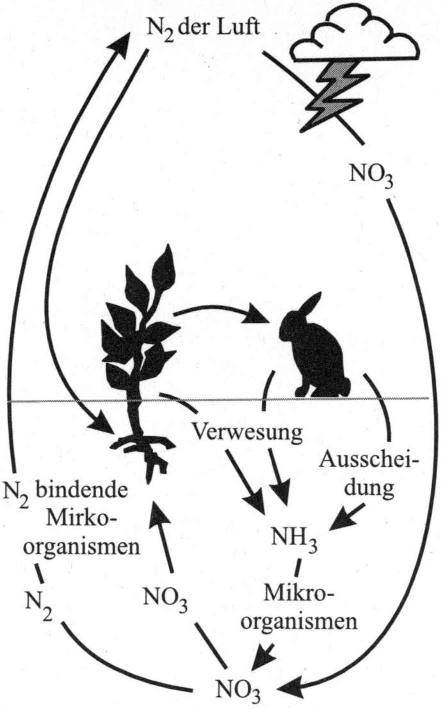

Stickstoffkreislauf

Zur Verflüssigung der Luft muss sie stark abgekühlt werden. Dazu wird die angesaugte Luft in einem Kompressor stark verdichtet und die dabei entstehende Kompressionswärme durch Kühlen abgeführt. Die verdichtete Luft wird mittels eines Drosselventils entspannt.

Druckverminderung bewirkt bei Gasen Abkühlung. Die entspannte und abgekühlte Luft strömt dann in einem Gegenstromkühler – auf dem Rückweg zum Kompressor – der nachkommenden verdichteten Luft entgegen, kühlt diese noch weiter ab, sodass sie mit einer tieferen Temperatur als die vorangegangene zum Drosselventil gelangt und bei der Entspannung eine noch tiefere Temperatur erreicht. Dieser Kreislauf wird mehrere Male wiederholt, bis die Luft so weit abgekühlt ist, dass sie sich verflüssigt. Die fraktionierende Destillation wird in sogenannten Trennkolonnen durchgeführt, wobei man sich zunutze macht, dass die einzelnen Bestandteile der Luft unterschiedliche Siedetemperaturen besitzen. Die flüssige Luft von etwa –200 °C wird in den Trennkolonnen langsam erwärmt, wobei zuerst Stickstoff mit einer Siedetemperatur von –196 °C, anschließend Sauerstoff bei –183 °C verdampft und abgetrennt wird. Auch die Edelgase können von Stickstoff und Sauerstoff abgetrennt werden. Die reinen Gase Sauerstoff, Stickstoff und die Edelgase werden unter hohem Druck in Stahlflaschen abgefüllt und kommen so in den Handel. Flüssige Luft wird als Kühlmittel verwendet.

Luft und Verbrennung

Aus der alltäglichen Erfahrung wissen wir, dass Luft die Verbrennung unterhält. Durch Luftzufuhr mit einem Blasebalg kann man z. B. ein Feuer entfachen. Luftmangel führt zum Erliegen der Verbrennung. Verbrennt man z. B. Eisenwolle in einer geschlossenen Apparatur mit einem bekannten Luftvolumen, stellt man fest, dass etwa 1/5 der Luftmenge verbraucht wurde, bis die Verbrennung zum Erliegen kommt. Der Luftanteil, der die Verbrennung unterhält, ist Sauerstoff. Der Restanteil besteht zum größten Teil aus Stickstoff, der die Verbrennung erstickt. Beim Verbrennungsvorgang verbindet sich der Sauerstoff mit dem verbrennenden Stoff. Wiegt man Eisenwolle vor und nach der Verbrennung, hat sie an Masse um den Teil, der der Luft entzogen wurde, zugenommen.

Luftverschmutzung

Luftschadstoffe entstehen bei Verbrennungsprozessen in Verbrennungsmotoren von Fahrzeugen, Industriebetrieben und Hausheizungen. Es sind luftfremde Stoffe, die nicht nur gasförmig, sondern auch fein verteilte, feste oder flüssige Stoffe sein können.

Die mengenmäßig überwiegenden Luftschadstoffe sind:

Schwefeldioxid SO_2 entsteht bei der Verbrennung schwefelhaltiger fossiler Brennstoffe wie Kohle und Heizöl in Kraftwerken und zu Heizzwecken. Mit Wasser bildet SO_2 schweflige Säure H_2SO_3, die mit Luftsauerstoff zu Schwefelsäure H_2SO_4 oxidiert wird. Schwefeldioxid ist ein Atmungsgift, das die Schleimhäute reizt und die Vegetation schädigt. Die aus Schwefeldioxid entstehenden Säuren verursachen den „sauren Regen“, der zum Waldsterben führt, verwittern Marmor und Kalk und greifen Metalle an (Korrosion).

Kohlenmonoxid CO entsteht als Abgas bei der unvollständigen Verbrennung von Benzin in Kraftfahrzeugen. Kohlenmonoxid ist schon in geringen Konzentrationen als Atemgift für den Menschen lebensgefährlich. Als farbloses und geruchloses Gas ist es für die menschlichen Sinnesorgane nicht wahrnehmbar.

Stickstoffoxide NOx entstehen, wenn Verbrennungen bei hohen Temperaturen durchgeführt werden, z. B. in Kraftwerken und Automotoren. Stickoxide, wie Stickstoffdioxid NO_2 und Stickstoffmonoxid NO, sind giftig und reizen die Schleimhäute. Zusammen mit anderen organischen Bestandteilen bewirken Stickoxide unter dem Einfluss des Sonnenlichtes in Großstädten bei ungünstigen Wetterlagen Smog. Sie sind ebenfalls Mitverursacher der hohen Ozonkonzentrationen in bodennahen Luftschichten bei Smogsituationen. Ozon O_3 reizt die Atemwege.

Halogenkohlenwasserstoffe enthalten Halogene, die an Kohlenwasserstoffe gebunden sind. Sie werden z. B. als Lösungsmittel, Treibgase in Spraydosen, Schädlingsbekämpfungsmittel, Kunststoffe und Kühlmittel in Kühlaggregaten eingesetzt. Sie gelangen durch Verdampfen in die Atmosphäre, vermindern in der Stratosphäre die Ozonkonzentration und verursachen das „Ozonloch“. Ozon filtert die ultraviolette Strahlung des Sonnenlichtes. Durch seine Verminderung kann mehr UV-Strahlung auf die Erdoberfläche gelangen. Die Folge können vermehrte Hautkrebserkrankungen beim Menschen sein.

Feinstäube sind fein verteilte Flüssigkeiten oder Feststoffe, die bei Verbrennungsprozessen in Kraftwerken, Dieselmotoren und bestimmten Industriebetrieben (z. B. Zementfabriken) entstehen. Der Feinstaub beeinträchtigt über längere Zeit eingeatmet die Lungenfunktion (Staublunge). Außerdem enthält er häufig Giftstoffe wie Blei, Cadmium, Asbest und Quecksilberverbindungen, die teilweise krebserregend (cancerogen) wirken.

Sauerstoff

Vorkommen und Gewinnung von Sauerstoff

Sauerstoff ist in dem uns zugänglichen Teil der Erde (Atmosphäre, Erdkruste und Ozeane) das mit einem Massenanteil von 49,2 % am häufigsten vorkommende Element. Die Atmosphäre besteht zu 20,95 Vol.-% oder auch 23,2 Massen-% aus elementarem, gasförmigem Sauerstoff (O_2); in gebundener Form ist Sauerstoff in reinem Wasser zu 88,81 Massen-%, im Meerwasser zu etwa 85,8 Massen-% enthalten. Weiterhin ist er in zahlreichen Mineralien (Carbonate, Silicate, Sulfate usw.) am Aufbau der festen Erdkruste zu 47,3 Gewichts-% beteiligt.

Großtechnisch wird Sauerstoff durch Luftverflüssigung nach dem *Linde-Verfahren* und anschließende fraktionierende Destillation gewonnen. Er kommt in blauen Druckgasflaschen in den Handel. In kleinen Mengen wird er auch durch Elektrolyse von Wasser erhalten. Dieses Verfahren ist allerdings sehr kostspielig. Um Sauerstoff im Labor darzustellen, kann man zahlreiche sauerstoffhaltige Verbindungen, wie z. B. Kaliumchlorat $KClO_3$, Kaliumpermanganat $KMnO_4$, Quecksilberoxid HgO, Bariumperoxid BaO_2 und Chlorkalk $CaOCl_2$, durch Erhitzen unter Sauerstoffabgabe zersetzen.

Verwendung

Sauerstoff wird zum Schweißen (meist Verbrennung von Acetylen C_2H_2) verwendet. In großem Maßstab wird er bei zahlreichen Synthesen in der chemischen Industrie und bei der Stahlgewinnung eingesetzt.

Als Atmungsgas wird Sauerstoff in der Medizin, für Taucher und Unterseeboote verwendet. Flüssiger Sauerstoff wird zusammen mit Wasserstoff als Raketentreibstoff eingesetzt.

Eigenschaften und Nachweis

Sauerstoff ist ein farb-, geruch- und geschmackloses Gas mit einer Dichte von 1,43 g/dm^3 und damit etwas dichter als die atmosphärische Luft (1,19 g/dm^3).

Seine Siedetemperatur liegt bei –182,97 °C, seine Schmelztemperatur bei –218,75 °C. In freier Form kommt Sauerstoff nur als Sauerstoffmolekül (O_2) vor. Er ist selbst nicht brennbar, unterhält aber die Verbrennung.

Gasförmiger Sauerstoff O_2 ist chemisch sehr reaktionsfähig. Bei Raumtemperatur verlaufen die meisten Reaktionen jedoch sehr langsam. Oberhalb einer bestimmten Temperatur, die Zündtemperatur genannt wird, bildet Sauerstoff mit fast allen Elementen Sauerstoffverbindungen. Dabei wird mit vielen Stoffen Energie in Form von Wärme oder Licht freigesetzt. Die Reaktion eines Stoffes mit Luftsauerstoff bezeichnet man auch als *Verbrennung*.

Viel lebhafter als an der Luft sind die Verbrennungen in reinem Sauerstoff. Zum Beispiel flammt ein an der Luft nur glimmender Holzspan, wenn er in ein Gefäß mit Sauerstoff gehalten wird, auf und brennt mit heller Flamme. Diese Reaktion wird auch *Glimmspanprobe* genannt und dient dem Nachweis von Sauerstoff.

Oxidation

Die chemische Reaktion eines Stoffes mit Sauerstoff nennt man *Oxidation* (vom Namen Oxygenium für Sauerstoff). In der Regel wird dabei Energie freigesetzt; die Reaktionen verlaufen also exotherm. Die dabei entstehen Stoffe nennt man *Oxide*. Oxide sind Verbindungen von Sauerstoff mit Metallen bzw. Nichtmetallen, die sich in ihren Eigenschaften deutlich von den Metallen bzw. Nichtmetallen, aus denen sie entstehen, unterscheiden.

Die Vereinigung eines Elements oder einer Verbindung mit Sauerstoff nennt man *Oxidation*.

Beispiele für Reaktionen von Sauerstoff mit Nichtmetallen:

Kohle verbrennt an der Luft unter Licht- und Wärmeentwicklung zu einem farb- und geruchlosen Gas, dem Kohlendioxid.

$$C + O_2 \rightarrow CO_2 + \text{Energie}$$

Wird *Schwefel* an der Luft erhitzt, verbrennt er mit schwachblauer, heißer Flamme, in reinem Sauerstoff mit leuchtend blauer Flamme, zu einem farblosen, stechend riechenden, giftigen Gas, dem Schwefeldioxid.

$$S + O_2 \rightarrow SO_2 + \text{Energie}$$

Phosphor verbrennt an der Luft unter Wärmeentwicklung und Ausstrahlung von weißem Licht zu weißem, festem Phosphorpentoxid.

$$4\ P + 5\ O_2 \rightarrow 2\ P_2O_5 + \text{Energie}$$

Phosphorpentoxid ist stark hygroskopisch, d. h., es nimmt begierig Wasserdampf aus der Luft auf. Wegen dieser Eigenschaft wird es im Labor als Trockenmittel verwendet.

Entzündet man *Wasserstoff* an der Luft, verbrennt er mit bläulicher, heißer Flamme zu Wasserstoffoxid (Wasser). Bei der Reaktion wird viel Energie frei. Ein Gasgemisch von Sauerstoff und Wasserstoff kann bereits durch den kleinsten Funken explosionsartig („Knallgasexplosion“) reagieren.

$$2\ H_2 + O_2 \rightarrow 2\ H_2O + \text{Energie}$$

Die Nichtmetalloxide gehören zu den Molekülverbindungen. Sie können gasförmig, flüssig oder fest sein.

Für die Reaktion von Sauerstoff mit Metallen gilt allgemein:

$$\text{Metall} + \text{Sauerstoff} \rightarrow \text{Metalloxid}$$

So bildet sich bei der Reaktion von *Magnesium* mit Sauerstoff unter starker, gleißender Lichterscheinung weißes, festes Magnesiumoxid.

$$2\ Mg + O_2 \rightarrow 2\ MgO + \text{Energie}$$

Eisenwolle setzt sich unter Funkensprühen mit Sauerstoff zu Eisenoxid um.

$$4\ Fe + 3\ O_2 \rightarrow 2\ Fe_2O_3 + \text{Energie}$$

Die Metalloxide gehören zu den Ionenverbindungen. Sie sind allgemein Feststoffe, die sich von den Metallen durch ihre Sprödigkeit und ihren hohen Schmelzpunkt unterscheiden.

Verbindungen, die sauerstoffliefernd wirken, wie Kaliumpermanganat ($KMnO_4$), Wasserstoffperoxid (H_2O_2) und Kaliumchlorat ($KClO_3$), nennt man *Oxidationsmittel*.

Langsame (stille) Oxidation

Als langsame oder stille Oxidationen bezeichnet man die Oxidationen, die langsam und unmerklich ablaufen, wie z. B. das Rosten eines Eisennagels.

Sie verlaufen so langsam, dass die entstehende Oxidationswärme zu keinem merklichen Temperaturanstieg führt.

Reduktion

In Umkehrung der Oxidation kann dem Oxid der Sauerstoff auch wieder entzogen werden. Diesen Vorgang nennt man *Reduktion*.

> Eine chemische Reaktion, bei der einem Oxid Sauerstoff entzogen wird, nennt man *Reduktion*.

Reduktionen verlaufen in der Regel endotherm, d. h. es muss ständig Energie (Wärme) zugeführt werden. Um die Oxidation rückgängig zu machen, setzt man einen Stoff ein, der eine größere Affinität (Bindungsbestreben) zum Sauerstoff hat als der im Oxid neben Sauerstoff enthaltene Stoff.

So entzieht Wasserstoff beim Erhitzen dem Kupferoxid den Sauerstoff unter Bildung von Wasser

$$CuO + H_2 \rightarrow Cu + H_2O$$

Kohlenstoff dem Bleioxid den Sauerstoff unter Bildung von Kohlendioxid

$$2\,PbO + C \rightarrow 2\,Pb + CO_2$$

und Magnesium dem Eisenoxid den Sauerstoff unter Bildung von Magnesiumoxid.

$$2\ Fe2O_3 + 6\ Mg \rightarrow 4\ Fe + 6\ MgO$$

Stoffe, die sauerstoffentziehend wirken, nennt man *Reduktionsmittel*.

Wasser und Wasserstoff

Vorkommen und Wasserkreislauf

Beinahe 3/4 der Erdoberfläche ist von Ozeanen bedeckt. Das Festland ist von Wasserläufen durchzogen; in tieferen Schichten findet man Grundwasser. 97 % des Wassers befindet sich in den Ozeanen, rund 2 % liegen als Gletschereis und Eis der Polargebiete vor und etwa 1 % steht als Süßwasser zur Verfügung. Ohne Wasser kann kein Leben auf der Erde existieren. Wasser bildet den Hauptbestandteil der Pflanzen sowie des tierischen und menschlichen Organismus. Der menschliche Körper besteht zu rund 60–70 % aus Wasser, manche Gemüse und Früchte wie Kopfsalat, Spargel, Spinat und Radieschen können mehr als 90 % Wasser enthalten.

Wasser ist lebensnotwendig. Ein Erwachsener muss am Tag mindestens 3 Liter Wasser mit der Nahrung zu sich nehmen. Bei völligem Wasserentzug ist ein Überleben nur wenige Tage möglich. Auch Mineralien enthalten Wasser, z. B. in Form von Kristallwasser.

Das Wasser in der Natur unterliegt einem stetigen Kreislauf. Durch die Sonneneinstrahlung verdunstet Wasser vom Erdboden, von Pflanzen- und Wasseroberflächen und gelangt als Wasserdampf an die Atmosphäre. Während Teile des Wasserdampfes in der Atmosphäre verbleiben, kondensieren andere durch die Abkühlung in größere Höhen unter Bildung von Wolken. Als Niederschläge in flüssiger (Regen, Nebel, Tau) oder fester Form (Hagel, Schnee, Reif) kann das Wasser zur Erdoberfläche zurückkehren. Ein Teil davon verdunstet sofort wieder. Der Rest sammelt sich in Flüssen und Seen als Oberflächenwasser an, wird als Haftwasser im Boden zurückgehalten oder versickert im Erdreich und bildet das Grundwasser.

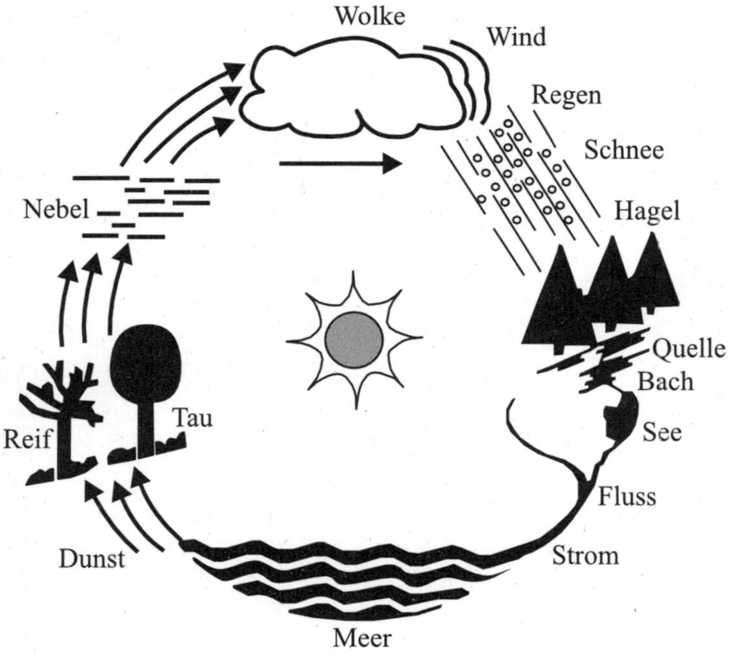

Der Kreislauf des Wassers

In der Natur vorkommendes Wasser ist nie chemisch reines Wasser H_2O, sondern stets mit verschiedenen Inhaltsstoffen versehen. Die Gewinnung reinen Wassers H_2O läuft stets auf die Reinigung von natürlich vorkommendem Wasser hinaus.

Eigenschaften von Wasser

Reines Wasser ist eine farb- und geruchlose Flüssigkeit, die unter Normaldruck bei 0 °C zu Eis erstarrt und bei 100 °C unter Bildung von Wasserdampf siedet.

Der Schmelz- und der Siedepunkt von Wasser sind die Fixpunkte der Celsius-Skala für die Temperaturmessung.

Im Gegensatz zu den meisten anderen Flüssigkeiten zeigt Wasser beim Übergang vom flüssigen in den festen Zustand im Bereich zwischen 0 °C und 4 °C ein anomales Verhalten. Man spricht von der *„Anomalie des Wassers"* in Bezug auf die Wärmeausdehnung.

Wasser dehnt sich nämlich nicht wie andere Flüssigkeiten in dem Temperaturbereich von 0 °C und 4 °C unter Volumenzunahme aus, sondern verringert sein Volumen. Erst oberhalb von 4 °C zeigt Wasser wieder normales Verhalten, d. h. eine Temperaturerhöhung bewirkt dann eine Volumenzunahme und eine Temperaturerniedrigung eine Volumenabnahme.

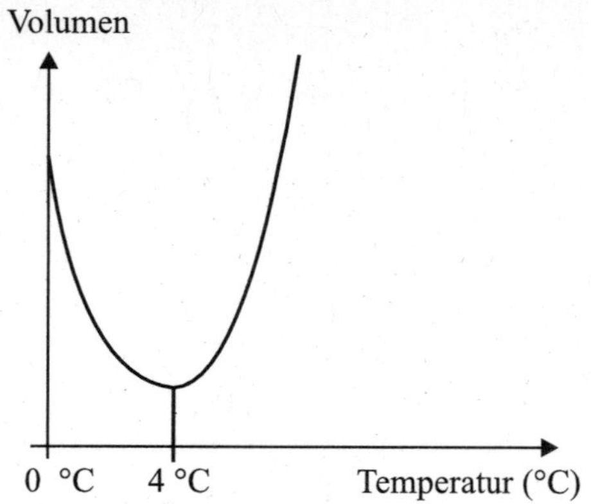

Anomalie des Wassers

Dieses Verhalten hat zur Folge, dass die Dichte von flüssigem Wasser im Bereich von 0 °C bis 4 °C zunimmt und erst oberhalb von 4 °C abnimmt. Folglich hat Wasser seine größte Dichte (1g/cm³) bei 4 °C.

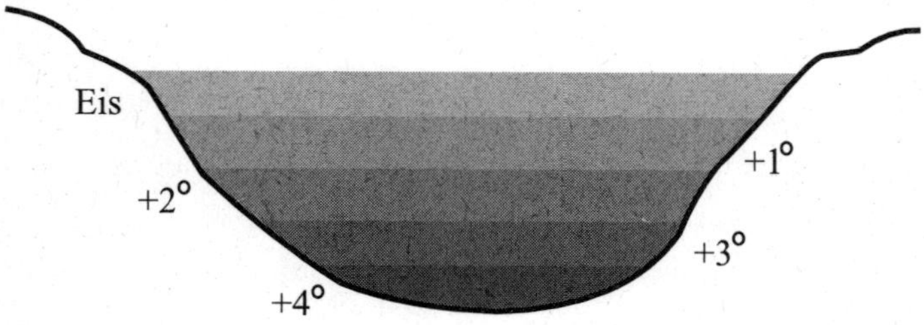

Temperatur in einem zugefrorenen Teich

Diese Tatsache hat in der Natur große Bedeutung. So kühlt sich das Wasser von Seen bei Frostperioden zunächst auf 4 °C ab und erstarrt dann an der Oberfläche zu Eis, das eine geringere Dichte als Wasser besitzt und deshalb an der Oberfläche bleibt. Dies ist der Grund, weshalb Gewässer von oben nach unten hin zufrieren. Für die Lebewesen im Wasser ist ein Überleben im Winter durch diese Anomalie des Wassers überhaupt erst möglich.

Analyse von Wasser

Wasser ist eine chemische Verbindung, die sich durch Zufuhr von Energie, – Wärmeenergie oder elektrischer Energie – in gasförmigen Wasserstoff und Sauerstoff zerlegen lässt.

$$\text{Wasser} + \text{Energie} \rightarrow \text{Sauerstoff} + \text{Wasserstoff}$$

Die Zerlegung kann auf elektronischem Wege im *Hofmann'schen Zerlegungsapparat* durchgeführt werden. Man füllt die Apparatur durch den Trichter der mittleren Glasröhre mit Wasser auf, bis beide Schenkel bis zu den Hähnen mit Wasser gefüllt sind. Reines Wasser leitet den Strom nur sehr schlecht, deshalb werden einige Tropfen Schwefelsäure zugesetzt. Bei Anlegen einer Gleichspannung an die Elektroden beginnt sich das Wasser zu zersetzen. Dabei entsteht an der Kathode Wasserstoff und an der Anode Sauerstoff. An den Schenkeln lässt sich dann das Volumenverhältnis von Wasserstoff zu Sauerstoff von 2 : 1 ablesen, welches zur Formel H_2O für Wasser führt.

Wasserstoff

Im Weltall ist Wasserstoff das am häufigsten vorkommende Element. Die Sonne besteht z. B. zum größten Teil aus Wasserstoff. Auf der Erde kommt Wasserstoff in der unteren Erdatmosphäre als Elementmolekül H_2 nur spurenweise vor. Erst in einigen Hundert Kilometern Höhe besteht die Erdatmosphäre fast ausschließlich aus Wasserstoff. In der Häufigkeitstabelle der Elemente steht Wasserstoff an neunter Stelle, d. h. fast der gesamte Wasserstoff muss auf der Erde in chemisch gebundener Form, z. B. als Bestandteil von Wasser (11,19 Gewichts-% Wasserstoff) vorliegen.

Im Labor lässt sich Wasserstoff u. a. durch die Reaktion von unedlen Metallen mit Säuren, z. B. von Zink mit Salzsäure im „Kipp'schen Apparat" nach folgender Reaktionsgleichung darstellen:

$$Zn + 2\ HCl \rightarrow ZnCl_2 + H_2$$

Der Kipp'sche Apparat besteht aus zwei Gefäßen: einem Kugeltrichter, der mit seinem Ansatzrohr bis in das untere Gefäß reicht, und einem Gefäß mit einer Einschnürung. Im mittleren Teil befindet sich das Zink, im oberen und unteren Teil Salzsäure. Öffnet man den Hahn der mittleren Kugel, so steigt infolge des Überdrucks der Flüssigkeitssäule die Salzsäure im unteren Gefäß immer höher, bis sie mit dem Zink in Berührung kommt und sich mit ihm zu Zinkchlorid und Wasserstoff umsetzt. Der Wasserstoff sammelt sich im mittleren Gefäß und kann bei Öffnung des Hahnes abgelassen werden. Bei geschlossenem Hahn wird die Säure durch die fortlaufende Wasserstoffentwicklung in das untere Gefäß zurückgedrängt, bis die Berührung von Metall und Säure unterbrochen wird. Die Wasserstoffentwicklung ist damit unterbrochen. So kann man durch Öffnen und Schließen des Hahnes die Wasserstoffentwicklung in Gang bringen oder beenden.

Großtechnisch wird Wasserstoff aus Methan (CH_4) und anderen Kohlenwasserstoffen, die in Form von „fossilen Brennstoffen“ wie Kohle, Erdöl und Erdgas reichlich vorliegen, gewonnen. Bei der Elektrolyse wässriger Natriumchloridlösungen fällt er als Nebenprodukt an. Die technische Gewinnung von Wasserstoff durch die Elektrolyse von Wasser ist aufgrund des hohen elektrischen Energieaufwandes, der zur Spaltung der festen Bindung zwischen Sauerstoff und Wasserstoff nötig ist, relativ teuer.

Elementarer Wasserstoff ist ein farb-, geruch- und geschmackloses Gas, das in Form von H_2-Molekülen vorliegt. Er besitzt mit 0,089 g/dm^3 die geringste Dichte aller Elemente; er ist wesentlich leichter als Luft und leichter als alle anderen Gase. Deshalb wurde er als Füllstoff von Luftschiffen und Freiballons benutzt. Eine große Gefahr lag dabei in der Brennbarkeit von Wasserstoff. 1937 brannte das mit 200 000 m^3 Wasserstoff gefüllte deutsche Luftschiff „Hindenburg“ bei der Landung in Lakehurst, USA, in wenigen Minuten ab. Daraufhin wurde der Luftschiffbau zunächst eingestellt.

Wasserstoff ist zwar brennbar, unterhält aber die Verbrennung nicht. Eine Kerzenflamme z. B. erstickt in reinem Wasserstoff. Der Schmelzpunkt von Wasserstoff liegt bei –253 °C. In Wasser ist Sauerstoff nur gering löslich.

Wasserstoff-Sauerstoffgemische, sogenanntes Knallgas, entzündet sich unter lautem Knall explosionsartig. Zur Entzündung reicht bereits ein Funke aus. Wegen der Gefährlichkeit dieser Knallgasexplosion muss man durch die *Knallgasprobe,* die auch als Nachweisreaktion für Wasserstoff dient, prüfen, ob die Versuchsapparatur und das Wasserstoffgas luftfrei, d. h. sauerstofffrei, sind.

Dazu fängt man etwas Gas in einem Reagenzglas auf und hält die Mündung des Glases an die Brennerflamme. Ist der Wasserstoff luftfrei, verbrennt er ruhig mit nur schwachem Verpuffen. Ist noch Luft vorhanden, entzündet sich der Wasserstoff mit einem lauten Pfeifton.

Wasserstoff wird in großen Mengen in der chemischen Industrie eingesetzt. Er wird z B. bei der Herstellung von Ammoniak und reinem Chlorwasserstoff sowie für die Synthese von Wasserstoffperoxid (H_2O_2) Iodwasserstoff (HI) und zahlreichen organischen Verbindungen gebraucht. Als Reduktionsmittel wird er für die Gewinnung bestimmter Metalle, z. B. Molybdän und Wolfram, eingesetzt. Er dient beim Schweißen als Brennstoff. Flüssiger Wasserstoff wird als Reaktionstreibstoff verwendet.

Säuren, Laugen, Salze

Säuren

Einige Säuren, wie Essigsäure im Speiseessig oder Zitronensäure im Zitronensaft, werden im Haushalt verwendet und schmecken sauer, worauf auch die Namensgebung Säuren zurückzuführen ist. Die in der Chemie verwendeten Säuren, wie z. B. Salzsäure, Schwefelsäure, Salpetersäure, können nicht geschmacklich geprüft werden, da sie zum Teil giftig sind und ätzend wirken. Neben ihrem sauren Geschmack bilden sie mit Indikatoren charakteristische Fähigkeiten. *Indikatoren* sind Farbstoffe, die ihre Farbe bei Zugabe zu einer Säure oder Lauge ändern. Ein einfacher Indikator ist Universalindikatorpapier.

Das ursprünglich orangegelbe Papier färbt sich beim Beträufeln mit einer Säure rot. Unedle Metalle wie Zink und Eisen lösen sich in Säuren unter Wasserstoffentwicklung auf. Ferner leiten Säuren den elektrischen Strom. Chemisch sind sie aus Nichtmetallen und Wasserstoff aufgebaut. Man kann sie aus Nichtmetalloxiden und Wasser bzw. aus Halogenwasserstoffen und Wasser herstellen. Bei der Reaktion eines Nichtmetalloxids mit Wasser entsteht eine sauerstoffhaltige Säure, auch *Sauerstoff-* oder *Oxosäure* genannt.

$$\text{Nichtmetalloxid} + \text{Wasser} \rightarrow \text{Säure}$$

Beispiele:

$SO_2 + H_2O$	→	H_2SO_3	Schweflige Säure
$SO_3 + H_2O$	→	H_2SO_4	Schwefelsäure
$CO_2 + H_2O$	→	H_2CO_3	Kohlensäure
$N_2O_5 + H_2O$	→	$2\ HNO_3$	Salpetersäure
$P_4O_{10} + 6\ H_2O$	→	$4\ H_3PO_4$	Phosphorsäure

Bei der Reaktion eines Halogenwasserstoffs mit Wasser entsteht eine sauerstofffreie Säure, auch *binäre Säure* genannt.

Halogenwasserstoff + Wasser → Säure

Beispiele:

$HCl\ (g) + H_2O\ (l)$	→	$HCl\ (aq)$	Salzsäure
$HBr\ (g) + H_2O\ (l)$	→	$HBr\ (aq)$	Bromwasserstoffsäure

Alle Säuren zeigen die gleichen beschriebenen Wirkungen. Deshalb muss die Säurewirkung auf dem Bestandteil der Säuren beruhen, der allen Säuren gemeinsam ist, das ist der Wasserstoff. Alle sonstigen Molekülbestandteile bezeichnet man als *Säurerest*. Der Säurerest kann aus einem oder mehreren Elementen bestehen, er charakterisiert die Säureart. Die Säurewirkung entfaltet sich erst in wässriger Lösung. Weder reines Wasser noch wasserfreie Säuren leiten den elektrischen Strom und verfärben Universalindikatorpapier rot. Die Säuremoleküle müssen sich demnach bei der Auflösung in Wasser irgendwie verändern. Zahlreiche Experimente haben gezeigt, dass die Säuremoleküle in wässriger Lösung mit den Wassermolekülen reagieren und sich elektrisch geladene Teilchen bilden, die *Ionen* genannt werden. Durch den Übergang eines positiv geladenen Wasserstoffions von einem Säuremolekül auf ein Wassermolekül entsteht ein sogenanntes *Oxoniumion* H_3O^+. Zurück bleiben die Säurerestionen, z. B. Cl^-, CO_3^{2-}, PO_4^{3-} usw. Den Vorgang nennt man Protolyse.

Beispiele:

$HCl + H_2O \rightarrow H_3O^+ + Cl^-$

$HNO_3 + H_2O \rightarrow H_3O^+ + NO_3^-$

$H_2SO_4 + 2\ H_2O \rightarrow 2\ H_3O^+ + SO_4^{2-}$

Laugen

Laugen (Basen, Hydroxidlösungen) haben einen seifigen Geschmack. Zerreibt man sie zwischen den Fingern, fühlt sich die Haut schmierig an. Sie wirken ätzend und reizen die Schleimhäute und die Augen. Zur Erkennung von Laugen benutzt man wie bei den Säuren Universalindikatorpapier, das sich hier beim Beträufeln von orange-gelb nach blau färbt.

Laugen entstehen bei der Umsetzung von Metalloxiden mit Wasser bzw. bei Reaktion von unedlen Metallen – wie den Alkali- und Erdalkalimetallen – mit Wasser:

Metalloxid + Wasser → Lauge

Beispiel: $CaO + H_2O \rightarrow Ca(OH)_2$

unedles Metall + Wasser → Lauge + Wasserstoff

Beispiel: $2\ Na + 2\ H_2O \rightarrow 2\ NaOH + H_2$

Die alkalische Reaktion der Hydroxidlösungen bei der Blaufärbung von Universalindikatorpapier wird durch die allen Basen gemeinsame Hydroxid- bzw. OH-Gruppe verursacht, von der eine Base eine oder mehrere enthalten kann. Dampft man die wässrige Lösung ein, erhält man Metallhydroxide.

Die wichtigsten Laugen und ihre wässrigen Lösungen

systematischer Name	Formel	Trivialname der Lösung	Trivialname des Feststoffes
Natriumhydroxid	$NaOH$	Natronlauge	Ätznatron
Kaliumhydroxid	KOH	Kalilauge	Ätzkali
Calciumhydroxid	$Ca(OH)_2$	Kalkwasser	Ätzkalk (gelöschter Kalk)
Bariumhydroxid	$Ba(OH)_2$	Barytwasser	–

Sie bestehen wie die Metalloxide im Gegensatz zu den Säuren schon im festen Zustand aus Ionen, die durch das Lösen in Wasser frei beweglich werden. Wie bei den Säuren entfaltet sich die Laugenwirkung erst in wässriger Lösung. Die Metallhydroxide zerfallen in wässriger Lösung in Metallionen und Hydroxidionen. Diesen Vorgang nennt man *Dissoziation*. Beispiel:

$$NaOH \xrightarrow{\text{Wasser}} Na^+ + OH^-$$

Salze

Salze sind Ionenverbindungen, die bei Normalbedingungen in festem Zustand vorliegen. Sie sind aus Metallionen und Säurerestionen aufgebaut. Beim Schmelzen oder Auflösen in Wasser werden die Ionen frei beweglich und leiten den elektrischen Strom. Salze sind durch hohe Schmelz- und Siedetemperaturen charakterisiert. Kochsalz NaCl schmilzt z. B. bei 800 °C, Berylliumoxid bei 2550 °C. Viele Salze sind in Wasser gut löslich (NaCl, KNO_3), andere sind schwer löslich ($CaCO_3$) oder praktisch unlöslich ($BaSO_4$). Eine wichtige Möglichkeit der Salzbildung ist die Neutralisation. Gibt man zu einer Säurelösung so lange Hydroxidlösung, bis der Indikator weder alkalisch noch sauer anzeigt, ist die Lösung neutral. Man bezeichnet die Reaktion zwischen Säuren und Basen deshalb als *Neutralisation*.

Lauge + Säure → Salz + Wasser

Beispiel:

$$\underset{\text{Natronlauge}}{NaOH} + \underset{\text{Salzsäure}}{HCl} \rightarrow \underset{\text{Natriumchlorid}}{NaCl} + \underset{\text{Wasser}}{H_2O}$$

Aus der Ionengleichung

$$Na^+ + OH^- + H_3O^+ + Cl^- \rightarrow Na^+ + Cl^- + 2\ H_2O$$

lässt sich erkennen, dass nicht alle Ionen an der Reaktion beteiligt sind. Die Metallionen und die Säurerestionen liegen weiterhin unverändert vor. Nur die Oxoniumionen der Säure und die Hydroxidionen der Lauge reagieren unter Bildung von Wasser miteinander:

$$H_3O^+ + OH^- \rightarrow 2\ H_2O$$

Aus Ionen entstehen so Moleküle, Säure- und Basewirkung heben sich auf. Die Metallionen und Säurerestionen bilden zusammen das Salz. Schwer lösliche Salze fallen als Niederschläge aus, während leicht lösliche Salze in Form frei beweglicher Ionen im Wasser gelöst bleiben. Dampft man die Salzlösung ein, erhält man kristalline Feststoffe, in denen die Ionen zu Ionenverbänden zusammengeschlossen sind. Andere Salzbildungsmöglichkeiten:

Metall + Nichtmetall → Salz

$$2\ Na + Cl_2 \rightarrow 2\ NaCl$$

(unedles) Metall + Säure → Salz + Wasserstoff

$$Zn + 2\ HCl \rightarrow ZnCl_2 + H_2$$

Metalloxid + Säure → Salz + Wasser

$$CuO + H_2SO_4 \rightarrow CuSO_4 + H_2O$$

Salz 1 + Salz 2 → Salz 3 + Salz 4

$$NaCl + AgNO_3 \rightarrow AgCl + NaNO_3$$

Salz 1 + Hydroxid 1 → Salz 2 + Hydroxid 2

$$Na_2CO_3 + Ca(OH)_2 \rightarrow CaCO_3 + 2\ NaOH$$

Die letzten beiden Darstellungsmöglichkeiten sind nur dann anwendbar, wenn eines der neu entstehenden Salze wasserunlöslich ist und als Niederschlag ausfällt.

Benennung der Salze

Die Namen der Salze sauerstofffreier Säuren haben die Endsilbe -id. Die Namen der sauerstoffhaltigen Säuren enden auf -at.

Säure		Säurerestion		Salze	
Name	**Formel**	**Name**	**Formel**	**Name**	**Beispiel**
Salzsäure	HCl	-chlorid	Cl^-	Chlorid	NaCl, $CaCl_2$
Schwefelsäure	H_2SO_4	-sulfat	$SO4^{2-}$	Sulfat	CaSO4
Schweflige Säure	H_2SO_3	-sulfit	SO_3^{2-}	Sulfit	Na_2SO_3
Salpetersäure	HNO_3	-nitrat	NO_3^-	Nitrat	$NaNO_3$, KNO_3
Phosphorsäure	H_3PO_4	-phosphat	PO_4^{3-}	Phosphat	$Ca_3(PO_4)_2$
Kohlensäure	H_2CO_3	-carbonat	CO_3^{2-}	Carbonat	$CaCO_3$
Fluorwasserstoffsäure	HF	-fluorid	F^-	Fluorid	CaF_2, KF
Schwefelwasserstoffsäure	H_2S	-sulfid	S^{2-}	Sulfid	PbS, FeS
Bromwasserstoffsäure	HBr	-bromid	Br^-	Bromid	KBr
Iodwasserstoffsäure	HI	-iodid	I^-	Iodid	KI

Aufbau der Atome

Eine genaue Vorstellung von der Feinstruktur der Atome hat man auch heute noch nicht, weil sie selbst mit den modernsten, leistungsfähigsten optischen Geräten, den Elektronenmikroskopen, nicht erfassbar ist.

Jede Vorstellung vom Aufbau der Atome ist deshalb nur ein Modell, das experimentelle Tatsachen erklärt und die Ergebnisse noch nicht durchgeführter Experimente vorhersagt. Modelle gelten oft nur für einen beschränkten Anwendungsbereich und können sich der Wirklichkeit nur annähern.

Atombausteine

Anfang des 19. Jahrhunderts entwickelte John Dalton die erste naturwissenschaftliche Modellvorstellung. Er nahm an, dass Atome (atomaos = griechisch, unteilbar) kleinste, unteilbare Massekugeln sind, wobei sich die Atome der einzelnen Elemente in Masse und Volumen unterscheiden.

Heute weiß man, dass der Aufbau der Atome wesentlich komplizierter ist. Sie sind nicht unteilbar, sondern bestehen aus den sogenannten *Elementarteilchen:* den *Protonen, Neutronen* und *Elektronen.*

Die Protonen besitzen die kleinste bisher nachgewiesene positive elektrische Ladung (+e), die Elektronen die kleinste negative Ladung (–e). Dabei ist e die sogenannte *Elementarladung;* ihr Wert beträgt $1{,}60219 \cdot 10^{-19}$C

(C = Coulomb). Die Neutronen sind elektrisch neutral. Protonen und Neutronen haben annähernd die gleiche Masse. Die Masse des Elektrons beträgt dagegen nur etwa 1/2000 der Masse eines Protons bzw. Neutrons (exakt entspricht die Masse eines Elektrons 1/1836 der Masse eines Protons und 1/1838 der Masse eines Neutrons).

Zweifel an der Unteilbarkeit der Atome kam bereits Ende des 19. Jahrhunderts auf, als Becquerel die radioaktive Strahlung entdeckte. Man nahm nämlich an, dass die radioaktive Strahlung durch den Zerfall der Atome entsteht.

Demnach konnten Atome nicht die kleinsten Bausteine der Materie sein, sondern mussten sich aus noch kleineren Teilchen aufbauen.

Elementarteilchen

Elementarteilchen	Symbol	Masse (u)*	Masse (g)	Ladung
Proton	p^+	1,00728	$1{,}673 \cdot 10^{-24}$	+e
Neutron	n	1,00867	$1{,}675 \cdot 10^{-24}$	0
Elektron	e^-	0,00055	$0{,}000911 \cdot 10^{-24}$	–e

* Die Atommasseneinheit u ist 1/12 der Masse des $^{12}_{6}C$.

1911 wurde die Feinstruktur der Atome durch den inzwischen berühmten *Streuversuch von Rutherford* erforscht.

Versuchsbeschreibung:
Rutherford beschoss eine 0,00005 cm dünne Goldfolie mit α-Strahlen. Als α-Strahlen werden Atomkerne des Heliums bezeichnet; sie sind zweifach positiv geladen und werden z. B. beim Zerfall radioaktiven Radiums ausgesendet. Damit das Radium die α-Strahlen nur in die gewünschte Richtung ausstrahlte, wurde es in einem angebohrten, massiven Bleiblock untergebracht. Ringförmig um die Goldfolie herum war ein Filmstreifen angebracht, der jedes Auftreffen eines α-Teilchens als schwarzen Fleck wiedergab.

Das Ergebnis überraschte, denn der größte Teil der α-Teilchen passierte die Folie ungehindert, wenige α-Teilchen wurden abgelenkt und nur etwa jedes 10 000ste wurde in Richtung Strahlungswelle zurückgeworfen.

Aus diesen Beobachtungen schloss Rutherford, dass sich die Masse des Atoms in einem winzigen Zentrum des Atoms befindet und der größte Teil leer bzw. masselos ist.

Dieses und nachfolgende Experimente führten zur Aufstellung des Rutherford'schen *Kern-Hülle-Modells:*

Jedes Atom besteht aus einem Atomkern und einer Atomhülle. Der Atomkern befindet sich im Mittelpunkt des Atoms. Fast die gesamte Masse und die ganze positive Ladung ist im Atomkern vereint. Der Atomkern besteht aus elektrisch positiv geladenen Protonen und elektrisch neutralen Neutronen.

Neutronen und Protonen werden zu den sogenannten *Nukleonen* (Kernteilchen) zusammengefasst. In der Atomhülle, die den Atomkern kugelsymmetrisch umgibt, befinden sich die negativ geladenen Elektronen. Da das Atom nach außen elektrisch neutral erscheint, muss die Anzahl der Elektronen gleich der Anzahl der Protonen sein. Die Atome der Elemente unterscheiden sich durch die Masse ihrer Atomkerne, die Größe ihrer positiven Kernladung und die Anzahl der Elektronen in den Hüllen.

Der Aufenthaltsort eines Elektrons in der Atomhülle kann nicht genau lokalisiert werden. Versucht man ein Elektron in kurzen Abständen hintereinander zu fotografieren, würde es sich jedes Mal an einer anderen Stelle der Atomhülle befinden, da es sich ständig mit großer Geschwindigkeit völlig regellos um den Kern herum bewegt. Deshalb gibt man für das Elektron nur eine Aufenthaltswahrscheinlichkeit in Form einer Elektronenwolke an.

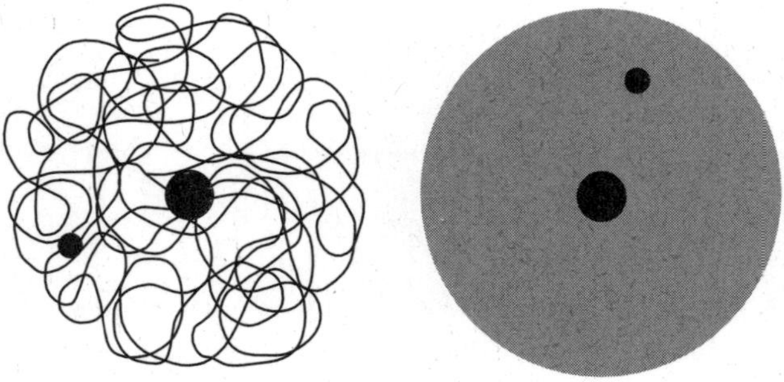

Bewegung eines Elektrons um den Atomkern (links)
Momentaufnahme eines Elektrons (rechts)

Ein Atom hat einen Durchmesser von 10^{-10} m, die Kerne einen Durchmesser von 10^{-14} m. Der Durchmesser des Atoms ist also mehr als 10 000-mal größer als der des Atomkerns.

Atomkern – Isotope

Der Atomkern besteht aus Protonen und Neutronen, den sogenannten Nukleonen. Im Atomkern befinden sich 99,95–99,98 % der gesamten Masse des Atoms, er besitzt aber nur den 10 000sten Teil des Durchmessers des Gesamtatoms.

Die Anzahl der Protonen, d. h. die Anzahl der positiven Ladungsträger, ist in allen Atomen eines Elements immer gleich.

Diese Gesetzmäßigkeit wird deshalb dazu benutzt, die Elemente nach der Anzahl ihrer Protonen im Kern, der *Kernladungszahl,* zu ordnen. Die Kernladungszahl wird auch als *Ordnungszahl* bezeichnet.

Die Ordnungszahl gibt die Anzahl der Protonen im Kern an.

Der Kern eines Wasserstoffatoms besitzt ein Proton, deshalb hat Wasserstoff die Ordnungszahl 1. Helium mit zwei Protonen im Kern erhält dementsprechend die Ordnungszahl 2 usw. Die Ordnungszahl gibt gleichzeitig auch die Anzahl der Elektronen in der Atomhülle wieder.

Die Masse eines Atoms wird praktisch nur durch die Masse der Nukleonen bestimmt. Die Masse des Elektrons ist im Vergleich zu den Massen der Nukleonen so klein, dass sie vernachlässigt werden kann. Die Summe der Nukleonen im Kern wird *Massenzahl* genannt.

> Die Massenzahl eines Elements ist die Summe der Protonen und Neutronen im Kern.

Die Anzahl der Neutronen, die sogenannte *Neutronenzahl,* kann man errechnen, indem man die Differenz zwischen Massenzahl und Ordnungszahl bildet.

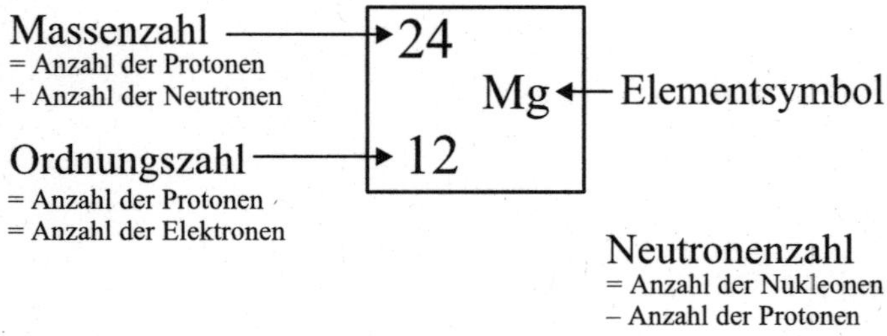

Kennzeichnung eines Elements

Die Kennzeichnung eines Elements durch Massen- und Ordnungszahl in der Kurzschreibweise erfolgt, indem man die Massenzahl links oben und die Ordnungszahl links unten neben das Elementsymbol setzt.

Isotope und Atommasse

Die Atome eines Elements enthalten immer die gleiche Anzahl an Protonen. Die Zahl der Neutronen kann allerdings variieren. Damit ändern sich die Masse und die Massenzahl des betreffenden Atoms. Es existieren also Atome desselben Elements, die unterschiedliche Massen besitzen. Sie werden *Isotope* genannt.

> Isotope sind Atome des gleichen Elements mit verschiedener Neutronenzahl und damit auch unterschiedlicher Masse.

Haben die Atome eines Elements alle die gleiche Masse, d. h. also die gleiche Anzahl an Protonen und Neutronen, spricht man von einem *Reinelement*, andernfalls von einem Mischelement. Es gibt nur 19 natürlich vorkommende Reinelemente. Die Anzahl der Isotope kann dabei unterschiedlich sein, z. B. besitzt Kohlenstoff drei Isotope: $^{12}_{6}C$, $^{13}_{6}C$, und $^{14}_{6}C$, Chlor nur zwei: $^{35}_{17}Cl$ und $^{37}_{17}Cl$.

Die prozentuale Zusammensetzung der Isotopengemische eines Elements ist konstant. Das Element Bor besitzt zwei Isotope mit der Masse 10,01 u und 11,01 u. Die prozentuale Verteilung liegt bei 80 % Boratomen mit der Masse 11,01 u und 20 % Boratomen mit der Masse 10,01 u.

Aufgrund dieser konstanten Zusammensetzung dieses Gemisches kann man den Mittelwert der Atommassse von 10,8 u errechnen.

Die Atommasse eines Elementes setzt sich aus dem Mittelwert der Massen seiner Isotope unter der Berücksichtigung der relativen Häufigkeit zusammen.

Die verschiedenen Isotope der einzelnen Elemente haben keine unterschiedlichen Bezeichnungen, weil ihr chemisches Verhalten gleich ist. Einzige Ausnahme ist der Wasserstoff. Wasserstoff besitzt drei Isotope (Häufigkeiten: 99,9855 %, 0,0145 %, 10–15 %).

Die drei Isotope unterscheiden sich merklich im Verhältnis 1 : 2 : 3 in ihrer Masse. Deshalb nennt man sie auch

$^{1}_{1}H$	$^{2}_{1}H$	$^{3}_{1}H$
„leichten" Wasserstoff *Protium* (normaler Wasserstoff)	*„schweren"* Wasserstoff *Deuterium*	*„superschweren"* Wasserstoff *Tritium*

Eine weitere Besonderheit beim Wasserstoff ist, dass sein Atomkern nur ein Proton und kein Neutron enthält. Alle anderen Elemente besitzen in ihren Atomkernen Protonen und Neutronen.

Element	Isotope				durchschnittl. Atommasse (u)
Chlor	$^{35}_{17}Cl$ 75,8 %	$^{37}_{17}Cl$ 24,2 %			35,45
Silber	$^{107}_{47}Ag$ 51,8 %	$^{109}_{47}Ag$ 48,2 %			107,87
Eisen	$^{54}_{26}Fe$ 5,8 %	$^{56}_{26}Fe$ 91,6 %	$^{57}_{26}Fe$ 2,2 %	$^{58}_{26}Fe$ 0,4 %	55,85
Schwefel	$^{32}_{16}S$ 95,0 %	$^{33}_{16}S$ 0,8 %	$^{34}_{16}S$ 4,2 %		32,06

Isotope mehrerer Mischelemente

Atomhülle – Das Schalenmodell nach Bohr

Das Kern-Hülle-Modell von Rutherford wurde 1913 durch das *Schalenmodell* oder *Bohr'sche Atommodell* verbessert.

Danach bewegen sich die Elektronen nicht regellos, sondern auf bestimmten Bahnen um den Kern, vergleichbar mit der Bewegung der Planeten um die Sonne. Die Bahnen oder Schalen werden von innen nach außen aufgefüllt. Es gibt 7 Schalen, die entweder mit Ziffern als *1., 2., 3. Schale* usw. durchnummeriert werden oder mit Großbuchstaben K bis Q als *K-, L-, M-Schale* usw. bezeichnet werden.

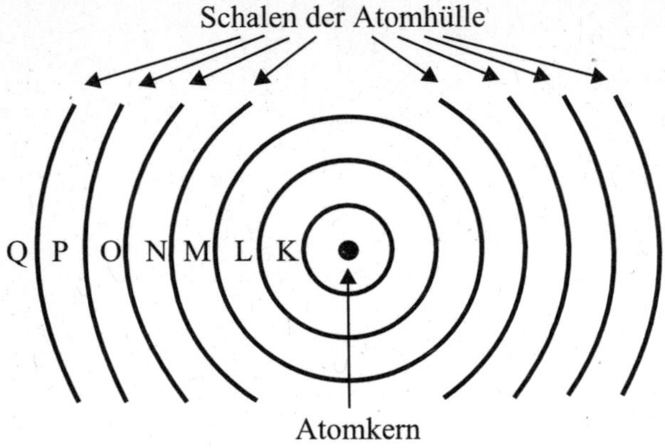

Schalenmodell von Bohr

Jede Schale kann nur $2 \cdot n^2$ (n = Schalennummer) *Elektronen* aufnehmen. Die 1. innere Schale (n = 1) kann demnach $2 \cdot 1^2 = 2$ Elektronen aufnehmen, die 2. Schale (n = 2) $2 \cdot 2^2 = 8$ Elektronen, die 3. Schale (n = 3) $2 \cdot 3^2 = 18$ usw.

Die äußerste Schale eines Elements ist immer nur mit maximal acht Elektronen, den *Valenz-* oder *Außenelektronen* besetzt, danach beginnt die Auffüllung einer neuen Schale.

Die einzige Ausnahme hiervon stellt die 1. Schale dar, die bereits mit zwei Elektronen voll besetzt ist. Da die Energie der Bahnen von innen nach außen hin zunimmt, ist die äußerste Schale die Bahn mit der höchsten Energie.

Kennzeichnung der verschiedenen Energiestufen oder Schalen mit Ziffern oder Buchstaben und ihre maximale Besetzung mit Elektronen

Schale Ziffer(n)	Großbuchstabe	maximale Besetzung ($2 \cdot n^2$)
1	K	$2 \cdot 1^2 = 2$
2	L	$2 \cdot 2^2 = 8$
3	M	$2 \cdot 3^2 = 18$
4	N	$2 \cdot 4^2 = 32$
5	O	$2 \cdot 5^2 = 50$
6	P	$2 \cdot 6^2 = 72$
7	Q	$2 \cdot 7^2 = 98$

Für die nach steigender Kernladungszahl (Anzahl der Protonen = Anzahl der Elektronen) geordneten Elemente ergibt sich damit folgende Elektronenverteilung auf die verschiedenen Schalen:

Wasserstoff besitzt ein Elektron auf der 1., innersten Schale, der K-Schale, Helium zwei. Damit ist die 1. Schale beim Helium ($2 \cdot 1^2$) voll besetzt. Es folgt die Besetzung der 2. oder L-Schale beim Lithium. Es besitzt insgesamt drei Elektronen, zwei davon füllen die 1. Schale auf, eins besetzt die L-Schale. Die L-Schale vermag acht ($2 \cdot 2^2$) Elektronen aufzunehmen. Ihre Auffüllung ist nach acht Elementen beim Neon abgeschlossen. Es folgt die

Auffüllung der 3. oder M-Schale vom Natrium bis zum Argon usw. Vergleicht man die Elektronenanordnung der Elemente im „gekürzten Periodensystem“, stellt man fest, dass die Elemente einer Gruppe, die chemisch ähnliches Verhalten zeigen, auch die gleiche Anzahl an Außenelektronen aufweisen. Damit liegt der Schluss nahe, dass die chemischen Eigenschaften der Atome und damit auch der aus ihnen aufgebauten Elemente hauptsächlich durch die in der äußeren Elektronenschale befindlichen Elektronen bestimmt werden.

Da die Zahl der Außenelektronen zwischen eins und acht variiert, gibt es auch nur acht große Gruppen von Elementen.

Das Periodensystem der Elemente (PSE)

Das gekürzte Periodensystem der Elemente

1869 entwickelten Dmitri Mendelejew und Julius Lothar Meyer unabhängig voneinander das Periodensystem der Elemente, wie es in seiner Form noch heute gilt. Damals waren 60 Elemente bekannt, die sie nach steigender Atommasse ordneten und nach chemisch ähnlichen Eigenschaften in Gruppen zusammenfassten. Heute sind 109 Elemente bekannt. Das System von Mendelejew und Meyer konnte mit fehlenden Elementen ergänzt und um die Gruppe der Edelgase erweitert werden.

Die Anordnung der Elemente entsprechend ihrer Atommassen führte an vier Stellen, bei Co/Ni, Te/I, Ar/K und Th/Pa zu Unstimmigkeiten mit den Zugehörigkeiten zu ihren jeweiligen Gruppen. Diese Problemfälle entfielen, als 1897 Rydberg die Ordnungszahl zur Bestimmung der Reihenfolge der Elemente einführte.

Das sogenannte *gekürzte Periodensystem,* in dem die Nebengruppenelemente fehlen, ist in acht Hauptgruppen (Spalten, Gruppennummern I-VIII) und sieben Perioden (Zeile 1–7) eingeteilt. Die 1. Periode wird nur von zwei Elementen gebildet, die 2. bis 6. besitzt je acht Elemente, die 7. Periode ist unvollständig.

Hauptgruppe	I	II	III	IV	V	VI	VII	VIII
Periode 1	1 **H** Wasserstoff Hydrogen 1,0079	**Hauptgruppen und Edelgase**				Elemente der Hauptgruppen I bis VIII Edelgase		1 **He** Helium 4,00260
2	3 **Li** Lithium 6,941	4 **Be** Beryllium 9,01218	5 **B** Bor 10,81	6 **C** Kohlenstoff Carbon 12,011	7 **N** Stickstoff Nitrogen 14,0067	8 **O** Sauerstoff Oxygen 15,9994	9 **F** Fluor 18,9984	10 **Ne** Neon 20,179
3	11 **Na** Natrium 22,98977	12 **Mg** Magnesium 24,305	13 **Al** Aluminium 26,98154	14 **Si** Silicium 28,0855	15 **P** Phosphor 30,97376	16 **S** Schwefel Sulfur 32,06	17 **Cl** Chlor 35,453	18 **Ar** Argon 39,948
4	19 **K** Kalium 39,0983	20 **Ca** Calcium 40,08	31 **Ga** Gallium 69,72	32 **Ge** Germanium 72,59	33 **As** Arsen 74,9216	34 **Se** Selen 78,96	35 **Br** Brom 79,904	36 **Kr** Krypton 83,80
5	37 **Rb** Rubidium 85,4678	38 **Sr** Strontium 87,62	49 **In** Indium 114,82	50 **Sn** Zinn (Stannum) 118,69	51 **Sb** Antimon 1) 121,75	52 **Te** Tellur 127,60	53 **I** Iod 126,9045	54 **Xe** Xenon 131,29
6	55 **Cs** Caesium 132,9054	56 **Ba** Barium 137,33	81 **Tl** Thallium 204,383	82 **Pb** Blei (Plumbum) 207,2	83 **Bi** Bismut 209,9804	84 **Po** Polonium (209)	85 **At** Astat (210)	86 **Rn** Radon (222)
7	87 **Fr** Francium (223)	88 **Ra** Radium 226,0254						

Die in einer Spalte senkrecht untereinander stehenden Elemente bilden Elementfamilien, die ähnliche chemische und zum Teil auch ähnliche physikalische Eigenschaften besitzen. Man bezeichnet sie nach steigender Gruppennummer als Alkalimetalle, Erdalkalimetalle, Erdmetalle oder Borgruppe, Kohlenstoffgruppe, Stickstoffgruppe, Chalkogene, Halogene und Edelgase. Links neben den Halbmetallen B, Si, Ge, As, Se und Te stehen im gekürzten Periodensystem die Metalle, rechts davon die Nichtmetalle.

Innerhalb einer Gruppe nimmt der Metallcharakter von oben nach unten hin zu, innerhalb einer Periode nimmt der metallische Charakter von links nach rechts hin ab bzw. der nicht metallische zu. Ein analoges Verhalten zeigen die Atomradien, die ebenfalls innerhalb einer Periode von links nach rechts abnehmen und innerhalb einer Gruppe zunehmen.

Der Aufbau des Periodensystems

Die Einordnung der Elemente nach ihren chemischen Eigenschaften findet ihre theoretische Erklärung im Atombau (s. Abschnitt Bohr'sches Atommodell). Der Einbau der Elektronen auf der Valenzschale erfolgt kontinuierlich von der ersten bis zur achten Hauptgruppe, in der sie dann die Maximalzahl von acht Elektronen aufgenommen hat. Dadurch kommen in einer Gruppe, d. h. Spalte des Periodensystems diejenigen Elemente zu stehen, die die gleiche Anzahl Außenelektronen besitzen. Diese Übereinstimmung bedingt die chemische Ähnlichkeit der Elemente einer Gruppe.

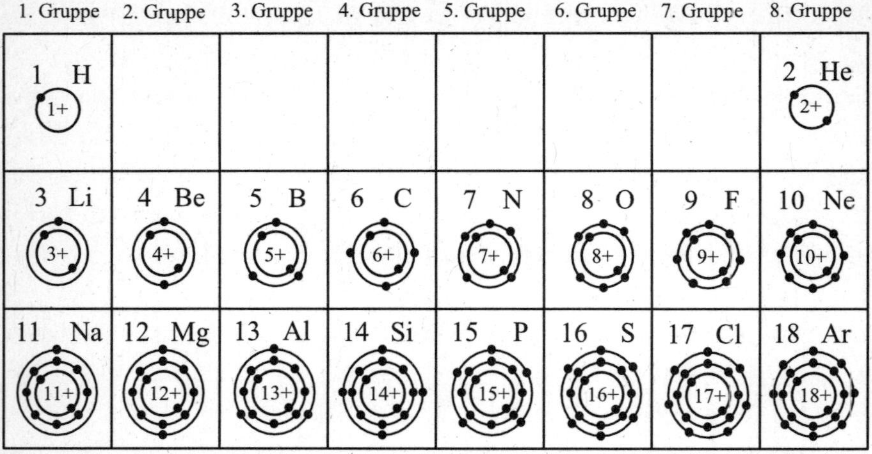

Bohr'sches Atommodell der ersten drei Perioden des Periodensystems

Die *Gruppennummer* gibt damit die Zahl der Valenzelektronen der Elemente der Gruppe an und damit auch die maximale Wertigkeitsstufe. Die *Periodennummer* gibt die Nummer der Valenzschale an.

Die *Ordnungszahl* gibt die Zahl der Protonen im Kern und damit auch die Gesamtzahl der Elektronen an. Mit diesen Informationen kann man aus dem gekürzten Periodensystem ablesen, dass z. B. Natrium ein Außenelektron in der 3. Schale bei einer Gesamtzahl von elf Elektronen und Brom sieben Außenelektronen in der 4. Schale bei einer Gesamtzahl von 35 Elektronen besitzt.

Ungekürztes Periodensystem

Die im „gekürzten Periodensystem" ausgelassenen Elemente werden Übergangs- oder Nebengruppenelemente genannt. Sie werden ab der 4. Periode zwischen der II. und III. Hauptgruppe nach steigender Atommasse eingeordnet. Man erhält das *vollständige Periodensystem der Elemente*. Es umfasst eine sehr kurze Periode (1. Periode, zwei Elemente), zwei kurze Perioden (2. und 3. Periode, jeweils acht Elemente), zwei lange Perioden (4. und 5. Periode, jeweils 18 Elemente) und zwei sehr lange Perioden (6. und 7. Periode, jeweils 32 Elemente).

Die Elemente mit ähnlichen Eigenschaften stehen wie bei den Hauptgruppen senkrecht untereinander in einer Spalte. Die Elemente der Nebengruppen gehören alle zu den Metallen. Sie besitzen ein oder zwei Elektronen auf ihrer Valenzschale. Im Unterschied zu den Hauptgruppenelementen, deren Elektronenschalen bis auf die Valenzschale entweder vollständig besetzt oder leer ist, werden bei den Nebengruppenelementen die zweitäußersten Schalen kontinuierlich mit jeweils einem weiteren Elektron von Nebengruppenelement zu Nebengruppenelement aufgefüllt. Die 6. und 7. Periode sind jeweils um 14 Elemente länger als die 4. und 5. Periode. Hier werden noch tiefer liegende Elektronenschalen aufgefüllt. Diese 28 Elemente gleichen sich in ihren Eigenschaften sowie den Elementen Lanthan bzw. Actinium. Man bezeichnet sie zusammen mit Lanthan bzw. Actinium als „Lanthanoide" und „Actinoide".

Periodensystem der Elemente

(relative Atommassen gemäß IUPAC 1979)

Ordnungszahl → 53 I ← Elementsymbol
Element → Iod
relative Atommasse → 126,9045
(Werte in Klammern bei radioaktiven Elementen für Isotop mit längster Halbwertzeit)

Fußnoten: 1) Symbol Sb von Stibium; Salze aber Antimonate
2) Symbol Hg von Hydragyrum; Salze aber Mercurate
3) von IUPAC noch nicht bestätigt

Hauptgruppe	I	II							
Nebengruppe			3	4	5	6	7	8	
Periode 1	1 H Wasserstoff Hydrogen 1,0079								
2	3 Li Lithium 6,941	4 Be Beryllium 9,01218							
3	11 Na Natrium 22,98977	12 Mg Magnesium 24,305							
4	19 K Kalium 39,0983	20 Ca Calcium 40,08	21 Sc Scandium 44,9559	22 Ti Titan 47,88	23 V Vanadium 50,9415	24 Cr Chrom 51,996	25 Mn Mangan 54,9380	26 Fe Eisen (Ferrum) 55,847	27 Co Cobalt 58,9332
5	37 Rb Rubidium 85,4678	38 Sr Strontium 87,62	39 Y Yttrium 88,9059	40 Zr Zirconium 91,22	41 Nb Niob 92,9064	42 Mo Molybdän 95,94	43 Tc Technetium (98)	44 Ru Ruthenium 101,07	45 Rh Rhodium 102,9055
6	55 Cs Caesium 132,9054	56 Ba Barium 137,33	57* La Lanthan 138,9055	72 Hf Hafnium 178,49	73 Ta Tantal 180,9479	74 Wo Wolfram 183,85	75 Re Rhenium 186,207	76 Os Osmium 190,2	77 Ir Iridium 192,22
7	87 Fr Francium (223)	88 Ra Radium 226,0254	89** Ac Actinium 227,0278	104 Ku (Kurtschatowium) 3) (261)	105 Ha Hahnium	106 Sg Seabergium	107 Ns Nielsbohrium	108 Hs Hassium	109 Mt Meitnerium

* **Lanthanoide (4f-Elemente)**	58 Cer Cerium 140,12	59 Pr Praseodymium 140,9077	60 Nd Neodymium 144,24	61 Pm Promethium (145)	62 Sm Samarium 150,36	63 Eu Europium 151,96	64 Gd Gadolinium 157,25
** **Actinoide (5f-Elemente)**	90 Th Thorium 232,0381	91 Pa Protactinium 231,0359	92 U Uran 238,0289	93 Np Neptunium 237,0482	94 Pu Plutonium (244)	95 Am Americium (243)	96 Cm Curium (247)

- Elemente der Hauptgruppen I bis VII
- Edelgase
- Nebengruppenelemente (d-Elemente)
- Lanthanoide, Actinoide (f-Elemente)

			III	IV	V	VI	VII	VIII
	1	2						
								1 **He** Helium 4,00260
			5 **B** Bor 10,81	6 **C** Kohlenstoff Carbon 12,011	7 **N** Stickstoff Nitrogen 14,0067	8 **O** Sauerstoff Oxygen 15,9994	9 **F** Fluor 18,9984	10 **Ne** Neon 20,179
			13 **Al** Aluminium 26,98154	14 **Si** Silicium 28,0855	15 **P** Phosphor 30,97376	16 **S** Schwefel Sulfur 32,06	17 **Cl** Chlor 35,453	18 **Ar** Argon 39,948
28 **Ni** Nickel 58,69	29 **Cu** Kupfer (Cuprum) 63,546	30 **Zn** Zink (Zincum) 65,38	31 **Ga** Gallium 69,72	32 **Ge** Germanium 72,59	33 **As** Arsen 74,9216	34 **Se** Selen 78,96	35 **Br** Brom 79,904	36 **Kr** Krypton 83,80
46 **Pd** Palladium 106,42	47 **Ag** Silber (Argentum) 107.868	48 **Cd** Cadmium 112,41	49 **In** Indium 114,82	50 **Sn** Zinn (Stannum) 118,69	51 **Sb** Antimon 1) 121,75	52 **Te** Tellur 127,60	53 **I** Iod 126,9045	54 **Xe** Xenon 131,29
78 **Pt** Platin 195,08	79 **Au** Gold (Aurum) 196,9665	80 **Hg** Quecksilber 2) 204,383	81 **Tl** Thallium 204,383	82 **Pb** Blei (Plumbum) 207,2	83 **Bi** Bismut 209,9804	84 **Po** Polonium (209)	85 **At** Astat (210)	86 **Rn** Radon (222)

65 **Tb** Terbium 158,9254	66 **Dy** Dysprosium 162,50	67 **Ho** Holmium 164,9304	68 **Er** Erbium 167,26	69 **Tm** Thulium 168,9342	70 **Yb** Ytterbium 173,04	71 **Lu** Lutetium 174,967
97 **Bk** Berkelium (247)	98 **Cf** Californium (251)	99 **Es** Einsteinium (252)	100 **Fm** Fermium (257)	101 **Md** Mendelevium (258)	102 **No** Nobelium (259)	103 **Lr** Lawrencium (260)

Chemische Bindungen

Die chemischen Eigenschaften eines Atoms sind von der Zahl seiner Außenelektronen abhängig. Aus der Reaktionsträgheit der Edelgase kann man schließen, dass sie mit ihrer komplett aufgefüllten Valenzschale einen stabilen Zustand erreicht haben. Diese stabile Anordnung nennt man *Edelgaskonfiguration, Elektronenoktett* oder *Achterschale*. Nur das Helium besitzt mit zwei Elektronen auf der Außenschale Edelgaskonfiguration, da die 1. Schale, die hier gleichzeitig die äußerste ist, bereits mit zwei Elektronen voll besetzt ist. Die anderen Elemente besitzen keine Edelgaskonfiguration und damit einen instabilen Zustand, den sie auszugleichen suchen, indem sie mit anderen Atomen und Molekülen oder Atomverbänden zusammentreten.

Man unterscheidet drei Bindungsarten:

1. Die *Ionenbindung*
   Es verbindet sich ein Metall (im PSE links stehendes Element) mit einem Nichtmetall (im PSE rechts stehendes Element), wobei das Metall seine Außenelektronen an das Nichtmetall abgibt. Dadurch erreichen beide Bindungspartner ein Elektronenoktett.

2. Die *Atombindung*
   Es verbinden sich zwei oder mehr Nichtmetallatome, wobei sie sich ein oder mehrere Elektronen teilen.

3. Die *Metallbindung*
   Die Atome eines Metalls lagern sich zu einem Molekülverband zusammen und geben ihre Außenelektronen ab, sodass auch hier eine stabile Elektronenkonfiguration erreicht wird.

Da für das Verständnis der chemischen Bindungen zwischen den Atomen nur die Außenelektronen (Valenzelektronen) wichtig sind, vereinfacht man die Schreibweise nach Lewis derart, dass nur das Elementsymbol stellvertretend für den Atomkern mit allen Elektronen außer den Außenelektronen *(Atomrumpf)* angegeben wird.

Die Außenelektronen werden dann auf vier Seiten als Punkte um das Elementsymbol herum angeordnet. Die Auffüllung der Bereiche erfolgt zunächst einzeln und dann paarweise. Paarweise angeordnete Elektronen können durch einen Strich zusammengefasst werden. Damit ergibt sich beispielsweise für die Elementreihe von Lithium bis Neon folgendes Bild:

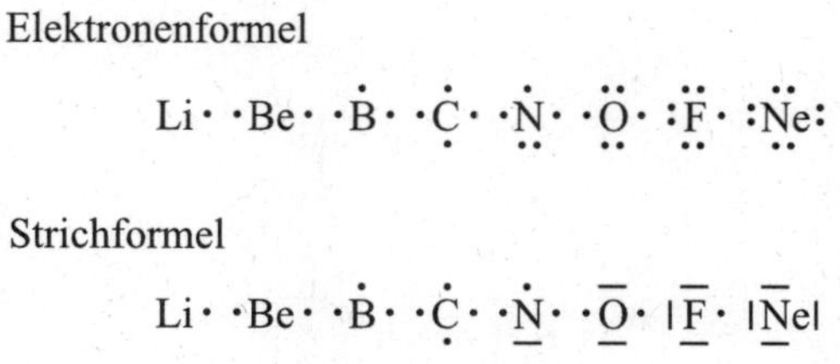

Elektronenschreibweise für die Außenelektronen der 2. Periode des Periodensystems nach Lewis

Die Ionenbindung

Bei Reaktionen zwischen Metallen und Nichtmetallen geben die Metalle Elektronen ab und die Nichtmetalle nehmen sie auf. Es entstehen Ionenverbindungen.

Die Ionenverbindung soll am Beispiel der Bildung von Natriumchlorid (Kochsalz) aus Natrium- und Chloratomen erklärt werden.

Natrium hat elf Elektronen in seiner Atomhülle. Auf der 3. Schale befindet sich ein Außenelektron, das bei der Reaktion mit Chlor abgegeben wird.

$$Na \rightarrow Na^{+} + e^{-}$$

Dadurch wird die vollständig mit acht Elektronen aufgefüllte 2. Schale zur Außenschale und der Edelgaszustand (hier: der des Neons) ist erreicht. Das Chlor nimmt dieses Elektron auf und komplettiert dadurch seine mit sieben Elektronen besetzte 3. Schale zum Elektronenoktett (hier: dem des Argons).

$$Cl + e^{-} \rightarrow Cl^{-}$$

Beide Elemente erreichen durch diesen Elektronenübergang das besonders stabile Elektronenoktett. Die Anzahl der Elektronen in der Atomhülle ist dann aber nicht mehr gleich der Anzahl an Protonen im Atomkern. Deshalb sind die entstandenen Teilchen elektrisch geladen. Chlor hat einen Überschuss von einem Elektron und erhält deshalb eine negative Ladung –1. Natrium fehlt ein Elektron; es erhält eine positive Ladung +1. Man spricht von der Bildung eines negativen Chloridions Cl^-, eines *Anions*, und positiven Natriumions Na+, eines *Kations*. Insgesamt ist die Anzahl der abgegebenen Elektronen gleich der Anzahl aufgenommener Elektronen.

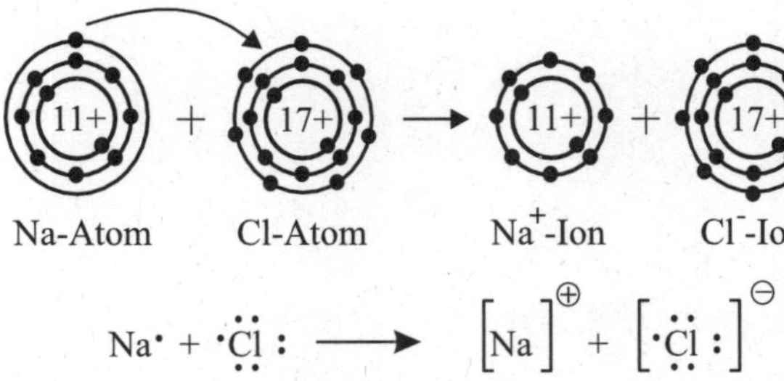

Schema der Ionenbildung nach Bohr

Ionen entstehen durch Eletronenübertragung vom Metall zum Nichtmetall und haben eine elektrische Ladung. Positiv geladene Ionen nennt man *Kationen,* negativ geladene *Anionen*.

Das entstandene Natriumchloridionenpaar NaCl wird durch die elektrostatischen Anziehungskräfte der beiden entgegengesetzt geladenen Ionen zusammengehalten. Ein Maß für die Stärke dieser Anziehungskräfte ist die *Gitterenergie*. Die Gitterenergie wird bei der Bindungsbildung frei und muss bei der vollständigen Trennung der Ionen gegen die elektrostatischen Kräfte auch wieder zugeführt werden. Sie ist umso größer, je näher sich zwei entgegengesetzt geladene Ionen kommen können, weil die Anziehungskraft zwischen ihnen mit abnehmendem Abstand größer wird. Kristalle aus kleinen Ionen haben deshalb eine höhere Gitterenergie. Außerdem ist die Gitterenergie größer, je höher die Ladung der Ionen ist.

Die Bindung, die durch die elektrostatischen Anziehungskräfte zwischen Kationen und Anionen zustande kommt, nennt man *Ionenbildung*.

Beim Übergang eines Atoms zum Ion ändert sich der Radius des Teilchens. Bei der Abgabe eines Elektrons wird er beim entstehenden Kation vermindert, bei der Aufnahme eines Elektrons wird der Radius des entstehenden Anions vergrößert. Die Radien der Kationen und Anionen nennt man *Ionenradien*.

Da elektrische Ladungen gleichmäßig nach allen Seiten wirken, bleibt es nicht bei der Bildung eines Natriumchloridionenpaars. Vielmehr zieht ein Natriumion auch andere Chloridionen an und umgekehrt.

So entsteht ein Ionenkristall aus vielen Natriumchloridionenpaaren, die regelmäßig in einem dreidimensionalen *Kristallgitter* angeordnet sind. Insgesamt ist die Anzahl der Chloridionen gleich der Anzahl an Natriumionen; die

Ionen stehen in einem Zahlenverhältnis von 1 : 1. Die Formel NaCl steht nur für dieses Zahlenverhältnis und nicht für ein konkretes Molekül. Natriumchlorid bildet also einen Teilchenverband; die Formel wird als *Verhältnisformel* bezeichnet. Jedes Na^+-Ion ist oktaedrisch von sechs Cl^--Ionen umgeben und umgekehrt. Man sagt, die *Koordinationszahl* KZ für beide Ionensorten ist gleich sechs. Auch zahlreiche andere Verbindungen kristallisieren in der NaCl-Struktur, wie z. B. die Erdalkalimetallsulfide (Ausnahme BeS), die Erdalkalimetalloxide (Ausnahme BeO) und die Silberhalogenide (Ausnahme AgI).

Berücksichtigt man die tatsächlichen Radien der Ionen – das Natriumion ist nur halb so groß wie das Chloridion – und die tatsächlichen Bindungsabstände der Ionen, ergibt sich folgendes Bild:

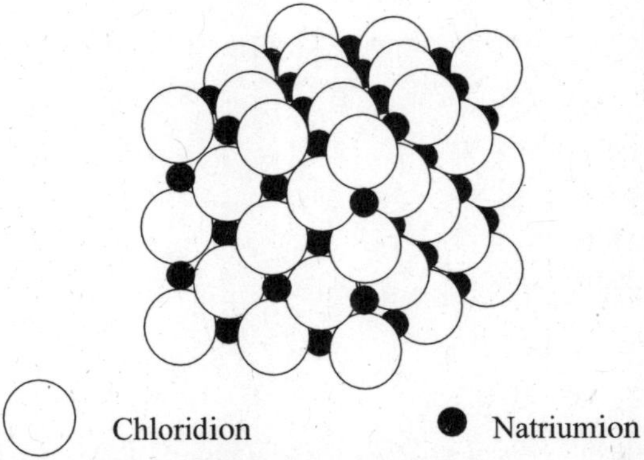

Ausschnitt aus einem Natriumchloridkristall unter Berücksichtigung der Ionenradien

Es existieren noch andere Kristallstrukturen, wie z. B. die Fluorit (CaF_2)-Struktur, Cäsiumchlorid (CsCl)-Struktur oder Zinkblende (ZnS)-Struktur, die hier nur erwähnt werden sollen. Entscheidend für die Anordnung der Ionen in dem einen oder anderen Ionengittertyp ist ihr Radienverhältnis.

Zusammenfassend gilt:

> *Salze = Ionenverbindungen* bestehen aus Ionenkristallen, die durch starke Bindungskräfte zusammengehalten werden.

Die starken Anziehungskräfte zwischen den Ionen im Gitter bedingen die *charakteristischen Eigenschaften der Salze:*

- Sie besitzen einen hohen Schmelz- und Siedepunkt,
- sie sind bei Raumtemperatur Feststoffe,
- sie sind oft hart und spröde und
- sie leiten in wässriger Lösung oder als Salzschmelze den elektrischen Strom.

Ionenwertigkeit

Die Ionenwertigkeit eines Elements ist abhängig von der Zahl der Außenelektronen. Oben wurde gezeigt, dass Natrium, das ein Außenelektron besitzt, dieses abgibt und dadurch ein einfach positiv geladenes Ion bildet. Magnesium besitzt zwei Außenelektronen und erlangt durch deren Abgabe die Edelgaskonfiguration. Deshalb kann es in Verbindung mit Chlor die Elektronenschalen zweier Chloratome mit jeweils einem Elektron zum Oktett auffüllen.

Die Reaktionsgleichung lautet demnach:

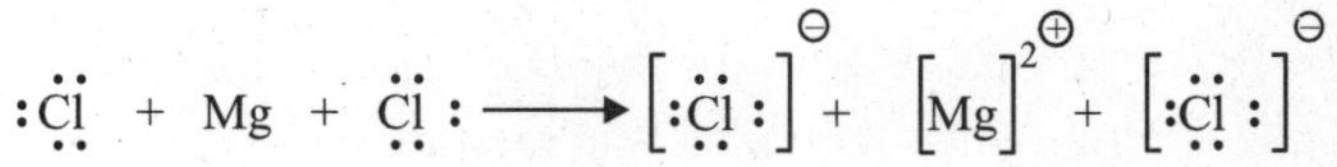

Es bildet sich ein Mg^{2+}-Ion, das zweifach positiv geladen ist.

Für eine Verbindung von Magnesium mit Sauerstoff wird nur ein Sauerstoffatom benötigt, da dem Sauerstoff zwei Elektronen zum Elektronenoktett fehlen.

Die Reaktionsgleichung lautet:

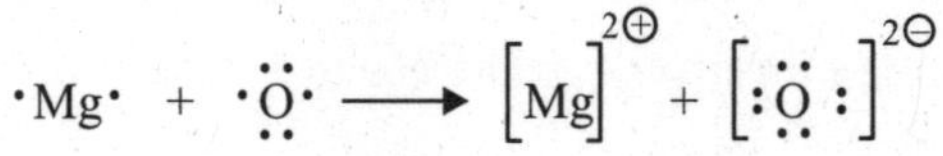

Das O_2^--Ion ist zweifach negativ geladen.

Die Formeln der Salze, die zur Vereinfachung als $MgCl_2$ und MgO bezeichnet werden, ergeben sich damit zwangsläufig aus der Stellung der Elemente im Periodensystem.

Mehr als drei Elektronen werden von einem Atom nie aufgenommen oder abgegeben. Verbindungen mit formal höherwertigen Atomen sind keine Ionenverbindungen.

Die Atombindung

Den Nichtmetallen ist es nicht möglich, untereinander Ionenbindungen auszubilden, weil dadurch nur eines von zwei Atomen die Edelgaskonfiguration, das andere aber einen noch instabileren Zustand erreichen würde. Sie erhalten den Oktettzustand, indem sie bindende Elektronenpaare bilden, die den beteiligten Atomen gemeinsam angehören. Es entstehen Moleküle.

Die beiden Elektronen, die die Bindung bewirken, nennt man *bindendes Elektronenpaar,* die Bindung selbst *Atombindung* oder *kovalente Bindung*. Die Bindungsbildung soll am Beispiel der Entstehung eines Wasserstoffmoleküls erläutert werden. Nähern sich zwei Wasserstoffatome einander an, kommt es zur gegenseitigen Durchdringung der Elektronenwolken. Die Elektronen werden dann nicht nur von ihrem eigenen Kern angezogen, sondern auch von dem zweiten Kern. Zwischen den Kernen kommt es zu einer Verdichtung der negativen Ladung; die Aufenthaltswahrscheinlichkeit der Elektronen zwischen den Kernen ist besonders groß. Die Zuordnung eines Elektrons zu einem bestimmten Kern ist nicht mehr möglich. Die Elektronen bilden eine gemeinsame Elektronenwolke um beide Kerne. Die Bindung erfolgt allein aufgrund der elektrostatischen Anziehungskräfte zwischen den beiden negativ geladenen Elektronen und den beiden positiv geladenen Kernen:

$$H^{\bullet} + {}^{\bullet}H \longrightarrow H:H \quad \text{oder} \quad H^{\bullet} + {}^{\bullet}H \longrightarrow H-H$$

Bildung des Wasserstoffmoleküls

Im Gegensatz zur Ionenbindung ist die Atombindung oder auch Elektronenpaarbindung räumlich gerichtet. Deshalb bilden sich keine Atomverbände, sondern Verbindungsmoleküle, die sich nur aus wenigen Atomen aufbauen. Alle Flüssigkeiten und Gase (mit Ausnahme der Edelgase) bestehen aus Molekülen.

Die *Atombindung* (Elektronenpaarbindung, kovalente Bindung) zwischen Nichtmetallen kommt durch die Ausbildung von gemeinsamen Elektronenpaaren zustande. Im Gegensatz zur Ionenbindung ist sie räumlich gerichtet und verbindet nur wenige Atome miteinander zu Molekülen.

Die bisher verwendeten Formeln für Moleküle wie F_2, H_2, Cl_2, SO_2, NH_3, CH_4 usw. nennt man *Summenformeln,* weil sie die Anzahl der Atome der Elemente im Molekül angeben. Formeln, die die Bindungsverhältnisse und damit auch die Struktur der Moleküle berücksichtigen, nennt man *Strukturformeln.* Nach der Schreibweise von Lewis können die Bindungsverhältnisse im Molekül mit der Elektronen- oder Strichformel angegeben werden. Die an der Bindung beteiligten Elektronen, auch *bindende Elektronenpaare* genannt, schreibt man zwischen die Elementsymbole. Die übrigen, an der Bindung nicht beteiligten Elektronenpaare nennt man *freie* oder *nicht bindende Elektronenpaare*. Sie können zur Vereinfachung auch weggelassen werden.

Halogene besitzen sieben Außenelektronen. Sie verbinden sich durch die Bildung einer Atombindung zu zweiatomigen Molekülen:

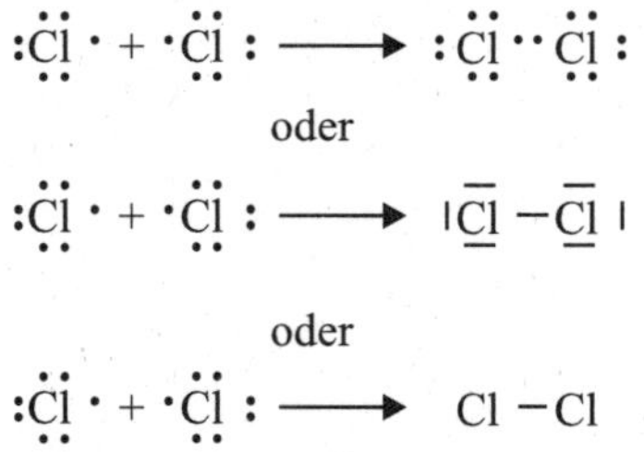

Das bindende Elektronenpaar gehört beiden Chloratomen gemeinsam an. Zusammen mit den sechs die Chloratome umgebenden freien Elektronen erhält jedes Atom acht Elektronen und damit die Edelgaskonfiguration. Bestimmte Atome können sich auch durch die Ausbildung von zwei oder drei Elektronenpaaren miteinander verknüpfen. Man spricht dann von einer *Doppel*- oder *Dreifachbindung*.

Elektronenformel

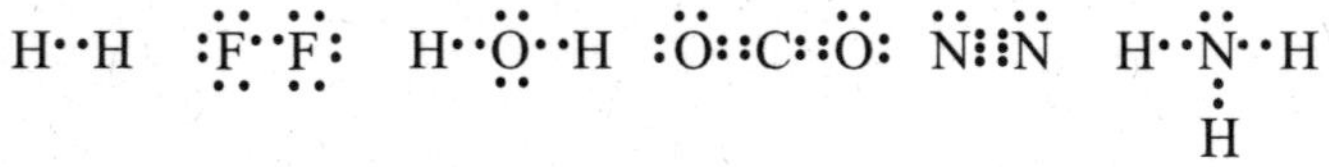

Strichformel

$$H{-}H \qquad |\overline{\underline{F}}{-}\overline{\underline{F}}| \qquad H{-}\overline{\underline{O}}{-}H \qquad \overline{\underline{O}}{=}C{=}\overline{\underline{O}} \qquad \overline{N}{\equiv}\overline{N} \qquad H{-}\overline{N}{-}H \text{ (mit } {-}H \text{ am N)}$$

Strichformel ohne freie Elektronenpaare

$$H{-}H \qquad F{-}F \qquad H{-}O{-}H \qquad O{=}C{=}O \qquad N{\equiv}N \qquad H{-}N{-}H \text{ (mit } {-}H \text{ am N)}$$

Summenformel

$$H_2 \qquad F_2 \qquad H_2O \qquad CO_2 \qquad N_2 \qquad NH_2$$

Beispiele für Formelschreibweisen von Molekülen

Die Veranschaulichung von Molekülen kann durch das *Kugel-Stab-Modell* oder das *Kalottenmodell* erfolgen.

Cl-Cl

Formel   Kugel-Stab-Modell   Kalottenmodell

Kugel-Stab-Modell und Kalottenmodell

Das Kugel-Stab-Modell berücksichtigt eher die Bindungen zwischen den Atomen, die durch Stäbchen verdeutlicht werden, das Kalottenmodell berücksichtigt eher die Form der Eletronenwolken.

Die Anzahl der Atombindungen, die ein Atom eingehen kann, seine *Wertigkeit (Bindungszahl, Bindigkeit),* hängt wie bei der Ionenbindung von der Anzahl der Außenelektronen ab. Bei der I. bis III. Gruppe entspricht die Wertigkeit der Anzahl der Außenelektronen. Bei der IV. bis VIII. Gruppe kann sie nach der „(8-N)-Regel" für kovalente Verbindungen errechnet werden, wobei N die Anzahl der Außenelektronen des betreffenden Atoms ist. Für die Elemente der IV. bis VII. Hauptgruppe mit vier, fünf, sechs und sieben Außenelektronen errechnet sich damit eine maximale Wertigkeit von 4, 3, 2 bzw. 1. Die Elemente der 7. Hauptgruppe können sich demnach nur über Einfachbindungen miteinander oder mit anderen einwertigen Elementen verbinden:

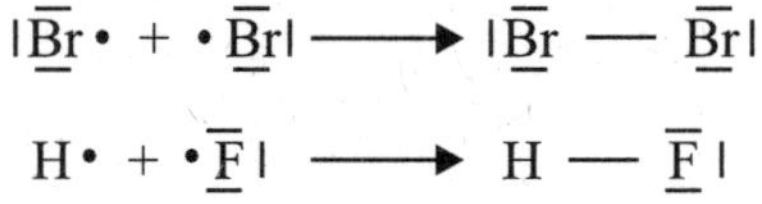

Das Sauerstoffatom bildet als Element der 6. Hauptgruppe eine Doppelbindung zu einem weiteren mehrwertigen Atom oder zwei Einfachbindungen zu zwei einwertigen Atomen aus:

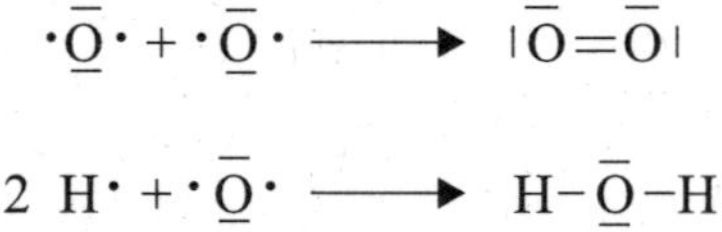

Im Stickstoffmolekül sind die beiden Stickstoffatome über eine Dreifachbindung miteinander verbunden. Eine weitere Möglichkeit zur Verbindungsbildung für Elemente der 5. Hauptgruppe besteht darin, zu drei einwertigen Atomen Einfachbindungen zu knüpfen:

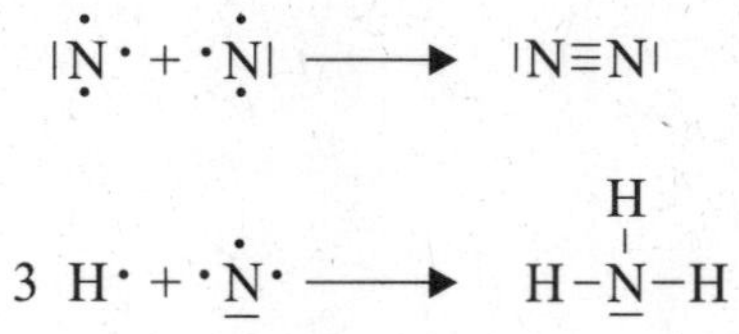

Die Elemente der 4. Hauptgruppe können vier Einfachbindungen, eine Doppelbindung und zwei Einfachbindungen oder zwei Doppelbindungen ausbilden:

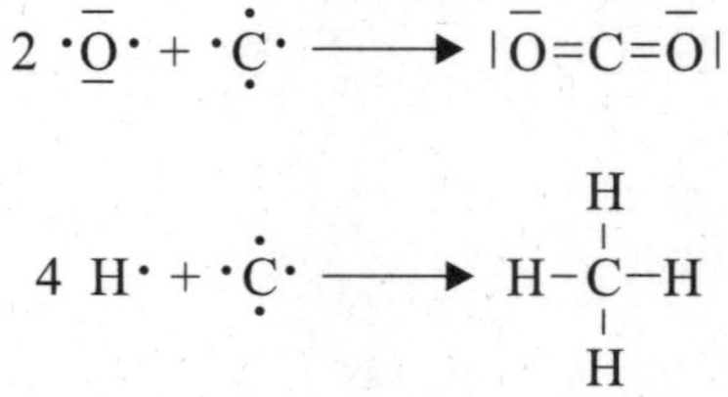

Um die Lewis-Formeln in Einklang mit der Oktettregel zu bringen, muss die Gesamtzahl der Valenzelektronen so auf bindende und freie Elektronenpaare verteilt werden, dass jedes Atom von acht Elektronen und jedes Wasserstoffatom von zwei Elektronen umgeben ist.

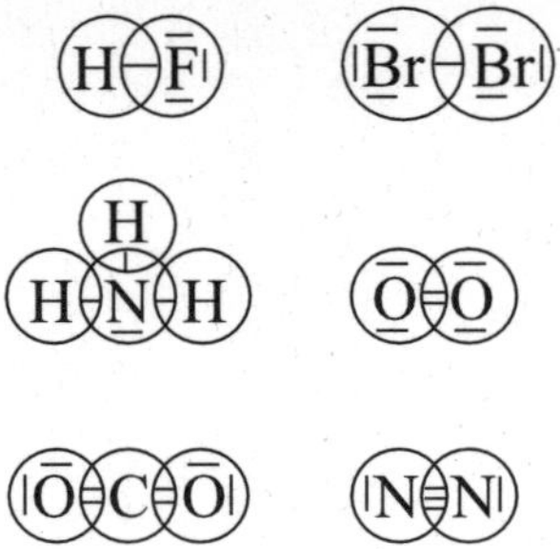

Anwendung der Oktettregel

Räumlicher Bau von Molekülen

Die räumliche Gestalt der Moleküle lässt sich nach dem VSEPR-Modell („Valence shell electron pair repulsion", von R. J. Gillespie entwickelt) leicht aus der Molekülformel bestimmen.

Es gelten folgende einfache Regeln:

1. Bindende und freie Elektronenpaare ordnen sich aufgrund der Abstoßungskräfte zwischen den Elektronenwolken mit größtmöglichem Abstand voneinander an.

2. Die Abstoßungskräfte der nicht bindenden Elektronenpaare sind größer als die der bindenden.

Der Kohlenstoff im Methanmolekül ist vierbindig, er kann also vier Wasserstoffatome binden. Seine Elektronenwolken ordnen sich, um größtmöglichen Abstand voneinander zu besitzen, tetraedisch an; die Wasserstoffatome bilden dabei die Ecken des Tetraeders. Das Kohlenstoffatom befindet sich im Zentrum des Tetraeders und wird deshalb auch Zentralatom genannt. Die Bindungswinkel im Tetraeder betragen 109,5°.

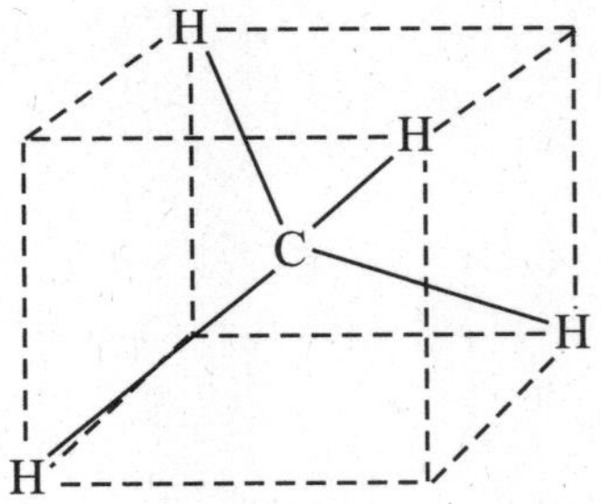

Tetraedrische Anordnung der Wasserstoffatome im Methan

Der Stickstoff im Ammoniakmolekül bildet drei Bindungen aus. Ein Elektronenpaar bleibt frei. Die Elektronenwolken ordnen sich wiederum tetraedisch an. Das Molekül hat die räumliche Gestalt einer flachen dreiseitigen Pyramide (das freie Elektronenpaar bleibt unberücksichtigt).

Der Sauerstoff im Wassermolekül ist zweibindig, zwei Elektronenpaare bleiben frei. Wiederum ordnen sich die Elektronenwolken in gleicher Weise. Das

Molekül besitzt einen gewinkelten Bau. Wegen der größeren Abstoßungskräfte der freien Elektronenpaare weichen die Bindungswinkel im Ammoniakmolekül noch stärker im Wassermolekül von dem Tetraederwinkel ab (NH_3: 106,8°, H_2O: 104,5°).

Polare Atombindung – Elektronegativität

Sind die Bindungspartner einer Atombindung A-A identisch, wie das in den Elementmolekülen z. B. N_2, O_2, F_2 und Cl_2 der Fall ist, liegt eine reine Atombindung vor.

Bei verschiedenen Bindungspartnern A-B kann ein Bindungspartner, z. B. B, ein größeres Bestreben haben, das oder die gemeinsamen Bindungselektronenpaare auf seine Seite zu ziehen. Dadurch entsteht eine ungleiche Ladungsverteilung.

Auf der Seite des Partners B befindet sich mehr negative Ladung als auf der Seite von A. Bei B befindet sich also der negative Pol des Moleküls, während bei A die positive Kernladung nicht mehr ausgeglichen ist; hier ist der positive Pol des Moleküls.

Es kommt dann zu einer *Polarisierung* der Atombindungen, die bei starker Ladungsverschiebung in die Ionenbindung übergeht. Die polarisierten Moleküle nennt man *Dipolmoleküle,* die Bindungsart *polare Atombindung*.

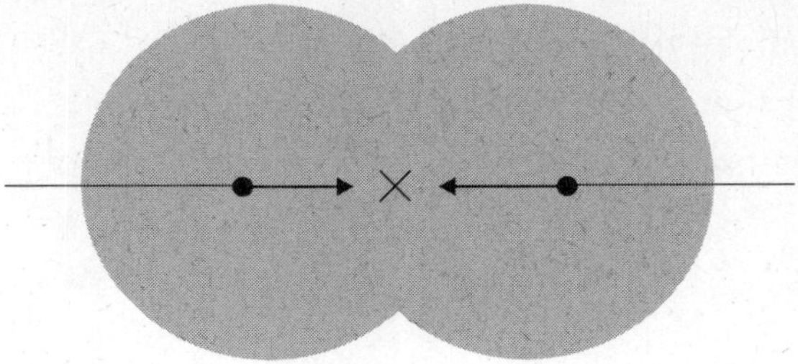

● Atomkern

× Ladungsschwerpunkte fallen zusammen

Symmetrische Elektronenwolke eines unpolaren Elementmoleküls

Die Ladungsverschiebung wird durch den griechischen Kleinbuchstaben d (lies: Delta) mit den nachgestellten Vorzeichen + oder – angegeben:

$$\begin{matrix} \delta+ & \delta- \\ A & - & B \end{matrix}$$

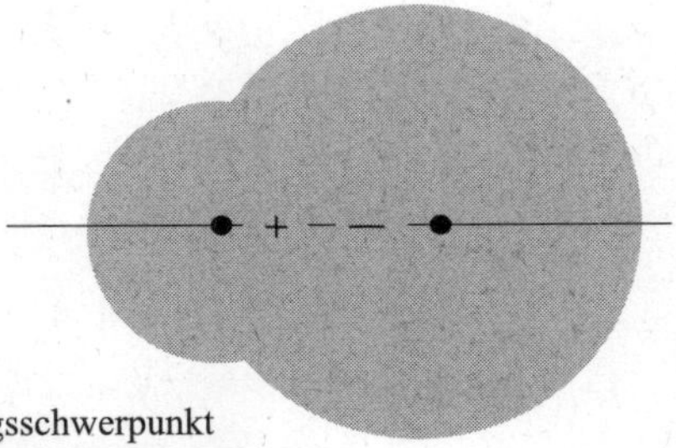

● Atomkern
\+ positiver Ladungsschwerpunkt
– negativer Ladungsschwerpunkt

Unsymmetrische Elektronenwolke eines polarisierten Moleküls

Elektronegativität

Ein Maß für die oben beschriebene Fähigkeit eines Atoms, Bindungselektronen anzuziehen, ist die *Elektronegativität*. Die EN-Werte beziehen sich alle auf das elektronegativste Element Fluor, dem willkürlich der Wert 4,1 zugeordnet wurde. Als relative Zahlen sind sie dimensionslos.

EN-Werte der 1. bis 5. Periode der Hauptgruppenelemente

Periode	Hauptgruppe						
	I	II	III	IV	V	VI	VII
1	H 2,2						
2	Li 1,0	Be 1,5	B 2,0	C 2,5	N 3,1	O 3,5	F 4,1
3	Na 1,0	Mg 1,2	Al 1,5	Si 1,7	P 2,1	S 2,4	Cl 2,8
4	K 0,9	Ca 1,0	Ga 1,8	Ge 2,0	As 2,2	Se 2,5	Br 2,7
5	Rb 0,9	Sr 1,0	In 1,5	Sn 1,7	Sb 1,8	Te 2,0	I 2,2

Die Elektronegativität eines Atoms wird entscheidend durch die Ladung des Kerns und die Entfernung der Elektronen vom Kern bestimmt.

Es gilt:

- Je größer die Kernladung, desto größer ist die Anziehungskraft, die auf die Bindungselektronen ausgeübt wird;
- Je größer der Abstand der Bindungselektronen vom Kern ist, desto kleiner ist seine Anziehungskraft.
- Die Wirkung des Abstandes ist größer als die der Ladung.

Das heißt, der EN-Wert ist umso höher, je kleiner das Atom und höher seine Kernladung ist. Deshalb nehmen die EN-Werte, wie aus der Tabelle auf S. 124 ersichtlich, innerhalb einer Gruppe von oben nach unten hin ab und innerhalb einer Periode von links nach rechts zu. Allgemein gilt, dass der ionische Charakter einer Bindung mit steigender Differenz zwischen den EN-Werten der miteinander verbundenen Atome zunimmt. Als Faustregel gilt: Ist die Differenz der EN-Werte der an der Bindung beteiligten Atome größer als 1,9, liegt eine Ionenbindung vor; liegt sie unter 1,9, handelt es sich um eine Atombindung.

Dipole sind alle Halogenwasserstoffmoleküle (HF, HBr, HCl, HI) sowie alle Moleküle mit einer unsymmetrischen Ladungsverteilung, d. h., die Ladungsschwerpunkte der positiven und negativen Teilladungen fallen nicht zusammen. Alle Moleküle, bei denen die Teilladungen symmetrisch angeordnet sind, sind keine Dipole.

Auch Wasser ist beispielsweise aufgrund seines gewinkelten Baus ein Dipol. Sauerstoff hat eine größere Elektronegativität (3,5) als Wasserstoff (2,2) und zieht die beiden Elektronenpaare, die ihn mit den beiden Wasserstoffatomen verbinden, stark auf seine Seite. Dadurch erhält der Sauerstoff eine negative Partialladung und der Wasserstoff eine positive. Durch den gewinkelten Bau des Wasserstoffmoleküls liegen die positiven Partialladungen auf einer Seite des Moleküls. Der positive Ladungsschwerpunkt liegt dann genau in der Mitte zwischen den beiden Wasserstoffatomen und fällt nicht mit der negativen Ladung im Zentrum des Sauerstoffatoms zusammen.

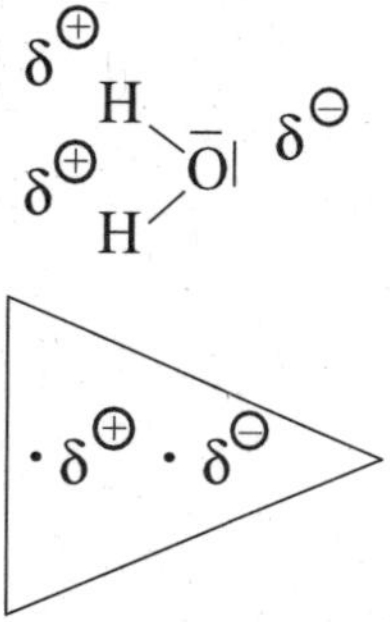

Das Kohlendioxidmolekül ist kein Dipol, obwohl polare Atombindungen vorliegen. Die Sauerstoffatome mit der größeren Elektronegativität (3,5) als Kohlenstoff (2,5) erhalten jeweils eine negative Partialladung, Kohlenstoff eine positive.

Durch den symmetrischen Bau des Kohlendioxidmoleküls, in dem die drei Atome linear angeordnet sind, fallen der negative Ladungsschwerpunkt der beiden Sauerstoffatome mit dem positiven Ladungsschwerpunkt im Zentrum des Kohlenstoffatoms zusammen. Deshalb ist das Kohlendioxidmolekül kein Dipol.

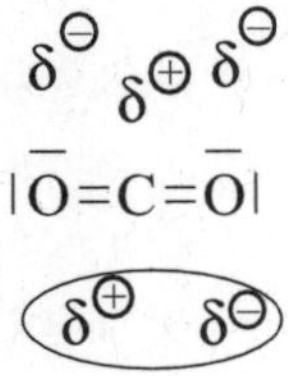

Wasserstoffbrückenbindungen

Zwischen unpolaren Verbindungen wirken nur schwache Kräfte. Zwischen Dipolmolekülen, besonders solchen, in denen Wasserstoffatome mit Fluor-, Sauerstoff- oder Stickstoffatomen verbunden sind, in denen also eine starke Polarisierung der Bindung vorliegt, kommt es dagegen zu starken zwischenmolekularen Wechselwirkungen zwischen den positiv polarisierten Wasserstoffatomen eines Moleküls und den negativ polarisierten Atomen der Nachbarmoleküle. Die Moleküle lagern sich dabei locker aneinander. Da diese Bindung über die Wasserstoffatome erfolgt, die als Brücke zu den negativ polarisierten Atomen benachbarter Moleküle wirkt, nennt man sie *Wasserstoffbrückenbindung*.

Sie ist wesentlich schwächer als eine Atombindung, beeinflusst aber wesentlich die Eigenschaften zahlreicher Verbindungen. So sind die außerordentlich hohen Siede- und Schmelzpunkte von Wasser und Fluorwasserstoff durch die Ausbildung von Wasserstoffbrückenbindungen zu erklären. Ganz allgemein gilt, dass der Schmelz- und Siedepunkt einer Verbindung umso höher liegt, je größer ihre Molekülmasse ist. Wasser müsste demnach einen niedrigeren Schmelz- und Siedepunkt besitzen als der bei Raumtemperatur gasförmige Schwefelwasserstoff H_2S. Dies ist jedoch nicht der Fall. Die Erklärung liegt in der stärkeren Polarisierung der Bindungen im Wassermolekül. Im Schwefelwasserstoffmolekül ist zwar ebenfalls eine gewisse Polarität vorhanden, die im Vergleich zum Wassermolekül aber sehr gering ist, sodass zwischen den Molekülen nur minimale elektrostatische Kräfte wirken. Schematisch wird die Wasserstoffbrückenbindung durch Striche zwischen den positiv polarisierten Wasserstoffatomen und dem negativ polarisierten Bereich eines Nachbarmoleküls dargestellt.

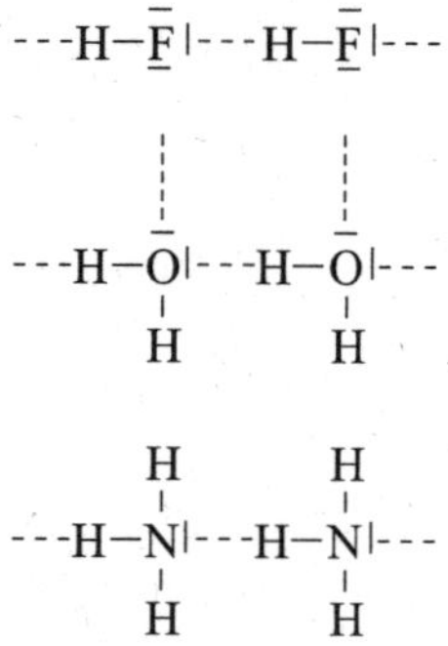

Metallbindung

Die Metalle, die in der Regel ein, zwei oder drei Elektronen auf ihrer Außenschale haben, können weder durch Ionen- noch durch Atombindung das Elektronenoktett erreichen. Sie geben alle ihre Valenzelektronen ab, wodurch positiv geladene Atomrümpfe entstehen, die durch die negativen Elektronen zusammengehalten werden. Wie bei der Ionenbindung sind die elektrostatischen Kräfte ungerichtet und die Metallkationen lagern sich regelmäßig zu einem Metallgitter zusammen.

Zwischen den positiv geladenen Atomrümpfen sind die Elektronen relativ frei beweglich (delokalisiert). Man spricht deshalb auch von einem *Elektronengas*.

> Metallatome lagern sich zu Metallgittern zusammen. Dabei werden die Valenzelektronen abgegeben und sich zwischen den Atomrümpfen als sogenanntes „Elektronengas“ frei beweglich. Die *Metallbindung* kommt durch die starken elektrostatischen Kräfte zwischen den Atomrümpfen und dem Elektronengas zustande.

Die leichte Beweglichkeit der Elektronen zwischen den Atomrümpfen, die starken elektrostatischen Kräfte zwischen ihnen und dem Elektronengas, sowie ihre dichte Packung im Metallgitter bedingen die Eigenschaften der Metalle:

- metallischer Glanz
- gute elektrische Leitfähigkeit
- Wärmeleitfähigkeit
- hoher Schmelzpunkt
- große Dichte vieler Metalle

Redoxreaktionen

Oxidation – Reduktion

Der Begriff Oxidation wurde ursprünglich für die Reaktion eines Stoffes mit Sauerstoff und der Begriff Reduktion, als Umkehrung der Oxidation, für die Entfernung von gebundenem Sauerstoff aus einer Verbindung verwendet.

Wir haben im Abschnitt „Luft und Sauerstoff" die Reaktion von Magnesium mit Sauerstoff zu Magnesiumoxid, einer Ionenverbindung, die aus Mg^{2+}-Ionen und O_2-Ionen aufgebaut ist, als Beispiel für eine Oxidation kennengelernt. Die Ionenverbindung entsteht durch die Abgabe der beiden Außenelektronen des Magnesiums und die Aufnahme dieser beiden Elektronen durch den Sauerstoff. Beide Elemente erlangen somit die stabile Achterschale.

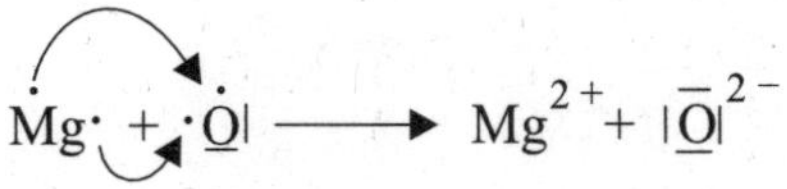

Die Reaktion kann folglich in zwei Teilschritte untergliedert werden:

Elektronenabgabe:	$2\,Mg \rightarrow 2\,Mg^{2+} + 4\,e^-$
Elektronenaufnahme:	$4\,e^- + O_2 \rightarrow 2\,O_2^-$
Gesamtreaktion:	$2\,Mg + O_2 \rightarrow 2\,MgO$

Auch andere Stoffe als Sauerstoff bilden mit Metallen Salze; deshalb liegt der Schluss nahe, dass der gleiche Reaktionsmechanismus wie bei der obigen Oxidation vorliegt. Auch Chlor gelingt es, dem Magnesium nach folgender Gleichung seine beiden Elektronen unter Bildung von Magnesiumchlorid zu entreißen.

Elektronenabgabe:	$Mg \rightarrow Mg^{2+} + 2\ e^-$
Elektronenaufnahme:	$Cl_2 + 2\ e^- \rightarrow 2\ Cl^-$
Gesamtreaktion:	$Mg + Cl_2 \rightarrow MgCl_2$

Beide Reaktionen haben gemeinsam, dass Elektronen vom Metall zum Nichtmetall übergehen. Dies ist auch bei vielen anderen Reaktionen der Fall. Die heutige Definition der *Oxidation* ist deshalb allgemeiner formuliert: Bei der Oxidation werden einem Atom Elektronen entzogen und bei der *Reduktion* einem Atom Elektronen zugeführt.

Bei einer Oxidation werden Elektronen abgegeben, bei einer Reduktion aufgenommen.

Beide Reaktionen können nicht getrennt voneinander ablaufen. Die Elektronen, die einem Atom entzogen werden, werden einem anderen Atom zugeführt. Solche Reaktionen, bei denen Reduktion und Oxidation gleichzeitig ablaufen, nennt man *Redoxreaktionen*.

Oxidation und Reduktion laufen immer gekoppelt ab. Solche Reaktionen nennt man Redoxreaktionen.

Substanzen, die einem anderen Stoff Elektronen entziehen und dabei selbst reduziert werden, nennt man *Oxidationsmittel*. Solche, die die Elektronen abgeben und dabei oxidiert werden, nennt man *Reduktionsmittel*.

Oxidationsmittel sind Substanzen, die Elektronen aufnehmen und dabei selbst reduziert werden. Reduktionsmittel sind Substanzen, die Elektronen abgeben und dabei selbst oxidiert werden.

Elektronenabgabe und Elektronenaufnahme sind umkehrbare Vorgänge. Ein Reduktionsmittel wird durch Elektronenabgabe zum Oxidationsmittel und umgekehrt. Jedem Reduktionsmittel ist somit ein bestimmtes Oxidationsmittel zugeordnet und umgekehrt. Beide bilden korrespondierende Redoxpaare.

$Ox_1 + n\,e^- \rightarrow Red_1$ korrespondierendes Redoxpaar 1
$Red_2 \rightarrow Ox_2 + n\,e^-$ korrespondierendes Redoxpaar 2

An jeder Redoxreaktion sind also zwei korrespondierende Redoxpaare beteiligt; das allgemeine Schema für eine Redoxreaktion lautet dann:

$$Ox_1 + Red_2 \rightarrow Red_1 + Ox_2$$

Beispiel:

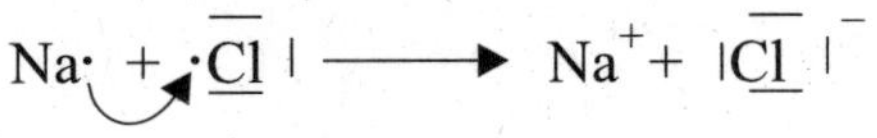

Oxidationszahl

Durch die neue Definition von Oxidation und Reduktion als Elektronenübergänge können viele Reaktionen, z. B. auch die Reaktionen von Nichtmetallen mit Sauerstoff zu Oxiden, als Redoxreaktionen aufgefasst werden. Diese Definition ist eng mit dem Begriff der *Oxidationszahl* verknüpft.

Bei Ionenverbindungen kann die Ionenwertigkeit oder Ladungszahl dem Begriff Oxidationszahl gleichgesetzt werden. Die Anzahl der Ionenladungen entspricht der Anzahl aufgenommener bzw. abgegebener Elektronen.

> In Ionenverbindungen entsprechen die Oxidationszahlen der Elemente ihren Ionenladungen.

Um die Ladungszahl eines Ions von der Oxidationszahl zu unterscheiden, werden die Oxidationszahlen in römischen Zahlen mit positivem (+) oder negativem (–) Vorzeichen über das entsprechende Elementsymbol geschrieben.

Beispiele: $\overset{+I}{Na}\overset{-I}{Cl}$ $\quad$ $\overset{+II}{Mg}\overset{-II}{O}$ $\quad$ $\overset{+III}{Fe_2}\overset{-II}{O_3}$

Atome können in Verbindungen auch unterschiedliche Oxidationszahlen haben. Deshalb ist es zweckmäßig, auch bei der Benennung von Verbindungen, die Oxidationszahlen anzugeben.

Man schreibt:

$$\text{Kupfer(I)-oxid für } \overset{+I}{Cu}_2\overset{-II}{O} \text{ und Kupfer(II)-oxid für } \overset{+II}{Cu}\overset{-II}{O}.$$

Die Oxidationszahl ist auch auf Molekülverbindungen anwendbar. Bei polaren Atombindungen werden die Bindungselektronen vollständig dem elektronegativeren Element zugeordnet. Die Ladung, die diese fiktiven Ionen dann hätten, ist ihre Oxidationszahl.

Bei Molekülverbindungen ist die Oxidationszahl die Ladung, die die Atome hätten, wenn das Molekül aus Ionen aufgebaut wäre.

In Molekülen und Atomverbänden, die aus einer Atomsorte bestehen, gibt es keine polaren Bindungen. Die Bindungselektronen werden hier den Bindungspartnern jeweils hälftig zugeteilt. Daraus resultiert für jedes Atom eine Elektronenzahl, die der des ungebundenen Atoms entspricht; es besitzt also die Oxidationszahl 0.

Zur Ermittlung von Oxidationszahlen gelten folgende Regeln, wobei die Reihenfolge die Prioritäten festlegt:

- In Verbindungen, die nur aus einer Atomsorte aufgebaut sind, wie Elementmoleküle oder die Atomverbände der Metalle, besitzen die Atome die Oxidationszahl 0 (null);

- Bei Ionen ist die Oxidationszahl gleich der Ladungszahl;

- Fluor hat immer die Oxidationszahl –I;

- Metalle besitzen immer positive Oxidationszahlen;

- Wasserstoff hat in fast allen Verbindungen die Oxidationszahl +I;

- Sauerstoff hat in fast allen Verbindungen die Oxidationszahl –II.

Anwendungsbeispiele:
Die Summe der Oxidationszahlen muss in einem ungeladenen Molekül gleich null sein; deshalb ergibt sich bei Anwendung oben genannter Regeln oftmals auch eine fehlende Oxidationszahl.

$$\overset{+IV}{C}\overset{-II}{O}_2 \qquad \overset{+I}{H}_2\overset{+VI}{S}\overset{-II}{O}_4 \qquad \overset{+I}{Na}\overset{-II}{O}\overset{+I}{H} \qquad \overset{+V}{P}_4\overset{-II}{O}_{10} \qquad \overset{III}{N}\overset{+I}{H}_3$$

Unter Verwendung des Begriffs Oxidationszahl lassen sich Redoxvorgänge folgendermaßen definieren:

Bei einer Oxidation wird die Oxidationszahl eines Atoms erhöht; bei einer Reduktion wird die Oxidationszahl erniedrigt.

Nehmen wir beispielsweise die Reaktion von Kohlenstoff mit Sauerstoff zu Kohlendioxid. Dabei wird die Oxidationszahl des Kohlenstoffs von 0 auf +IV erhöht; der Kohlenstoff wird damit oxidiert. Die Oxidationszahl des Sauerstoffs erniedrigt sich von 0 auf –II; der Sauerstoff wird reduziert.

$$\overset{0}{\mathrm{C}} + \overset{0}{\mathrm{O}}_2 \rightarrow \overset{+IV}{\mathrm{C}}\overset{-II}{\mathrm{O}}_2$$

Säure-Base-Reaktionen (Protolysen)

Löst man Halogenwasserstoffe oder konzentrierte Säuren in Wasser, bilden sich Ionen, die den elektrischen Strom leiten. Weder Wasser noch Halogenwasserstoffe oder konzentrierte Säuren allein zeigen diese Eigenschaft. Es muss also eine chemische Reaktion stattgefunden haben. Wir wollen diese Reaktion am Beispiel von Chlorwasserstoff mit Wasser näher betrachten.

Chlorwasserstoff und Wasser sind beide Dipolmoleküle, besitzen also polare Atombindungen. Beim Zusammentreffen der Dipolmoleküle lagert sich der positive Pol des Chlorwasserstoffmoleküls an den negativen Pol des Wassers locker an.

Dabei wird das positiv polarisierte Wasserstoffatom so stark angezogen, dass es unter Zurücklassen der Bindungselektronen als H^+-Ion das Chlorwasserstoffmolekül verlässt und über ein freies Elektronenpaar des negativ polarisierten Sauerstoffatoms im Wassermolekül eine Atombindung eingeht.

Es entsteht ein positiv geladenes Ion H_3O^+, das *Oxoniumion* oder Oxoniumkation genannt wird. Das zurückbleibende Chloratom behält das Elektron des Wasserstoffs und hat dadurch einen Überschuss an negativer Ladung.

Es entsteht ein negativ geladenes Chloridion Cl^-, auch Säurerestion oder Säurerestanion genannt.

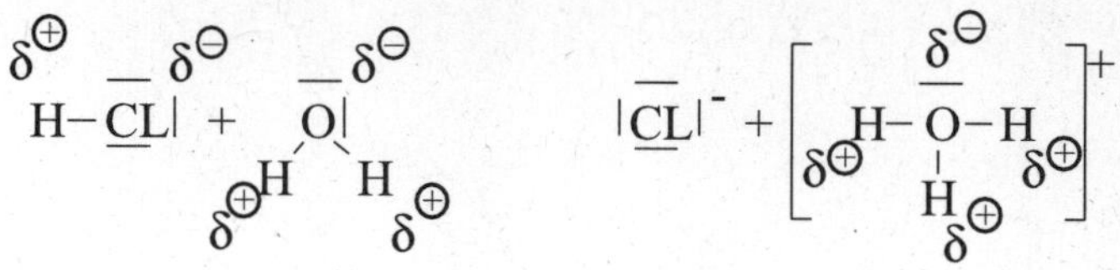

Bildung von Oxoniumionen in Salzsäure als Beispiel für eine Säure-Base-Reaktion

Analog verlaufen alle anderen Reaktionen, bei denen Halogenwasserstoffe oder konzentrierte Säuren in Wasser gelöst werden, z. B. HBr, HI, HF, HNO_3, H_2SO_4, H_3PO_4 oder H_2CO_3.

Es wird immer ein Proton auf ein Wassermolekül unter Bildung eines Oxoniumions übertragen und das entsprechende Säurerestion gebildet. Das positiv geladene Wasserstoffion H+ wird auch *Proton* genannt, weil der Wasserstoff sein einziges Außenelektron abgegeben hat und das Proton im Kern praktisch nackt, d. h. ohne Elektronenhülle mit der Ladung +1 vorliegt.

Wird Ammoniak in Wasser eingeleitet, lagern sich die Dipolmoleküle beim Zusammentreffen ebenfalls aneinander, wobei der positiv polarisierte Wasserstoff des Wassermoleküls so stark von dem negativ polarisierten Stickstoff angezogen wird, dass er sich als Proton vom Wassermolekül abspaltet und eine Bindung über das freie Elektronenpaar des Stickstoffs mit dem Ammoniakmolekül eingeht. Es entstehen ein Ammoniakkation $NH4_4$ *(Ammoniumion)* und ein Hydroxid-Anion OH^-.

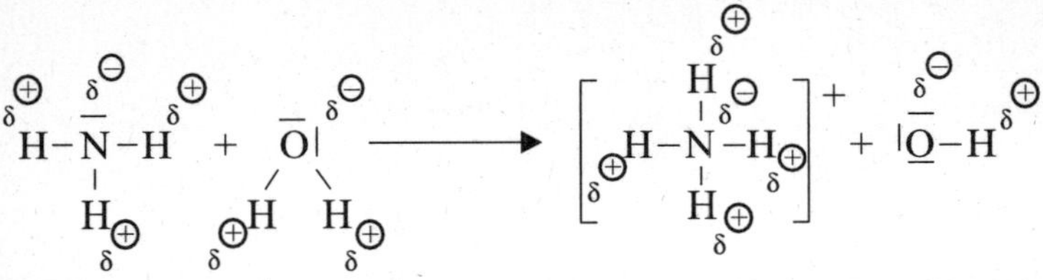

Bildung von Ammoniumhydroxid als Beispiel für Säure-Base-Reaktion

Bei einem Vergleich der beiden Reaktionen fällt auf, dass beide Male ein Proton von einem Molekül auf ein anderes übertragen wurde. Diese Protonenübergänge nennt man *Protolysen.*

> Protolysen sind chemische Reaktionen, bei denen Protonenübergänge stattfinden.

Der Säure-Base-Begriff nach Brönsted

Die genannten Reaktionen hat der dänische Chemiker Joh. Nicolaus Brönsted (1879–1947) eingehend untersucht und Säuren und Basen folgendermaßen definiert:

> Säuren sind Teilchen, die ihre Protonen abgeben. Deshalb heißen sie *Protonendonatoren* (lat. donare = spenden) oder Protonenspender.

> Basen sind Teilchen, die Protonen aufnehmen. Man nennt sie *Protonenakzeptoren* (lat. accipere = aufnehmen) oder Protonenfänger.

Die Begriffe *Säuren* und *Basen* sind bei dieser Definition nicht an bestimmte Stoffe gebunden, sondern charakterisieren eine bestimmte Funktion, nämlich die Fähigkeit, Protonen entweder aufzunehmen oder abzugeben.

Die Brönsted'sche Säure-Base-Definition ist nicht auf das Lösungsmittel Wasser beschränkt, sondern gilt auch für Reaktionen ohne Lösungsmittel oder für wasserähnliche Lösungsmittel.

Säure-Base-Paare

Protonen kommen nicht frei vor. Deshalb können sie nur dann von einer Säure abgegeben werden, wenn eine Base, d. h. ein Reaktionspartner mit mindestens einem freien Elektronenpaar und einer großen Anziehungskraft auf Protonen, anwesend ist.

Umgekehrt kann eine Base erst als Protonenakzeptor auftreten, wenn ein Protonendonator anwesend ist. Eine Protolyse kann also erst stattfinden, wenn gleichzeitig eine Säure und eine Base vorhanden ist. Schematisch ausgedrückt ist die Reaktion

$$\text{Säure}_1 \rightarrow \text{Base}_1 + H^+$$

erst möglich, wenn gleichzeitig die Reaktion

$$\text{Base}_2 + H^+ \rightarrow \text{Säure}_2$$

stattfindet. Aus $Säure_1$ entsteht die *konjugierte* $Base_1$. Das Proton wird von $Base_2$ aufgenommen, und es entsteht die *konjugierte* $Säure_2$. Man nennt $Säure_1$ und $Base_1$ sowie $Base_2$ und $Säure_2$, die durch Aufnahme und Verlust eines Protons zusammengehören, auch *korrespondierende* oder *konjugierte Säure-Base-Paare*.

Die beiden auf S. 142 genannten Gleichungen lassen sich zu einer Gesamtgleichung zusammenfassen. An einer Säure-Base-Reaktion sind somit immer zwei korrespondierende Säure-Base-Paare beteiligt:

$$\text{Säure}_1 + \text{Base}_2 \rightleftharpoons \text{Base}_1 + \text{Säure}_2$$

Protonenaufnahme und Protonenabgabe sind reversibel, d. h. zwischen Hin- und Rückreaktion, durch den Gleichgewichtspfeil gekennzeichnet, stellt sich ein Gleichgewicht ein.

Beispiel:
Chlorwasserstoff HCl reagiert als Säure, da HCl ein Proton abspalten kann. Es entsteht ein Chloridion, das als Base wirkt, weil es ein Proton aufnehmen kann:

HCl	→ Cl^-	+ H^+	(Säure-Base-Paar 1)
Säure	→ konjugierte Base	+ Proton	

In wässriger Lösung reagiert das Proton mit einem Wassermolekül H_2O. Wasser reagiert dabei als Base. Durch die Aufnahme eines Protons entstehen Oxoniumionen H3O+:

H_2O	$+ H^+$	$\rightarrow$	$H3O^+$ (Säure-Base-Paar 2)
konjugierte Base	+ Proton	$\rightarrow$	Säure

Beide Teilreaktionen ergeben als Gesamtreaktion:

HCl	$+ H_2O$	$\rightarrow$	H_3O	$+ Cl^-$
$Säure_1$	+ konjugierte $Base_2$	$\rightarrow$	$Säure_2$	+ konjugierte $Base_1$

Beispiele für Protolysen (korrespondierende Säure-Base-Paare):

$Säure_1$	$Base_2$	$Base_1$		$Säure_2$	
HCl	+	H_2O	$\rightarrow$	Cl^-	$+ H_3O^+$
H_2O	+	NH_3	$\rightarrow$	OH^-	$+ NH_4^+$
HCl	+	NH_3	$\rightarrow$	Cl^-	$+ NH_4^+$
HCl	+	OH^-	$\rightarrow$	Cl^-	$+ H_2O$
H_2SO_4	+	H_2O	$\rightarrow$	HSO_4^-	$+ H_3O^+$
$HSO_4–$	+	H_2O	$\rightarrow$	SO_4^{2-}	$+ H_3O^+$

Aus den Beispielen für Säure-Base-Reaktionen erkennt man, dass Säuren und Basen nicht unbedingt neutrale Moleküle sein müssen. Es können genauso gut positiv oder negativ geladene Ionen sein. Im Fall von neutralen Molekülen wie NH_3, H_2O oder HCl spricht man von *Neutralsäuren* bzw. *-basen,* bei negativ geladenen Ionen wie Cl^- oder HSO_4^- von *Anionsäuren* bzw. *-basen,* bei positiv geladenen Ionen wie $NH4^+$ von *Kationsäuren* bzw. *-basen.*

Amphotere Teilchen (Ampholyte)

Amphotere Teilchen können sich sowohl als Base als auch als Säure verhalten, also sowohl Protonen aufnehmen als auch abgeben. Wasser wirkt z. B. bei seiner Reaktion mit Chlorwasserstoff als Protonenakzeptor, bei seiner Reaktion mit Ammoniak aber als Protonendonator.

Das Verhalten eines Ampholyten ist also von dem Reaktionspartner abhängig. Wasser spaltet z. B. in Gegenwart einer starken Base ein Proton auf. Neben Wasser gibt es noch viele andere Teilchen, wie z. B. NH_3 und $HSO4^-$, die in der Lage sind, als Protonenakzeptor und -donator zu wirken.

Stoffe, die sowohl als Protonendonator als auch als Protonenakzeptor wirken können, nennt man Ampholyte. Sie zeigen amphoteres Verhalten.

Stärke von Brönsted-Säuren und -Basen

Säuren zersetzen unedle Metalle, wie z. B. Magnesium unter Wasserstoffentwicklung. Diese Zersetzung läuft mit Essigsäure nur langsam, mit Salzsäure aber heftig ab. Bei gleichen Versuchsbedingungen kann nur ein unterschiedlicher Protolysegrad der Säuren eine Erklärung dafür liefern. Salzsäure ist in Wasser fast vollständig nach folgender Gleichung protolysiert:

$$HCl + H_2O \rightarrow H_3O^+ + Cl^-$$

Man sagt, das Gleichgewicht der Reaktion liegt vollständig auf der rechten Seite. Essigsäure CH3COOH dagegen liegt nur schwach protolysiert vor:

$$CH_3COOH + H_2O \leftrightarrow H_3O^+ + CH_3COO^-$$

Das Gleichgewicht dieser Reaktion liegt weit links, H_3O^+- und CH_3COO^--Ionen werden also nur in geringem Maße gebildet. Die Ursache der unterschiedlichen Säurewirkungen kann demnach nur in den unterschiedlichen Konzentrationen der eigentlichen Säurewirkungsträger, der Oxoniumionen H_3O^+ liegen. Daher ist Salzsäure eine stärkere Säure als Essigsäure.

Starke Säuren protolysieren vollständig, mittelstarke und schwache nur in geringem Maß.

Die Autoprotolyse des Wassers – pH-Wert

Mit sehr empfindlichen Messgeräten ist eine sehr geringe elektrische Leitfähigkeit von reinem Wasser festzustellen, d. h., dass Wasser in geringem Maß Ionen gebildet haben muss. Diese Ionen können dann nur Oxonium- und Hydroxid-Ionen sein, die sich nach folgender Reaktionsgleichung aus zwei Wassermolekülen bilden:

$$H_2O + H_2O \leftrightarrow H_3O^+ + OH^-$$

Weil hier ein Protonenübergang zwischen zwei Wassermolekülen, also zwei gleichen Teilchen stattfindet, nennt man diese Protolysereaktion auch *Autoprotolyse des Wassers*. Reines Wasser enthält gleiche Konzentrationen an H_3O^+-Ionen und OH^--Ionen. Es wurden folgende Ionenkonzentrationen c bei Normalbedingungen (20 °C und 1,013 bar) ermittelt:

$$c\,(H_3O^+) = c\,(OH^-) = 10^{-7}\ \text{mol/l}$$

D. h. bei 20 °C sind in 1 l Wasser $19 \cdot 10^{-7}$ g H_3O^+-Ionen und $17 \cdot 10^{-7}$ g OH^--Ionen enthalten. Gibt man zu Wasser eine Säure, steigt der Anteil der H_3O^+-Ionen, ihre Konzentration wird größer als 10^{-7} mol/l. Bei Zugabe von Lauge wird ein Teil der Oxoniumionen neutralisiert, und die H_3O^+-Ionenkonzentration wird kleiner als 10^{-7} mol/l.

Der *pH-Wert* ist definiert als der negative Zehnerlogarithmus der Wasserstoffionen-(Oxoniumionen-)konzentration c (H_3O^+):

$$pH = -\log c\,(H_3O^+)$$

Damit fällt die umständliche Schreibweise der H_3O^+-Ionenkonzentration von z. B. 10^{-7} mol/l für reines Wasser weg.

> Der pH-Wert ist der negative Zehnerlogarithmus der Wasserstoffionenkonzentration c (H_3O^+): pH = –c (H_3O^+).

Der pH-Wert ist dann für

- neutrale Lösungen c (H_3O^+) = 10^{-7} mol/l oder pH = 7
- saure Lösungen c (H_3O^+) > 10^{-7} mol/l oder pH < 7
- alkalische Lösungen c (H_3O^+) < 10^{-7} mol/l oder pH > 7

Der pH-Wert kann Werte zwischen 0 und 14 annehmen. Neutrale Lösungen haben den pH-Wert 7, saure einen pH-Wert zwischen 0 und 7, alkalische Lösungen einen pH-Wert zwischen 7 und 14. Eine Lösung ist umso stärker sauer, je niedriger ihr pH-Wert ist, und umso stärker, je höher ihr pH-Wert ist.

Zusammenhang zwischen pH-Wert, Hydroxid- und Oxoniumionenkonzentration (Konzentrationen in mol/l)

pH	**0**	**1**	**2**	**3**	**4**	**5**	**6**	**7**	**8**	**9**
$c\,(OH^-)$	10^{-14}	10^{-13}	10^{-12}	10^{-11}	10^{-10}	10^{-9}	10^{-8}	10^{-7}	10^{-6}	10^{-5}
$c\,(H_3O^+)$	1	10^{-1}	10^{-2}	10^{-3}	10^{-4}	10^{-5}	10^{-6}	10^{-7}	10^{-8}	10^{-9}
pH	**10**	**11**	**12**	**13**	**14**					
$c\,(OH^-)$	10^{-4}	10^{-3}	10^{-2}	10^{-1}	1					
$c\,(H_3O^+)$	10^{-10}	10^{-11}	10^{-12}	10^{-13}	10^{-14}					

Ablauf chemischer Reaktionen

Aktivierungsenergie

Nur selten laufen chemische Reaktionen zwischen zwei oder mehr Stoffen bei Zimmertemperatur spontan ab. In den meisten Fällen muss Energie von außen zugeführt werden, um die Reaktion in Gang zu bringen.

Zum Beispiel kann ein Knallgasgemisch von Wasserstoff und Sauerstoff bei Raumtemperatur monatelang aufbewahrt werden, ohne dass eine messbare Menge Wasser entsteht. Erst beim Zünden durch einen Funken reagieren sie explosionsartig miteinander.

Man sagt, die Stoffe im Reaktionsgemisch müssen „aktiviert" (angestoßen) werden. Die Energie, die dazu benötigt wird, nennt man *Aktivierungsenergie.*

Die Aktivierungsenergie ist die Energie, die einem Stoffgemisch zugeführt werden muss, damit die Reaktion ausgelöst wird.

In vielen Fällen genügt es schon, nur einen kleinen Teil des Reaktionsgemisches durch Energiezufuhr (Wärme) zu aktivieren. Hat die Reaktion an einer Stelle eingesetzt, pflanzt sie sich durch die frei werdende Reaktionswärme automatisch fort.

Reaktionsenthalpie

Jede chemische Reaktion ist mit einem Energieumsatz verbunden. Sowohl die Ausgangsstoffe (Edukte) als auch die Reaktionsprodukte besitzen bei gegebener Temperatur einen bestimmten Energieinhalt.

Die Differenz zwischen der Energie der Edukte und der der Produkte bezeichnet man als *Reaktionsenthalpie* ΔH (Reaktionswärme). Sind die Reaktionsprodukte energieärmer als die Edukte, verläuft die Reaktion *exotherm.* Es gilt: $H_E > H_\rho$ und $\Delta H = H_\rho - H_E > 0$. Die Produkte haben dann einen um ΔH geringeren Energieinhalt als die Edukte. Er wird z. B. als Wärme an die Umgebung abgegeben.

Für die endotherme Reaktion sind die Reaktionsprodukte energiereicher als die Edukte, es gilt: $H_E < H_\rho$ und $\Delta H = H_\rho - H_E > 0$. Die Bildungswärme ΔH muss zugeführt werden. Die Produkte haben einen um den Energiebetrag ΔH höheren Energieinhalt.

Der Energieumsatz ΔH wird definitionsgemäß immer von der Seite der Edukte aus betrachtet. Die Reaktionswärme ΔH erhält also in exothermen Reaktionen ein negatives Vorzeichen, $-\Delta H$, da der Reaktionsverlauf mit einem Energieverlust für das Ausgangssystem verbunden ist. Der Energieinhalt der Produkte ist um diesen Energiebetrag geringer als der der Edukte. Dementsprechend erhält die Reaktionswärme für endotherme Reaktionen ein positives Vorzeichen, +ΔH, der Energieinhalt der Produkte ist um diesen Energiebetrag höher als der der Edukte. Die Reaktionswärme ΔH wird in kJ/mol angegeben. Sie ist druck- und temperaturabhängig.

$S + O_2$	$\rightarrow SO_2$	ΔH = –297 kJ/mol	(exotherm)
$2\,HgO$	$\rightarrow 2\,Hg + O_2$	ΔH = 90 kJ/mol	(endotherm)

Katalyse

Die Knallgasreaktion $2\,H_2 + O_2 \rightarrow 2\,H_2O$ kann nicht nur durch Zufuhr von Wärme, sondern auch durch Zugabe bestimmter Stoffe, z. B. Platinwolle, ausgelöst werden. Schon bei Raumtemperatur kommt es in Gegenwart dieses sogenannten Katalysators zu einer rasch ablaufenden Reaktion. Er bewirkt eine Beschleunigung der chemischen Reaktion, ohne dass er dabei selbst verbraucht wird, und liegt nach der Reaktion unverändert vor. Die Wirkung der Katalysatoren beruht darauf, dass sie die Aktivierungsenergie der Reaktion herabsetzen.

Reaktionsgeschwindigkeit

Chemische Reaktionen können mit unterschiedlichen Geschwindigkeiten ablaufen. Eisen rostet z. B. nur langsam, während die Neutralisation von Salzsäure mit Natronlauge in so kurzer Zeit abläuft, dass sie kaum gemessen werden kann.

Zur Erläuterung betrachten wir eine fiktive chemische Reaktion, in der sich A und B zu den Produkten C und D umsetzen:

$$A + B \rightarrow C + D$$

Während die Reaktion abläuft, werden die Stoffe A und B verbraucht, d. h., ihre Konzentrationen nehmen ab, während gleichzeitig die Produkte C und D gebildet werden; ihre Konzentrationen nehmen damit zu.

Symbolisiert man die Konzentrationen der einzelnen Stoffe mit c(A), c(B), c(C) und c(D), so ist die Abnahme der Konzentrationen der Produkte C und D in der Zeit t gleich der *Reaktionsgeschwindigkeit* RG der betreffenden Umsetzung.

Die Reaktionsgeschwindigkeit ist dann gleich der Änderung der Konzentration Dc einer beliebigen Komponente pro Zeiteinheit Δt.

$$RG = \Delta c/\Delta t$$

Sie ist zu Beginn einer Reaktion groß und nimmt in ihrem Verlauf mit abnehmender Konzentration der Edukte ab. Außer von der Konzentration der Ausgangsstoffe ist sie von der Temperatur und der Art der Reaktionsteilnehmer abhängig.

Chemisches Gleichgewicht

Beobachtet man den zeitlichen Verlauf verschiedener Reaktionen, stellt man fest, dass es zwei Arten von chemischen Reaktionen gibt:

Es gibt Reaktionen, die in eine Richtung laufen, bis sich die Edukte vollständig zu den Produkten umgesetzt haben. Daneben gibt es umkehrbare (reversible) Reaktionen, wo neben der Hinreaktion (Umwandlung der Edukte in Produkte) auch die Rückreaktion durch Umwandlung der bereits entstandenen Produkte in Edukte ablaufen kann.

Bei umkehrbaren Reaktionen erhält man ein Gemisch aller an der Reaktion beteiligten Stoffe. Bei gegebener Konzentration der Ausgangsstoffe und einer bestimmten Temperatur tritt ein Zustand ein, bei dem sich der Umsatz der Hin- und Rückreaktion aufhebt. Die an der Reaktion beteiligten Substanzen liegen dann in jeweils konstant bleibenden Konzentrationen vor. Das Reaktionssystem befindet sich im *chemischen Gleichgewicht.*

Eine Gleichgewichtsreaktion wird bei der Formulierung von Reaktionsgleichungen durch einen Doppelpfeil charakterisiert. Das chemische Gleichgewicht stellt kein statisches, sondern ein dynamisches Gleichgewicht dar, d. h. es werden in der Zeiteinheit Δt gleiche Mengen an Produkten und Edukten umgesetzt, d. h. die Geschwindigkeit der Rückreaktion ist gleich der Geschwindigkeit der Hinreaktion. Nach außen erscheint die Reaktion zum Stillstand gekommen zu sein, weil keine Konzentrationsänderungen messbar sind.

Bei vielen Reaktionen liegen jedoch überwiegend Produkte oder Edukte vor. Man sagt dann, das Gleichgewicht liegt auf der Produkt- oder Eduktseite.

Das Prinzip des kleinsten Zwanges (Prinzip von Le Chatelier)

Die Lage des chemischen Gleichgewichts einer Reaktion hängt von den äußeren Bedingungen (Temperatur, Druck und Konzentration) ab. 1884 formulierte Henri Le Chatelier (1850–1936) das Prinzip des kleinsten Zwanges.

Danach weicht ein im Gleichgewicht befindliches System einem Zwang, der durch Änderung der äußeren Bedingungen (Konzentrations-, Druck- oder Temperaturänderungen) hervorgerufen wird, aus, indem sich das Gleichgewicht so verschiebt, dass eine Verringerung des Zwanges eintritt.

Druckänderungen

Druckerhöhungen führen zur Verschiebung des chemischen Gleichgewichts in Richtung der Seite mit der kleineren Molzahl, d h. dem geringeren Volumen. Druckerniedrigungen bewirken entsprechend eine Verschiebung in Richtung der Seite mit der größeren Molzahl, d. h. dem größeren Volumen.

Konzentrationsänderungen

Vergrößert oder vermindert man die Konzentration eines Reaktionspartners, verlagert sich das chemische Gleichgewicht in Richtung seines Verbrauchs bzw. seiner Bildung.

Temperaturänderungen

Eine Temperaturerhöhung führt bei einer exothermen Reaktion zu einer Verschiebung des chemischen Gleichgewichts in Richtung der Ausgangsstoffe, bei endothermen Reaktionen in Richtung der Reaktionsprodukte.

Massenwirkungsgesetz (MWG)

Die Geschwindigkeit einer Reaktion ist von den Konzentrationen der Reaktionsteilnehmer (Edukte) abhängig. Zu Beginn der Reaktion ist die Reaktionsgeschwindigkeit RG besonders groß, da die Konzentrationen der Edukte hoch sind. Im Laufe der Reaktion verringern sich ihre Konzentrationen durch die Bildung der Produkte; die Reaktionsgeschwindigkeit nimmt ab.

Umgekehrt ist die Reaktionsgeschwindigkeit der Rückreaktion am Anfang null, wächst aber mit zunehmender Konzentration der Produkte. Im Gleichgewichtszustand ist die Geschwindigkeit der Rückreaktion gleich der Geschwindigkeit der Hinreaktion, die Konzentrationen der Reaktionsteilnehmer sind dann konstant.

Für eine allgemeine Reaktion der Art

$$A + B \leftrightarrow C + D$$

gilt für die Reaktionsgeschwindigkeit der Hinreaktion:

$$\overrightarrow{RG} = k_1 \cdot c(A) \cdot c(B)$$

und für die Reaktionsgeschwindigkeit der Rückreaktion:

$$\overleftarrow{RG} = k_2 \cdot c(C) \cdot c(D)$$

Im Gleichgewichtszustand gilt:

$$\overrightarrow{RG} = \overleftarrow{RG} \Rightarrow k_1 \cdot c(A) \cdot c(B) = k_2 \cdot c(C) \cdot c(D)$$

oder

$$K_c = \frac{k_1}{k_2} = \frac{c(C) \cdot c(D)}{c(A) \cdot c(B)}$$

Diese Beziehung wird als *Massenwirkungsgesetz* (MWG) bezeichnet; K_c ist die *Gleichgewichtskonstante* der Reaktion.

Für jede Gleichgewichtsreaktion steht das Produkt der Konzentrationen der Produkte im Zähler und das Produkt der Konzentrationen der Edukte im Nenner. Die Massenwirkungskonstante Kc ist bei einer konstanten Temperatur für die gebräuchlichsten chemischen Gleichgewichtsreaktionen bestimmt worden und kann Tabellenbüchern entnommen werden. Sie ist temperatur-, bei Gasreaktionen auch druckabhängig, aber unabhängig von den Konzentrationen der beteiligten Stoffe.

Besitzen die Reaktionsteilnehmer von 1 verschiedene Koeffizienten, so werden diese im MWG als Exponent der Konzentration der betreffenden Komponente eingesetzt:

$$aA + bB \rightarrow cC + dD$$

$$K_c = \frac{c^c(C) \cdot c^d(D)}{c^a(A) \cdot c^b(B)}$$

1. Beispiel für das Aufstellen:

$$4\,HCl + O_2 \rightarrow 2\,Cl_2 + 2\,H_2O$$

$$K_c = \frac{c^2(H_20) \cdot c^2(Cl_2)}{c^4(HCl) \cdot c(O_2)}$$

2. Beispiel für das Aufstellen:

$$N_2 + 3\,H_2 \rightarrow 2\,NH_3$$

$$K_c = \frac{c^2(NH_3)}{c(N_2) \cdot c^3(H_2)}$$

Aggregatzustände

Nach dem Dalton'schen Atommodell bestehen alle Elemente aus Massekugeln, den Atomen, die die kleinsten Teilchen der Materie darstellen und nicht weiter zerlegbar sind. Mit diesem Modell lassen sich die drei grundlegenden Zustandsformen, die Aggregatzustände – gasförmig, flüssig und fest – und die Übergänge zwischen ihnen leicht erklären.

Zunächst wollen wir den Aufbau und die Eigenschaften von festen, flüssigen und gasförmigen Stoffen untersuchen, um dann die Übergänge zwischen den Aggregatzuständen zu erläutern.

Fester Zustand

Feststoffe können sowohl *kristallin* als auch *amorph* vorliegen. Während amorphe Festkörper keine regelmäßige Raumordnung erkennen lassen, sind Kristalle aus einer periodisch wiederkehrenden Einheit aufgebaut, die *Elementarzelle* genannt wird. Dieser Grundbaustein ist durch Winkel und die Abstände zwischen den Atomen charakterisiert und baut durch Aneinanderreihung in den drei Raumrichtungen ein dreidimensionales Gitter auf.

Zur Beschreibung der typischen Kristallformen, die bei Feststoffen auftreten, benötigt man sechs verschiedene Grundtypen, die sich in den Winkeln und Kantenlängen der Elementarzelle unterscheiden.

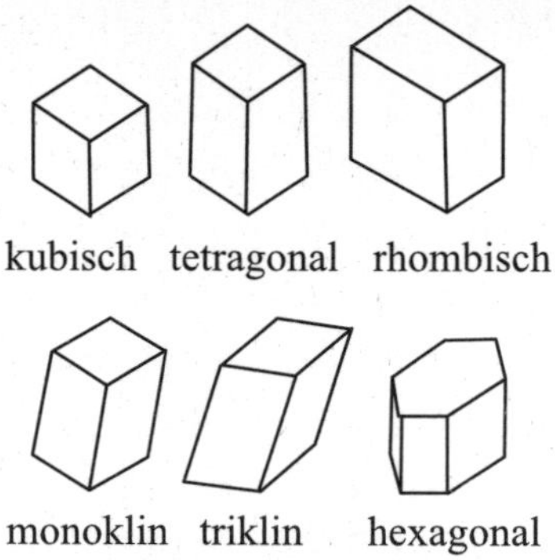

Die sechs Kristallformen

In Feststoffen sind die Teilchen dicht gepackt; deshalb lassen sie sich kaum zusammenpressen. Sie haben ein bestimmtes Volumen und eine bestimmte Form. Die Teilchen sind nicht gegeneinander verschiebbar und nur schwer zu trennen. Deshalb sind kristalline Stoffe in der Regel schwer deformierbar und hart. Beispiele für kristalline Stoffe sind Salze (Ionenverbindungen) wie NaCl, MgO, MgS, AgCl usw., zu den amorphen Stoffen zählen Harze, Gläser und zahlreiche Kunststoffe.

Flüssiger Zustand

Die Teilchen (Atome, Moleküle, Ionen) in Flüssigkeiten nehmen keine festen Plätze ein. Die Abstände zwischen den Stoffteilchen sind größer und damit auch die Anziehungskräfte (Kohäsionskräfte) zwischen ihnen schwächer als in Feststoffen. In Flüssigkeiten besteht noch ein gewisser Ordnungszustand, obwohl die Teilchen relativ frei beweglich und gegeneinander verschiebbar sind. Flüssigkeiten haben deshalb keine definierte Form. Gießt man sie in ein Behältnis, nehmen sie dessen Form an. Flüssigkeiten besitzen ein bestimmtes Volumen, d. h., sie sind kaum zusammendrückbar (kompressibel), da zwischen den Molekülen kaum Zwischenräume bestehen. An der Phasengrenze Flüssigkeiten/Luft bildet sich eine Grenzfläche, die Flüssigkeitsoberfläche, aus. Werden zwei Flüssigkeiten vorsichtig übereinandergeschichtet, erkennt man ebenfalls eine Grenzfläche, die jedoch mit der Zeit verschwindet, da sich die Moleküle völlig miteinander mischen. Diesen Vorgang nennt man *Diffusion*.

Flüssigkeiten setzen dem Fließen einen bestimmten Widerstand entgegen. Ein Maß für das Fließverhalten einer Flüssigkeit ist ihre *Viskosität*. Die Viskositätsmessung gibt einen Anhaltspunkt über die Stärke der Anziehungskräfte zwischen den Flüssigkeitsteilchen. Die Teilchen einer Flüssigkeit besitzen bei einer gegebenen Temperatur unterschiedliche Geschwindigkeiten, die ein Maß für die verschiedenen Energieinhalte der Teilchen sind. Bei einigen Teilchen in der Nähe der Oberfläche reicht die Energie aus, um die Anziehungskräfte der umgebenden Flüssigkeitsteilchen zu überwinden und die Oberfläche der Flüssigkeit zu verlassen. Sie entweichen in den Gasraum über der Flüssigkeit. Den Vorgang nennt man *Verdunsten*. Mit steigender Temperatur besitzen immer mehr Teilchen genügend Energie, um die Flüssigkeit zu verlassen; die Verdunstung verstärkt sich. Im Gegensatz zum Verdunsten, das nur an der Oberfläche stattfindet, bilden sich beim Sieden Dampfblasen im

Inneren der Flüssigkeit. Es existieren dann so viele Teilchen mit ausreichender Energie, dass sie in großer Zahl in die Gasphase übertreten. Den Vorgang nennt man *Verdampfen*.

Wird eine Flüssigkeit in einem geschlossenen Gefäß verdampft, so stellt sich ein Gleichgewichtszustand zwischen Dampf und Flüssigkeit ein. In einer beliebigen Zeiteinheit verdampfen also genauso viele Teilchen aus der Flüssigkeit, wie aus der Gasphase wieder kondensieren. Den Druck, den die Gasteilchen beim Zusammenstoß mit der Gefäßwand auf diese ausüben, nennt man *Dampfdruck*. Er ist temperaturabhängig und ein Maß für die gegenseitigen Anziehungskräfte der Teilchen in der Flüssigkeit.

Gasförmiger Zustand

Gase bestehen aus Teilchen (Atomen, Molekülen, Ionen), die sich in relativ großem Abstand voneinander unabhängig mit großer Geschwindigkeit in alle drei Raumrichtungen bewegen. Die Anziehungskräfte zwischen den Teilchen kommen nicht mehr zur Wirkung. Gase besitzen keine definierte Form und kein definiertes Volumen und nehmen jeden zur Verfügung stehenden Raum ein. Durch den relativ großen Abstand zwischen den Teilchen können sich Teilchen eines anderen Gases leicht dazwischenschieben. Deshalb sind zwei oder mehr Gase in jedem Verhältnis miteinander mischbar. Bei Einwirkung äußerer Kräfte lassen sich die Teilchen enger zusammenbringen (komprimieren). Durch Druckerhöhung um einen bestimmten, für jedes Gas charakteristischen Betrag und/oder Temperaturerniedrigung lassen sich Gase verflüssigen.

Befindet sich ein Gas in einem geschlossenen Gefäß, so übt es auf dessen Wände einen Druck aus. Dieser kommt durch die Stöße der Gasteilchen mit den Wänden zustande (Druck = Kraft/Fläche).

Der gasförmige Zustand, der von den *Zustandsgrößen* Druck, Volumen und Temperatur abhängig ist, lässt sich durch allgemeine Gesetze, die *Gasgesetze* genannt werden, beschreiben.

Das *Gesetz von Boyle und Mariotte* beschreibt den Zusammenhang zwischen Druck und Volumen. Ist die Temperatur konstant, ist das Produkt aus Volumen und Druck für eine gegebene Gasmenge konstant:

$$p \cdot V = \text{konstant (bei } T = \text{konst.)}$$

Das bedeutet, dass ein Gas auf Druckerhöhung mit einer Volumenverminderung reagiert. Bei Druckverminderung vergrößert es entsprechend sein Volumen.

Mit dem Gesetz von Boyle und Mariotte lässt sich der Druck eines Gases bei einer Volumenänderung vorausberechnen. Bei einem Anfangswert für den Druck p_1 und einem Anfangsvolumen V_1 muss, weil das Produkt $p \cdot V$ = konstant gilt, für die Endwerte gelten:

$$p_1 \cdot V_1 = p_2 \cdot V_2$$

Das *Gesetz von Gay-Lussac* besagt, dass a) bei konstantem Druck das Volumen und b) bei konstantem Volumen der Druck bei einer bestimmten Gasmenge proportional der Temperatur (in Kelvin K) ist:

(a) $V \sim T$ (bei p = konst.)

(b) $p \sim T$ (bei V = konst.)

Mit dem Gay-Lussac'schen Gesetz lässt sich errechnen, welches Volumen eine Gasmenge einnimmt, wenn man sie bei konstantem Druck erwärmt oder abkühlt. Aus Gleichung (a) folgt dann:

$$V = V_o \cdot 1/273\ \mathrm{K} \cdot T \text{ (bei } p = \text{konst.)}$$

Der Druck, den eine bestimmte Gasmenge ausübt, wenn man sie bei konstantem Volumen erwärmt bzw. abkühlt, folgt aus Gleichung (b):

$$p = p_o \cdot 1/273\ \mathrm{K} \cdot T \text{ (bei } V = \text{konst.)}$$

(V_o und p_o beziehen sich auf den Druck und die Temperatur von 1,013 bar und 273 K bzw. 0 °C).

Daraus folgt, dass sich alle Gase bei konstantem Druck pro Grad Temperaturerhöhung um 1/273 ihres bei 0 °C eingenommenen Volumens ausdehnen.

Pro Grad Temperaturerhöhung nimmt umgekehrt der Druck bei konstantem Volumen um 1/273 des bei 0 °C herrschenden Druckes zu.

Durch Kombination der beiden besprochenen Gesetze erhält man die allgemeine Gasgleichung:

$$p \cdot V = (p_o \cdot V_o) / T_o \cdot T$$

Für eine Stoffmenge von einem Mol lässt sich unter Normbedingungen (V_o = 22,414 l, p_o = 1,013 bar und T_o = 273 K) aus der obigen Gleichung die allgemeine Gaskonstante

$$R = 8{,}31\ J \cdot K^{-1} \cdot mol^{-1}$$

berechnen. Daraus folgt für die obige Gleichung:

$$p \cdot V = R \cdot T$$

Für n Mole ergibt sich die

allgemeine Gasgleichung: $p \cdot V = n \cdot R \cdot T$

Mithilfe der allgemeinen Gasgleichung lassen sich ausgehend von den Anfangsbedingungen einer Gasprobe beliebige andere Bedingungen berechnen:

$$\frac{p_1 \cdot V_1}{T_1} = \frac{p_2 \cdot V_2}{T_2}$$

Übergänge zwischen den Aggregatzuständen

Alle Stoffteilchen führen ständig eine unregelmäßige Bewegung, die nach ihrem Entdecker *Brown'sche Bewegung* oder *Wärmebewegung* genannt wird, aus. Bei Feststoffen sind es Zitterbewegungen um die festen Gitterplätze, bei Gasen und Flüssigkeiten Zickzackbewegungen von Zusammenstoß zu Zusammenstoß. Die Brown'sche Bewegung ist temperaturabhängig: Bei höheren Temperaturen bewegen sich die Teilchen schneller als bei niedrigen. Je nach Höhe der Temperatur besitzen alle Teilchen also mehr oder weniger *kinetische Energie* (Bewegungsenergie); sie bewegen sich also schneller oder langsamer.

> Die Temperatur ist ein Maß für die kinetische Energie (Bewegungsenergie) der Stoffteilchen.

Bei Feststoffen bewirkt die Zufuhr von Wärmeenergie eine stärkere Bewegung der Teilchen um ihre festen Gitterplätze und eine geringe Ausdehnung des Feststoffes. Die Abstände zwischen den Teilchen nehmen zu und die Anziehungskräfte zwischen ihnen werden kleiner. Am Schmelzpunkt, an dem eine Phasenumwandlung von fest nach flüssig stattfindet, werden die Bewegungen so stark, dass die Anziehungskräfte nicht mehr ausreichen, um die Teilchen auf ihren Plätzen zu halten. Die Ordnung des Kristallgitters bricht zusammen und die Teilchen werden frei beweglich. Die Substanz schmilzt und wird flüssig. Der Schmelzpunkt ist eine spezifische Stoffkonstante und kann deshalb zur Prüfung der Reinheit eines Stoffes herangezogen werden. Die Energie, die zum Schmelzen eines Stoffes benötigt wird, heißt *Schmelzwärme*. Auch sie ist wie die Schmelztemperatur eine spezifische Stoffkonstante.

Bei weiterer Wärmezufuhr wird die kinetische Energie der Teilchen weiter erhöht, sie bewegen sich in der Schmelze immer schneller, bis ihre Bewegungsenergie ausreicht, um auch die in der flüssigen Phase wirkenden Anziehungskräfte zu überwinden. Die Substanz beginnt zu sieden, die Teilchen gehen in die Gasphase über. Die Wärmemenge, die zum Verdampfen eines Stoffes zugeführt werden muss, nennt man *spezifische Verdampfungswärme*.

Am Schmelz- bzw. Siedepunkt ändert sich die Temperatur der Substanz so lange nicht, bis sie vollständig in den flüssigen bzw. gasförmigen Zustand übergegangen ist. Die an diesen Punkten zugeführte Wärme dient dazu, die Teilchenabstände zu vergrößern und die gegenseitigen Anziehungskräfte zu überwinden. Daher steigt die kinetische Energie, d. h. die Temperatur der Teilchen, so lange nicht an, bis alle Bindungskräfte im Teilchenverband überwunden sind.

Beim umgekehrten Vorgang, d. h. beim Übergang vom gasförmigen über den flüssigen in den festen Aggregatzustand, werden die entsprechenden Energiebeträge wieder frei: die *Kondensationswärme* beim Übergang vom gasförmigen in den flüssigen Zustand und die *Erstarrungswärme* beim Übergang vom flüssigen in den festen Zustand. Sie werden an die Umgebung abgegeben.

Anorganische Chemie

Wasserstoff

Die Stellung des Wasserstoffs im Periodensystem ist nicht ganz eindeutig. Er besitzt zwar wie die Alkalimetalle nur ein Außenelektron auf seiner Valenzschale, zeigt aber in seinen chemischen und physikalischen Eigenschaften große Unterschiede zu den Alkalimetallen.

Wasserstoff ist ein Nichtmetall. Er ist bei Normalbedingungen ein Gas mit niedrigem Schmelz- und Siedepunkt, während die Alkalimetalle Feststoffe mit hohen Schmelz- und Siedepunkten sind. Der Wasserstoff wurde im Abschnitt *Allgemeine Chemie* bereits besprochen.

Die I. Hauptgruppe des Periodensystems: Die Alkalimetalle

Zu der Gruppe der Alkalimetalle gehören die Elemente *Lithium* (Li), *Natrium* (Na), *Kalium* (K), *Rubidium* (Rb), *Cäsium* (Cs) und *Francium* (Fr). Natrium und Kalium kommen in der Natur relativ häufig vor, während Lithium, Rubidium und Cäsium zu den seltenen Elementen gehören.

Francium ist radioaktiv und kommt in der Natur nur in sehr geringen Mengen vor. Rubidium, Cäsium und Francium haben keine oder nur sehr geringe technische Bedeutung und werden hier nicht behandelt.

Eigenschaften

Die Alkalimetalle gehören zu den reaktionsfähigsten Metallen, deshalb kommen sie in der Natur nicht elementar, sondern nur in gebundenem Zustand, z. B. als Phosphate, Carbonate, Nitrate, Chloride und Sulfate, vor.

Mit dem Sauerstoff in der Luft und Luftfeuchtigkeit gehen sie spontan chemische Reaktionen ein und müssen deshalb unter Luftabschluss aufbewahrt werden (Benzin, Paraffinöl oder Petroleum). Sie sind silbrigglänzende Metalle (Ausnahme Cäsium, das goldglänzend ist), die so weich sind, dass sie sich mit dem Messer schneiden lassen.

Wegen ihrer geringen Dichten (s. Tab. auf S. 172) werden sie den Leichtmetallen zugeordnet. Lithium hat von allen festen Elementen die geringste Dichte.

Alle Alkalimetalle reagieren mit Wasser unter Bildung einer starken Base und Wasserstoff (M = Metall):

$$M\ (f) + H_2O\ (fl) \rightarrow 2\ MOH\ (aq) + H_2\ (g)$$

Die Reaktivität nimmt vom Lithium zum Francium hin zu. So reagieren Lithium und Natrium weniger heftig mit Wasser als Kalium, das mit Wasser so heftig reagiert, dass sich der gebildete Wasserstoff entzündet und mit violetter Flamme verbrennt. Die gebildeten Alkalimetallhydroxide sind von allen Hydroxiden die stärksten Basen.

Atombau

Das einzelne Valenzelektron der Alkalimetallatome wird leicht unter Bildung positiver Ionen abgegeben, die damit die stabile Edelgaskonfiguration erreichen. In ihren Verbindungen, die meist ionisch gebaut sind, kommen die Alkalimetalle in der Oxidationsstufe +1 vor.

Nachweis

Alle Alkalilmetalle können durch ihre charakteristischen Flammenfärbungen nachgewiesen werden. Bringt man eine beliebige Alkalimetallverbindung in die nicht leuchtende Brennerflamme, so leuchtet sie beim Vorhandensein von Lithium karminrot, beim Natrium intensiv gelb, bei Kalium violett und bei Rubidium und Cäsium violett-rosa.

Allerdings können sich die Flammenfärbungen beim Vorhandensein mehrerer Alkalimetalle überdecken. Die gelbe Flamme des Natriums überdeckt z. B. alle anderen Farben.

Eigenschaften der Alkalimetalle

Element	Symbol	Atommasse in u	Dichte in g/cm^3	Smp. in °C	Sdp. in °C	Flammenfärbung
Lithium	Li	6,9	0,53	180,5	1347	karminrot
Natrium	Na	23,0	0,97	97,8	881,3	gelb
Kalium	K	39,1	0,86	63,6	753,8	violett
Rubidium	Rb	85,5	1,53	38,9	688	violett-rosa
Cäsium	Cs	132,9	1,90	28,5	705	violett-rosa

Natrium und Natriumverbindungen

Vorkommen

Natrium kommt in der Natur in gebundener Form unter anderem als Steinsalz ($NaCl$), Glaubersalz (Na_2SO_4), Chilesalpeter ($NaNO_3$) und Soda (Na_2CO_3) vor. Große Mengen von Natriumchlorid sind auch im Meerwasser gelöst.

Eigenschaften

Natrium ist ein silberweißes Metall mit der Dichte 0,97 g/cm^3, die damit unterhalb der Dichte von Wasser liegt.

Natrium oxidiert an feuchter Luft außerordentlich leicht. Die frisch geschnittene Metalloberfläche überzieht sich dabei mit einer Hydroxidkruste ($NaOH$).

Wirft man Natrium in Wasser, schwimmt es auf der Oberfläche unter Zischen hin und her. Das Metallstück schmilzt aufgrund der beträchtlichen Wärmeentwicklung bei der Bildung von gelöstem Natriumhydroxid und Wasserstoff. Die Reaktion verläuft stark exotherm.

$$2\,Na(f) + 2\,H_2O\,(fl) \rightarrow 2\,NaOH\,(aq) + H_2\,(g)$$

Dampft man die Lösung ein, erhält man festes Natriumhydroxid. An der Luft verbrennt Natrium mit intensiv gelber Flamme zu Natriumperoxid:

$$2\,Na + O_2 \rightarrow Na_2O_2$$

Darstellung

Metallisches Natrium wird durch Schmelzflusselektrolyse von Natriumchlorid NaCl gewonnen:

$$2\,NaCl \rightarrow 2\,Na + Cl_2$$

Verwendung

Natrium ist u. a. Ausgangsstoff zur Herstellung verschiedener Natriumverbindungen wie z. B. Natriumperoxid Na_2O_2.

Früher wurde es zur Produktion des Antiklopfmittels Tetraethylblei bzw. Tetramethylblei aus Na/Pb-Legierungen verwendet.

Natriumhydroxid

Der farblose Feststoff Natriumhydroxid NaOH (früher: Ätznatron) ist stark *hygroskopisch* (wasseranziehend). Bewahrt man ihn an der Luft auf, zerfließt er deshalb allmählich. In den Handel kommt Natriumhydroxid in Form von kleinen Plättchen, Tafeln oder Schuppen, die in Kunststoffbehältern aufbewahrt werden, weil Natriumhydroxid Glas angreift. Natriumhydroxid wirkt stark ätzend. In Wasser ist es leicht löslich, die wässrige Lösung nennt man *Natronlauge*.

Natronlauge

In Wasser löst sich festes Natriumhydroxid unter starker Wärmeentwicklung. Die wässrige Lösung reagiert stark alkalisch und heißt Natronlauge. Natronlauge ist einer der wichtigsten Grundstoffe der chemischen Industrie und wird großtechnisch durch Elektrolyse einer wässrigen Natriumchloridlösung hergestellt. Das Verfahren nennt man *Chlor-Alkali-Elektrolyse*. Neben Natronlauge fallen dabei noch Wasserstoff und Chlor an. Die Reaktion verläuft nach folgender Reaktionsgleichung:

$$2\ NaCl\ (f) + 2\ H_2O\ (fl) \rightarrow H_2\ (g) + 2\ Na\ 2\ OH\ (aq) + Cl_2\ (g)$$

Wegen ihrer stark basischen Wirkung wird Natronlauge z. B. zur Herstellung von Seifen, Papier, Farben, Kunststoffen, Kunstseide und Aluminiumoxid verwendet. Im Haushalt findet sich Natronlauge in Abflussreinigern, da sie viele organische Stoffe zerstört.

Natriumchlorid

Natriumchlorid NaCl (Kochsalz, Steinsalz) wird hauptsächlich nach drei Methoden gewonnen: 1. durch bergmännischen Abbau von Steinsalzlagern, 2. durch Auflösen des Steinsalzes über Tage in Wasser und anschließendem Eindampfen der sogenannten *Sole,* 3. durch Eindunsten oder Einfrieren von Meerwasser. Das durch Abbau von Steinsalzlagern gewonnene Steinsalz kommt als „Vieh“- oder „Gewerbesalz“ in den Handel. Das für den menschlichen Verzehr geeignete „Speisesalz“ wird hauptsächlich durch Eindämpfen wässriger Steinsalzlösungen gewonnen.

Natriumchlorid wird als Ausgangsmaterial für die Herstellung von u. a. Soda Na_2CO_3, Chlor Cl_2, Natronlauge NaOH und Natriumsulfat Na_2SO_4 verwendet. Eis-Kochsalz-Mischungen können als Kältemischungen verwendet werden. Ein Gemisch von Eis und Kochsalz im Verhältnis 3,5 : 1 schmilzt bei –21 °C.

Natriumcarbonat

Natriumcarbonat Na_2CO_3 *(Soda)* ist in wasserfreiem Zustand („calcinierte Soda“) ein weißes Pulver, das sich in Wasser unter starker Erwärmung und mit alkalischer Reaktion löst. Beim Eindampfen kristallisiert das Decahydrat, die sogenannte *Kristallsoda* $Na_2CO_3 \cdot 10\ H_2O$, aus. Sie bildet große, wasserhelle Kristalle. Soda ist ein wichtiges Produkt der chemischen Industrie. Sie wird in großen Mengen in der Seifen- und Glasindustrie verwendet.

Soda wird großtechnisch nach dem *Solvay-Verfahren* aus Kochsalz hergestellt. Dazu werden in eine gesättigte Kochsalzlösung Ammoniak und Kohlendioxid eingeleitet. Ammoniak und Kohlendioxid setzen sich miteinander zu Ammoniumhydrogencarbonat NH_4HCO_3 (1) um, das mit dem Kochsalz NaCl zu schwer löslichem Natriumhydrogencarbonat $NaHCO_3$ und Ammoniumchlorid NH_4Cl (2) reagiert.

Das ausgefallene Natriumhydrogencarbonat wird geglüht und das entstehende Kohlendioxid in einem Kreisprozess zurückgeführt (3). Weiteres Kohlendioxid wird durch Brennen von Calciumcarbonat $CaCO_3$ (Kalkbrennen) (4) gewonnen. Der dabei entstehende Kalk wird zur Rückgewinnung von Ammoniak aus Ammoniumchlorid benötigt (5). Insgesamt finden folgende Reaktionen statt:

1. $2\ NH_3 + 2\ CO_2 + 2\ H_2O \leftrightarrow 2\ NH_4HCO_3$

2. $2\ NH_4HCO_3 + 2\ NaCl \rightarrow 2\ NaHCO_3 + 2\ NH_4Cl$

3. $2\ NaHCO_3 \rightarrow Na_2CO_3 + H_2O + CO_2$

4. $CaCO_3 \rightarrow CaO + CO_2$

5. $2\ NH_4Cl + CaO \rightarrow 2\ NH_3 + CaCl_2 + H_2O$

Die Summengleichung lautet:

$$2\ NaCl + CaCO_3 \rightarrow Na_2CO_3 + CaCl_2$$

Natriumhydrogencarbonat

Natriumhydrogencarbonat $NaHCO_3$ (Natriumbicarbonat) entsteht bei der Herstellung von Soda nach dem Solvay-Verfahren. Es ist in Wasser schwer löslich und wird in Backpulvern als Triebmittel, in Brausepulvern und in der Medizin zur Beseitigung von „Sodbrennen“ bei überschüssiger Magensäure eingesetzt. Beim Erhitzen zersetzt es sich bei Temperaturen oberhalb von 100 °C:

$$2\ NaHCO_3 \rightarrow Na_2CO_3 + CO_2 + H_2O$$

Kalium und Kaliumverbindungen

Vorkommen

Kalium kommt in der Natur nur in Form von Verbindungen vor. Wichtige kaliumhaltige Mineralien sind *Sylvin* KCl und *Carnallit* $KCl \cdot MgCl_2 \cdot 6\ H_2O$.

Eigenschaften

Kalium ist ein silberweißes, glänzendes, weiches Metall. Chemisch ist Kalium reaktionsfähiger als Natrium. Es verbrennt an der Luft mit intensiv violetter Flamme zum Hyperoxid KO_2. Bei der Reaktion mit Wasser entzündet sich der entstehende Wasserstoff spontan.

Verwendung

Metallisches Kalium hat nur geringe technische Bedeutung.

Darstellung

Kalium wird durch Umsetzung von geschmolzenem KCl mit metallischem Natrium bei höheren Temperaturen hergestellt. Es entsteht eine NaK-Legierung, aus der reines Kalium durch Destillation gewonnen wird.

Kaliumhydroxid

Darstellung

Kaliumhydroxid KOH (sogenanntes *Ätzkali*) wird durch die Elektrolyse von wässrigen KCl-Lösungen hergestellt (vgl.: Chlor-Alkali-Elektrolyse des NaCL)

$$2\ KCl + 2\ H_2O \rightarrow 2\ KOH + H_2 + Cl_2$$

Eigenschaften

Kaliumhydroxid ist eine weiße, stark hygroskopische Substanz und wirkt auf der Haut ätzend. Sie löst sich gut in Wasser. Die entstehende Lösung *(Kalilauge)* reagiert stark basisch.

Verwendung

Kaliumhydroxid dient u. a. zur Herstellung von Schmierseifen sowie anderen Kaliumverbindungen, wie Kaliumphosphaten für flüssige Waschmittel.

Kaliumcarbonat

Kaliumcarbonat K_2CO_3 *(Pottasche)* ist eine weiße hygroskopische Substanz, die chemisch der Soda sehr ähnlich ist. Sie kann allerdings nicht analog dem Solvay-Verfahren hergestellt werden, da Kaliumhydrogencarbonat $KHCO_3$ gut löslich ist und nicht wie Natriumhydrogencarbonat $NaHCO_3$ ausfällt.

Die Darstellung erfolgt durch Reaktion von Kalilauge mit Kohlendioxid CO_2:

$$2\,KOH + CO_2 \rightarrow K_2CO_3 + H_2O$$

K_2CO_3 wird hauptsächlich bei der Glas- und Seifenherstellung verwendet.

Kaliumchlorid

Kaliumchlorid KCl ist das technisch wichtigste Kaliumsalz. Es dient u. a. der Herstellung von Kalilauge, H_2, Cl_2, metallischem Kalium und Kaliumcarbonat K_2CO_3. Es wird durch Aufarbeitung der kaliumhaltigen Mineralien wie z. B. Carnallit und Sylvin gewonnen.

Kaliumnitrat

Kaliumnitrat KNO_3 *(Kalisalpeter)* wird aus Natriumnitrat und Kaliumchlorid

$$NaNO_3 + KCl \rightarrow KNO_3 + NaCl$$

oder aus Kaliumcarbonat und Salpetersäure

$$K_2CO_3 + 2\ HNO_3 \rightarrow 2\ KNO_3 + H_2O + CO_2$$

hergestellt. Es geht beim Erhitzen auf Temperaturen oberhalb des Schmelzpunktes unter Sauerstoffabgabe in Kaliumnitrit über. Kalumnitrat ist Bestandteil des Schwarzpulvers (Schießpulver) und ein wichtiges Düngemittel.

Kaliumhaltige Düngemittel

Kaliumsalze werden als Düngemittel verwendet, da sie zu den wichtigsten Nährstoffen der Pflanzen gehören. Wichtige kaliumhaltige Mischdünger sind *Kaliammonsalpeter* (eine Mischung von KNO_3 und NH_4Cl), *Nitrophoska* (ein Gemisch verschiedener Ammoniumverbindungen mit KNO_3) und *Hakaphos* (ein Mischdünger, der aus Harnstoff, KNO_3 und Diammoniumphosphat besteht).

Die II. Hauptgruppe des Periodensystems: Die Erdalkalimetalle

Die Gruppe der Erdalkalimetalle umfasst die Elemente *Beryllium* (Be), *Magnesium* (Mg), *Calcium* (Ca), *Strontium* (Sr), *Barium* (Ba) und *Radium* (Ra).

Radium ist radioaktiv und kommt nur in sehr geringen Mengen in der Natur vor. Strontium, Barium und Radium haben kaum technische Bedeutung und werden hier ebenso wie Beryllium nicht besprochen.

Eigenschaften

Alle Gruppenmitglieder der Erdalkalimetalle sind bis auf Beryllium (stahlgrau) silberglänzende Metalle, die wegen ihrer geringen Dichten den Leichtmetallen zugeordnet werden.

Sie kommen in der Natur nicht frei vor und werden überwiegend durch Schmelzflusselektrolyse der Chloride dargestellt. Sie sind nach den Alkalimetallen die reaktivsten Metalle, besitzen aber eine im Vergleich mit den Alkalimetallen deutlich abgeschwächte Reaktivität. Innerhalb der Gruppe nimmt das Reaktionsvermögen mit steigender Atommasse zu. So reagieren Beryllium und Magnesium bei Raumtemperaturen nicht spontan mit Wasser, während Calcium, Strontium und Barium unter Bildung der entsprechenden Laugen und Wasserstoffentwicklung lebhafte Reaktion zeigen.

$$M + 2\,H_2O \rightarrow M(OH)_2 + H_2$$
(M = Ca, Sr, Ba bei Raumtemperatur)

Im Gegensatz zu den Salzen der Alkalimetalle sind viele Verbindungen der Erdalkalimetalle wie die Fluoride, Carbonate, Sulfate und Phospahte in Wasser nur wenig oder unlöslich.

Atombau
Die beiden Außenelektronen der Erdalkalimetalle lassen sich leicht abspalten. Es entstehen Ionen mit Edelgaskonfiguration der Wertigkeit +II.

Nachweis
Calcium, Strontium und Barium können durch ihre Flammenfärbung nachgewiesen werden. Beryllium und Magnesium färben die Flamme nicht.

Eigenschaften der Erdalkalimetalle

Element	Symbol	Atommasse in u	Dichte in g/cm³	Smp. in °C	Sdp. in °C	Flammenfärbung
Beryllium	Be	9,0	1,85	1285	2477	–
Magnesium	Mg	24,3	1,74	650	1105	–
Calcium	Ca	40,1	1,54	845	1483	ziegelrot
Strontium	Sr	87,6	2,63	771	1385	karminrot
Barium	Ba	137,3	3,62	726	1696	grün
Radium	Ra	226,0	5,50	700	1140	–

Magnesium

Eigenschaften

Magnesium ist ein silberglänzendes Leichtmetall mit der Dichte 1,738 g/cm^3. Es lässt sich hämmern, gießen, zu dünnem Blech auswalzen und zu Draht ziehen. An der Luft überzieht es sich mit einer dünnen Oxidhaut, die es vor Korrosion schützt. Bei höheren Temperaturen verbrennt Magnesium mit blendend weißem Licht zu Magnesiumoxid,

$$2\,Mg + O_2 \rightarrow 2\,MgO$$

weshalb es früher in Blitzlichtpulvern für die Fotografie verwendet wurde.

Vorkommen

Magnesium ist am Aufbau der Erdrinde mit 1,94 % beteiligt. Es kommt nur in gebundener Form, z. B. als *Magnesit* (Bitterspat) $MgCO_3$, vor.

Auch im Meerwasser und in Mineralquellen kommen gelöste Magnesiumsalze vor.

Darstellung

Magnesium wird durch Schmelzflusselektrolyse von Magnesiumchlorid bei etwa 700 °C gewonnen:

$$MgCl_2 \rightarrow Mg + Cl_2$$

Verwendung

Magnesium wird wegen seines geringen spezifischen Gewichtes als Legierungsbestandteil (90 % Mg neben Al, Zn, Cu und Si) im Automobil- und Flugzeugbau eingesetzt.

Magnesiumverbindungen

Magnesiumchlorid

Magnesiumchlorid $MgCl_2$ kommt in der Natur in großen Mengen vor und wird aus dem Meerwasser, aus Salzseen und Salzsolen oder durch Brennen von Magnesiumcarbonat $MgCO_3$

$$MgCO_3 \rightarrow MgO + CO_2$$

und anschließender Umsetzung von Magnesiumoxid MgO mit Chlor und Koks gewonnen:

$$MgO + Cl_2 + C \rightarrow MgCl_2 + CO$$

Magnesiumchlorid ist stark hygroskopisch. Es ist im Kochsalz enthalten und bewirkt dessen Feuchtwerden. Wasserfreies Magnesiumchlorid ist der Ausgangsstoff zur Darstellung von metallischem Magnesium.

Magnesiumoxid

Magnesiumoxid MgO gewinnt man durch Brennen von z. B. *Magnesit*:

$$MgCO_3 \rightarrow MgO + CO_2$$

Brennt man bei sehr hohen Temperaturen (1600–1700 °C), sintert das Magnesiumoxid zu einer mit Wasser nicht mehr abbindenden Masse zusammen. Es dient als Rohmaterial für feuerfeste Steine *(Magnesiasteine)* und zum Auskleiden von elektrischen Öfen.

Magnesiumcarbonat

Magnesiumcarbonat $MgCO_3$ ist das technisch wichtigste, in der Natur als *Magnesit* vorkommende, Magnesiummineral. Es wird als weißes Pulver zur Herstellung von Pudern, Zahn- und Scheuermitteln, hauptsächlich aber als Füllmittel für Kautschuk, Papier und Farben verwendet.

Magnesiumsulfat

Magnesiumsulfat $MgSO_4$ findet sich in der Natur z. B. in der Form von *Bittersalz* $MgSO_4 \cdot 7\ H_2O$. Es wird in der Medizin als Abführmittel genutzt.

Calcium

Eigenschaften

Calcium ist ein weiches Metall, das sich wie Magnesium an der Luft mit einer schützenden Oxidschicht überzieht. Seine Dichte beträgt 1,54 g/cm^3.

An der Luft verbrennt Calcium mit Luftsauerstoff zu Calciumoxid:

$$2\,Ca + O_2 \rightarrow 2\,CaO$$

Mit Wasser reagiert es im Vergleich zu Magnesium wesentlich langsamer unter Wasserstoffentwicklung zu Calciumhydroxid:

$$Ca + 2\,H_2O \rightarrow Ca(OH)_2 + H_2$$

Die wässrige Lösung des Calciumhydroxids wird *Kalkwasser* genannt; sie reagiert stark basisch.

Vorkommen

Calcium gehört zu den sieben häufigsten Elementen und findet sich in der Natur unter anderem in Form von Carbonaten, Sulfaten, Phosphaten und Fluoriden.

Wichtige calciumhaltige Mineralien sind die Carbonate *Kalkstein, Kreide, Marmor* ($CaCO_3$) und *Dolomit* ($CaCO_3 \cdot MgCO_3$), die Sulfate *Gips* ($CaSO_4 \cdot 2\,H_2O$) und *Anhydrit* ($CaSO_4$).

Die Phosphate finden sich in der Natur als *Phosphorit* ($Ca_3(PO_4)_3$), das Fluorid als *Flussspat* (CaF_2).

Darstellung

Metallisches Calcium wird nur in geringen Mengen durch Schmelzflusselektrolyse von $CaCl_2$ gewonnen:

$$CaCl_2 \rightarrow Ca + Cl_2$$

Verwendung

Calcium hat keine Bedeutung als Gebrauchsmetall.

Es wird zu Spezialzwecken, z. B. zur Herstellung von Sondermetallen wie Uran und Zirkonium, eingesetzt.

Calciumverbindungen

Calciumoxid

Calciumoxid CaO *(gebrannter Kalk)* wird technisch in großem Maßstab durch thermische Zersetzung von *Kalkstein* $CaCO_3$ bei 900–1000 °C *(Kalkbrennen)* gewonnen:

$$CaCO_3 \rightarrow CaO + CO_2$$

Gebrannter Kalk bildet mit Wasser unter starker Wärmeentwicklung Calciumhydroxid $Ca(OH)_2$ *(gelöschter Kalk)*. Den Vorgang nennt man *Kalklö-*

schen. Außer der Herstellung von Calciumhydroxid wird Calciumoxid als Düngemittel und zur Glasherstellung verwendet.

Calciumhydroxid

Calciumhydroxid $Ca(OH)_2$ entsteht beim Löschen von gebranntem Kalk in stark exothermer Reaktion:

$$CaO + H_2O \rightarrow Ca(OH)_2$$

In getrocknetem Zustand ist es ein weißes, staubiges Pulver. Es wird mit Sand und Wasser zu einem Brei vermischt, der als sogenannter *Kalkmörtel* für Bauzwecke, z. B. zum Verputzen von Außenwänden und zur Verkittung von Steinen, benutzt wird. Mörtel sind Bindemittel, die nach einer gewissen Zeit unter Austritt überschüssigen Wassers immer fester werden *(Abbinden des Mörtels).* Das Calciumhydroxid reagiert dann allmählich mit dem in der Luft enthaltenen Kohlendioxid zu Calciumcarbonat, das als kristalline Masse Sand und Bausteine verkittet. Calciumhydroxid ist in Wasser mäßig löslich. Die Lösung heißt *Kalkwasser*. Eine Suspension von Kalkwasser und Calciumhydroxid wird *Kalkmilch* genannt. Sie wird als weiße Anstrichfarbe für Zimmerwände benutzt.

Calciumhydrogencarbonat

Calciumhydrogencarbonat $Ca(HCO_3)_2$ (Calciumbicarbonat) bildet sich in kohlensäurehaltigem Wasser:

$$CaCO_3 + H_2O + CO_2 \leftrightarrow Ca(HCO_3)_2$$

Beim Kochen oder Eindunsten der Lösung verschiebt sich das Gleichgewicht, weil das Kohlendioxid entweicht, nach links. Es kommt zur Abscheidung von *Kesselstein* $CaCO_3$ z. B. in Dampfkesseln.

Auch die Bildung von Tropfsteinen (Stalagmiten, Stalaktiten) beruht auf dem Verdunsten von hartem Wasser in Kalkgebirgen.

Calciumcarbid

Calciumcarbid CaC_2 wird technisch durch Umsetzen von Kalk CaO mit Koks im elektrischen Ofen bei Temperaturen von 2500 °C gewonnen:

$$CaO + 3\,C \leftrightarrow CaC_2 + CO$$

Es dient der Darstellung von Calciumcyanamid $CaCN_2$ (für die Düngerherstellung) und Acetylen C_2H_2.

Calciumcyanamid

Calciumcyanamid $CaCN_2$ entsteht durch Reaktion von Calciumcarbid mit dem Stickstoff der Luft bei 1000–1200 °C:

$$CaCN + N_2 \leftrightarrow CaCN_2 + C$$

Das entstehende Produkt wird *Kalkstickstoff* genannt und als Düngemittel verwendet, welches gleichzeitig als Unkraut- und Schädlingsbekämpfungsmittel wirkt. Seine Düngewirkung beruht auf der Zersetzung durch Wasser:

$$CaCN_2 + 3\ H_2O \rightarrow CaCO_3 + 2\ NH_3$$

Gips

Calciumsulfat

Calciumsulfat kommt in der Natur als *Gips* $CaSO_4 \cdot 2\ H_2O$ und als *Anhydrit* $CaSO_4$ in großen Mengen vor. Beim Erhitzen auf 120–130 °C spaltet Gips einen Teil des gebundenen Kristallwassers ab und geht in $CaSO_4 \cdot 0{,}5\ H_2O$ *(gebrannter Gips)* über:

$$CaSO_4 \cdot 2\ H_2O \rightarrow CaSO_4 \cdot 0{,}5\ H_2O + 1{,}5\ H_2O$$

Beim Verrühren des Pulvers mit Wasser zu einem Brei wird das abgespaltene Kristallwasser wieder aufgenommen, und es entsteht wieder $CaSO_4 \cdot 2\ H_2O$, das zu einer festen Masse aus verfilzten Gipskristallen erhärtet. Gebrannter Gips wird daher als Bau- und Putzgips und in der Bildhauerei verwendet.

Stuckgips entsteht beim Erhitzen von $CaSO_4 \cdot 2\ H_2O$ auf 130–180 °C. Er enthält weniger Kristallwasser als der gebrannte Gips und bindet in kürzester

Zeit ab. Er erhärtet unter Volumenvergrößerung um ca. 1 %, weshalb es zur Herstellung von Gibsabgüssen und Gipsverbänden geeignet ist.

Estrichgips erhält man beim Erhitzen von $CaSO_4 \cdot 2\ H_2O$ auf 800–900 °C. Mit Wasser bindet er zu einem zementharten Produkt, weshalb er hauptsächlich zur Herstellung von Fußböden benutzt wird.

Die III. Hauptgruppe des Periodensystems: Die Borgruppe

Zur III. Hauptgruppe des Periodensystems, der sogenannten Borgruppe, gehören die Elemente *Bor* (B), *Aluminium* (Al), *Gallium* (Ga), *Indium* (In) *und Thallium* (Tl).

In vielen Eigenschaften ähneln die Elemente der Borgruppe den Erdalkalimetallen. Ihre Reaktionsfähigkeit ist allerdings gegenüber den Erdalkalimetallen abgeschwächt.

Alle Hydroxide sind weniger basisch als die Gruppe der Erdalkalimetalle. Der Metallcharakter nimmt innerhalb der Gruppe zu. Das Element Bor nimmt in seiner Eigenschaft als Halbmetall innerhalb der Gruppe eine gewisse Sonderstellung ein.

Alle übrigen Elemente der III. Hauptgruppe gehören zu den Metallen. Alle Elemente der Gruppe treten dreiwertig auf.

Gallium, Indium und Thallium sind in der Technik von nur geringer Bedeutung und werden hier nicht besprochen.

Einige Eigenschaften der Elemente der III. Hauptgruppe

Element	Symbol	Dichte in g/cm^3	Smp. in °C	Sdp. in °C
Bor	B	2,46	2180	3660
Aluminium	Al	2,70	660,2	2330
Gallium	Ga	5,91	29,8	2250
Indium	In	7,31	156,2	2070
Thallium	Tl	11,85	302,5	1453

Metallcharakter nimmt zu ↓

Bor

Vorkommen

Bor kommt wegen seiner hohen Affinität zu Sauerstoff nicht in freier Form, sondern ausschließlich in Verbindungen mit Sauerstoff vor. Das wichtigste Bormineral ist *Kernit* $Na_2B_4O7 \cdot 4\ H_2O$. Ein anderes wichtiges Bormineral ist *Borax* $Na_2B_4O_7 \cdot 10\ H_2O$.

Eigenschaften

Als Halbmetall leitet Bor den elektrischen Strom nur schlecht, die Leitfähigkeit nimmt mit steigender Temperatur aber rasch zu. Kristallines Bor ist nach dem Kohlenstoff in Form des Diamanten das härteste Element und besitzt große chemische Widerstandsfähigkeit bis etwa 400 °C; es ist chemisch inert.

Es tritt in verschiedenen kristallinen Modifikationen auf, deren Farbe je nach Modifikation zwischen rot und schwarz liegt.

Darstellung

Bor lässt sich durch Reduktion von Bortrihalogeniden mit Wasserstoff bei hohen Temperaturen darstellen, z. B.:

$$2\ BCl_3 + 3\ H_2 \rightarrow 2\ B + 6\ HCl$$

Verwendung

Bor wird in Form von Fasern als Verstärkung für Kunststoffe und Leichtmetalle eingesetzt. Als Legierungsbestandteil verleiht elementares Bor Spezialstählen große Härte.

Borverbindungen

Borsäure und Boroxid

Darstellung

Borsäure H_3BO_3 kommt in der Natur in den heißen Wasserdampfquellen der Toskana vor. Technisch wird sie durch Umsetzung von Borax mit Schwefelsäure gewonnen:

$$Na_2B_4O_7 \cdot 10\ H_2O + H_2SO_4 \rightarrow 4\ H_3BO_3 + Na_2SO_4 + 5\ H_2O$$

Borsäure bildet weiße, sich fettig anfühlende Schuppen, die sich in heißem Wasser lösen. Die Lösung heißt Borwasser und wird als Antiseptikum verwendet. Boroxid B_2O_3 ist das Anhydrid der Borsäure. Es kann durch Glühen von Borsäure dargestellt werden:

$$2\ H_3BO_3 \rightarrow B_2O_3 + 3\ H_2O$$

Borax

Borax $Na_2B_4O_7 \cdot 10\ H_2O$ geht beim Erhitzen in wasserfreies Natriumtetraborat $Na_2B_4O_7$ über. Die glasartige Schmelze löst viele Metalloxide unter Bildung charakteristisch gefärbter Borverbindungen, die zu ihrem Nachweis in der analytischen Chemie dienen. Große Mengen Borax werden deshalb zur Herstellung von Glasuren für Steingut- und Porzellanwaren verbraucht.

Natriumperborat

Natriumperborat $NaBO_2 \cdot 2H_2O_2$ wird aus Borsäure durch Umsetzen mit Wasserstoffperoxid hergestellt. Es wird in der Waschmittelindustrie als Bleichmittel eingesetzt.

Aluminium

Vorkommen

Aluminium ist nach Sauerstoff und Silicium das in der Erdrinde am häufigsten vorkommende Element. Es kommt in der Natur nur in Verbindung mit

Sauerstoff vor. Wichtige Aluminiumminerale sind die Feldspäte, z. B. *Kalifeldspat* $KAlSi_3O_8$, als Hauptbestandteil von Granit und Gneis und die Tone (Verwitterungsprodukte der Feldspate)

$$Al_2O_3 \cdot 2\ SiO_2 \cdot 2\ H_2O$$

Als Oxid Al_2O_3 *(Tonerde)* kommt Aluminium in Form von Korund oder Schmirgel vor, als Hydroxid im Bauxit, der als wasserhaltiges Aluminiumoxid aufgefasst werden kann.

Eigenschaften

Aluminium ist ein silberglänzendes, unedles Leichtmetall. Es ist sehr dehnbar und lässt sich zu feinem Draht ziehen oder zu dünnen Blechen und Folien walzen.

An der Luft überzieht es sich mit einer dünnen Oxidschicht *(Passivierung)*, die es vor Korrosion schützt.

Aluminium ist ein guter Strom- und Wärmeleiter. An der Luft verbrennt es beim Erhitzen unter starker Wärmeentwicklung und gleißendem Licht zu Aluminiumoxid Al_2O_3:

$$4\ Al + 3\ O_2 \rightarrow 2\ Al_2O_3$$

Darstellung
Ausgangsmaterialien für die Darstellung von Aluminium sind Kryolith und Bauxit. Der Bauxit wird im ersten Verfahrensschritt aufgeschlossen, um reines Aluminium zu erhalten. Im zweiten Verfahrensschritt wird durch Elektrolyse von Aluminiumoxid in geschmolzenem Kryolith metallisches Aluminium hergestellt.

Verwendung
Aluminium ist das nach Eisen am häufigsten verwendete Metall. Von besonderer Bedeutung sind die Aluminiumlegierungen, die aufgrund ihrer Leichtigkeit und Festigkeit im Automobil- und Flugzeugbau eingesetzt werden. Weitere wichtige Verwendungszwecke sind die Verpackungsindustrie (Verpackung von Lebensmitteln, Schokolade usw.), Sprengstoffherstellung und die Elektrotechnik (z. B. Drähte für elektrische Leitungen).

Aluminiumverbindungen

Aluminiumoxid

Aluminiumoxid Al_2O_3 (Tonerde) wird aus Bauxit gewonnen und hauptsächlich zur Produktion von metallischem Aluminium und anderen Aluminiumverbindungen verwendet. Es ist ein weißes, hygroskopisches Pulver, das amphoter ist, sich also in Säuren und Basen löst.

Aluminiumsulfat

Aluminiumsulfat $Al_2(SO_4)_3 \cdot 18\ H_2O$ ist neben Aluminiumoxid die meistverwendete Aluminiumverbindung. Es wird in der Papierindustrie zum Leimen von Papier sowie zum Gerben von Häuten verwendet.

Aluminiumacetat

Aluminiumacetat $Al(CH_3COO)_2$, auch *essigsaure Tonerde* genannt, wird in verdünnter Form zur Wundbehandlung eingesetzt.

Die IV. Hauptgruppe des Periodensystems: Die Kohlenstoffgruppe

Zur IV. Hauptgruppe des Periodensystems, auch Kohlenstoffgruppe genannt, gehören die Elemente *Kohlenstoff* (C), *Silicium* (Si), *Germanium* (Ge), *Zinn* (Sn) und *Blei* (Pb). Kohlenstoff gehört zu den Nichtmetallen, Silicium und Germanium gehören zu den Halbmetallen, Zinn und Blei zu den Metallen. Der Metallcharakter nimmt innerhalb der Gruppe stark zu. Aus diesem Grund ist der Unterschied in den physikalischen und chemischen Eigenschaften so groß wie in keiner anderen Gruppe des Periodensystems.

Kohlenstoff ist das einzige Element der Gruppe, das Mehrfachbindungen ausbilden kann. C kann in den Oxidationsstufen +4 und +2, Si und Ge in der Oxidationsstufe +4 und Sn und Pb in den Oxidationsstufen +2 und +4 vorkommen.

Einige Eigenschaften der Elemente der IV. Hauptgruppe

Element	Symbol	Dichte in g/cm^3	Smp. in °C	Sdp. in °C
Kohlenstoff (Grafit)	C	Diamant 3,51	3550	4200
Silicium	Si	2,32	1410	2477
Germanium	Ge	5,32	947,4	2830
Zinn	Sn	7,28	231,9	2687
Blei	Pb	11,34	327,4	1751

↓ Metallcharakter nimmt zu

Kohlenstoff

Vorkommen

Kohlenstoff kommt in der Natur sowohl in freier als auch in gebundener Form vor. In freier Form tritt er in zwei Modifikationen auf: als Grafit und

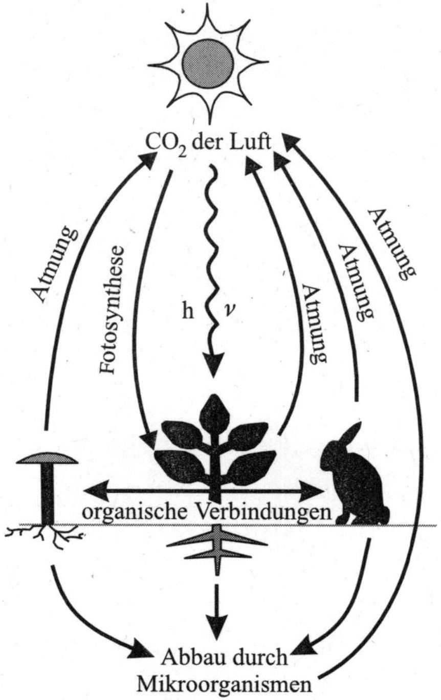

Kohlenstoffkreislauf

Diamant. In gebundener Form kommt er in Mineralien in Form von Carbonaten vor sowie als Hauptbestandteil der fossilen Brennstoffe Erdöl, Erdgas und Kohle. Es bildet einen wesentlichen Bestandteil der pflanzlichen und tierischen Organismen. Beträchtliche Mengen Kohlenstoff finden sich auch als Kohlendioxid in der Luft und gelöst im Meerwasser. Es existiert ein dynamisches Gleichgewicht, das von zahlreichen natürlichen Prozessen abhängt, die den sogenannten Kohlenstoffkreislauf bilden.

Diamant und Grafit

Die beiden Kohlenstoffmodifikationen Diamant und Grafit unterscheiden sich stark in vielen ihrer Eigenschaften. Der Diamant ist der härteste bekannte Stoff. Er ist farblos, wasserklar, spröde und ein Isolator, während der Grafit grauschwarz, undurchsichtig, schwach metallisch glänzend, sehr weich und ein guter elektrischer Leiter ist. Bei Berührung färbt der Grafit stark ab.

Die unterschiedlichen Eigenschaften der beiden Modifikationen sind auf ihre unterschiedlichen Kristallgitterstrukturen zurückzuführen.

Im Diamanten sind alle Atome durch Atombindungen miteinander verbunden. Es bildet sich ein dreidimensionales Kristallgitter, in dem jedes Kohlenstoffatom tetraedrisch von vier weiteren Kohlenstoffatomen umgeben ist. Die Bindungsabstände zwischen den Kohlenstoffatomen sind alle gleich lang. Die große Härte des Diamanten beruht darauf, dass bei einer Spaltung immer Atombindungen gespalten werden müssen. Da keine freien (beweglichen) Elektronen im Kristallgitter vorhanden sind, leitet der Diamant den elektrischen Strom nicht.

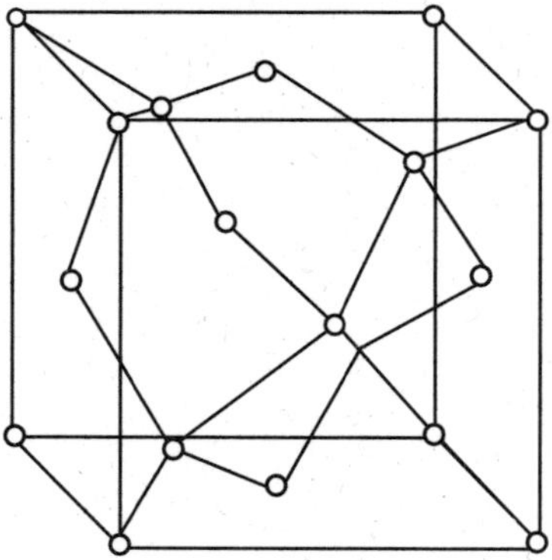

Kristallstruktur des Diamanten

Im Grafitgitter ist jedes Kohlenstoffatom mit nur drei weiteren Kohlenstoffatomen durch Atombindungen verbunden. Es bilden sich ebene, sechseckige Kohlenstoffringe (Bindungswinkel 120°) vergleichbar mit Bienenwaben, die in einem Schichtengitter übereinandergestapelt sind.

Jedes Atom besitzt noch ein freies Elektron, das innerhalb einer Schicht – ähnlich wie bei den Metallen – frei beweglich ist. Die freie Beweglichkeit der Elektronen innerhalb der Schichten erklärt die elektrische Leitfähigkeit des Grafits. Die Schichten werden durch van-der-Waals-Kräfte zusammengehalten. Deshalb lassen sich die Schichten leicht gegeneinander verschieben und der Grafit leicht spalten. Dies erklärt die geringe Härte des Grafits.

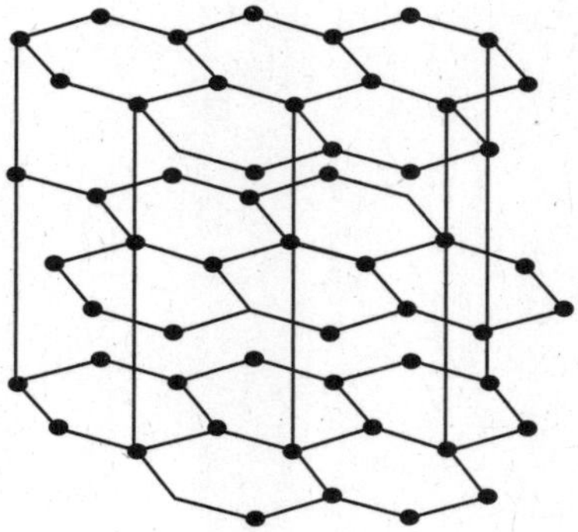

Kristallstruktur des Grafits

Anorganische Kohlenstoffverbindungen

Kohlendioxid

Kohlendioxid ist ein farb- und geruchloses Gas, das nicht brennbar ist und die Verbrennung nicht unterhält. Das Kohlendioxidmolekül setzt sich aus einem Kohlenstoffatom und zwei Sauerstoffatomen zusammen. Die Summenformel lautet CO_2. Die Sauerstoffatome sind über jeweils eine Doppelbindung mit dem Kohlenstoffatom verbunden, das die Oxidationszahl +4 besitzt. Die Bindungen sind zwar polar, aber aufgrund des linearen Baus des Moleküls ist Kohlendioxid kein Dipol. Es entsteht bei der vollständigen Verbrennung von Kohlenstoff an der Luft:

$$C + O_2 \rightarrow CO_2$$

Technisch wird Kohlendioxid als Nebenprodukt beim Kalkbrennen gewonnen:

$$CaCo_3 \rightarrow CaO + CO_2$$

Es ist 1,5-mal dichter als Luft und sammelt sich in geschlossenen Räumen am Boden (Höhlen, Grotten, Faulgruben usw.). Es besteht Erstickungsgefahr. Ein Volumenanteil von mehr als 10 % in der Atemluft wirkt tödlich. Als Nachweis von Kohlendioxid dient Kalk- oder besser Barytwasser ($Ba(OH)_2$).

Bei –78,5 °C sublimiert festes Kohlendioxid ohne zu schmelzen. Der weiße Farbstoff existiert als weißes Trockeneis, der auch Kohlendioxidschnee genannt wird.

Kohlendioxid entsteht bei der Verbrennung fossiler Brennstoffe sowie bei der Atmung, Gärung und Verwesung. In der Luft liegt sein Anteil bei

0,03 Vol.-%, in der ausgeatmeten Luft bei 4–5 Vol.-%. Die Pflanzen binden Kohlendioxid und wandeln es in der Fotosynthese in Sauerstoff und Kohlenhydrate um. Durch die Atmung von Tieren wird es wieder freigesetzt.

Kohlendioxid absorbiert infrarote Strahlung und ist in der Atmosphäre für den Wärmehaushalt der Erde von entscheidender Bedeutung, da es die Abstrahlung von Wärme in den Weltraum vermindert. Die zunehmende Verbrennung fossiler Brennstoffe und die Abholzung der Wälder führt zu einem Anstieg des CO_2-Gehaltes in der Atmosphäre, was zur Erwärmung der Erde führt (Treibhauseffekt).

Kohlendioxid lässt sich unter Druck verflüssigen und kommt in dieser Form in Druckgasflaschen in den Handel. Wegen seiner erstickenden Wirkung wird es als Füllmittel in Feuerlöschern zur Brandbekämpfung eingesetzt. Setzt man es unter Druck Getränken (Bier, Sprudelwasser) zu, bekommen sie einen angenehmen sauren Geschmack. Als Trockeneis wird es zu Kühlzwecken eingesetzt.

Kohlenmonoxid

Kohlenmonoxid setzt sich aus einem Kohlenstoff- und einem Sauerstoffatom zusammen. Es hat die Summenformel CO (Lewis-Formel: $C\equiv O$). Der Kohlenstoff hat hier die Oxidationszahl +2. Kohlenmonoxid ist ein brennbares, farb- und geruchloses Gas, das die Verbrennung selbst aber nicht unterhält. Es ist giftig, weil es mit dem aus der Luft aufgenommenen Sauerstoff, der in der Lunge an das Hämoglobin (rote Blutkörperchen) gebunden wird, um dessen Platz konkurriert. Befindet sich in der Atemluft Kohlenmonoxid, wird es 300-mal eher an Hämoglobin gebunden als Sauerstoff, und es ist damit ebenfalls in der Lage, den Sauerstoff aus dem Hämoglobin zu verdrängen. Das Hämoglobin ist dann für den Atmungsvorgang unbrauchbar.

Fallen 60–70 % des Hämoglobins durch die Bindung mit Kohlenmonoxid für die Sauerstoffbindung aus, so tritt beim Menschen der Tod durch Ersticken ein. Da die Bindung des Kohlenmonoxids an das Hämoglobin eine umkehrbare Reaktion ist, kann es bei Zufuhr von einem Überschuss an Sauerstoff aus der Bindung gelöst werden und in sauerstoffhaltiges Hämoglobin umgewandelt werden. Hiervon macht man bei der Beatmung mit reinem Sauerstoff bei Kohlenmonoxidvergiftungen Gebrauch.

Kohlenmonoxid entsteht bei der Verbrennung von Koks bei ungenügender Luftzufuhr und einer Temperatur von 1000 °C:

$$2\,C + O_2 \rightarrow 2\,CO$$

Es ist Bestandteil technischer Heiz- und Kraftgase. Von großer technischer Bedeutung ist die Umsetzung mit Wasserstoff. Als Synthesegas (CO und H_2) dient es der Herstellung von z. B. Methanol und höheren Alkoholen sowie von zahlreichen Kohlenwasserstoffen.

Kohlensäure

Leitet man Kohlendioxid in Wasser ein, entsteht eine saure Lösung, die Lackmuspapier schwach rötet. Der allergrößte Teil des Kohlendioxids, ca. 99,9 %, liegt als hydratisiertes CO_2 vor, während nur ca. 0,1 % sich mit Wasser zu Kohlensäure nach folgender Gleichung umsetzen:

$$CO_2 + H_2O \rightarrow H_2CO_3$$

Die saure Reaktion der Kohlensäurelösung beruht auf der Protonierung der Wassermoleküle:

$$H_2CO_3 + H_2O \rightarrow HCO_3^- + H_3O^+$$
$$HCO_3^- + H_2O \rightarrow CO_3^{2-} + H_3O^+$$

Man nennt Säuren, die zwei Protonen abgeben können, zweibasige Säuren. Kohlenstoffsäure kann deshalb zwei verschiedene Säureresistoren bilden, die Hydrogencarbonationen (HCO_3^-) und die Carbonationen (CO_3^{2-}). Von beiden leiten sich zahlreiche Salze ab. Die Kohlensäure ist aufgrund des geringeren Anteils an Ionen in der Lösung nur eine schwache Säure.

Die Kohlensäure lässt sich nicht wasserfrei, in konzentrierter Form darstellen, da beim Entwässern das Kohlendioxid entweicht. Die Bildung der Kohlensäure ist also eine umkehrbare Reaktion.

$$CO_2 + H_2O \leftrightarrow H_2CO_3$$

Kohlendioxid wird auch als das *Anhydrid* der Kohlensäure bezeichnet. Zur Herstellung von Sprudel wird Kohlendioxid unter Druck in stilles, natürliches Mineralwasser eingeleitet und gelöst.

Carbonate und Hydrogencarbonate

Carbonate werden durch Einleiten von Kohlendioxid in die entsprechenden Hydroxidlösungen hergestellt. Beim Einleiten von Kohlendioxid in z. B. Natronlauge entsteht Natriumcarbonat:

$$2\ Na^+ + OH^- + CO_2 \rightarrow 2\ Na^+ + CO_3^{2-} + H_2O$$

Dampft man die Lösung ein, erhält man weißes, kristallines Natriumcarbonat, auch Soda genannt. Natriumcarbonat ist ein wichtiger Rohstoff in der chemischen Industrie. Es dient als Ausgangsmaterial für die Herstellung von Seifen, Glas und Waschmitteln. Natriumcarbonat kommt in der Natur als festes Dekahydrat $Na_2CO_3 \cdot 10\ H_2O$, auch *Kristallsoda* oder *Natron* genannt, vor. Es enthält gebundenes Kristallwasser; solche Verbindungen werden Hydrate genannt. Außer den Alkalicarbonaten sind alle Carbonate schwer löslich. Sie sind in der Natur weit verbreitet. Besonders wichtig ist die entsprechende Reaktion mit Kalkwasser:

$$Ca^{2+} + 2\ OH^- + CO_2 \rightarrow CaCO_3 + H_2O$$

Es fällt schwer lösliches Calciumcarbonat, Kalk, aus. Alle wässrigen Lösungen von Carbonaten und auch Kohlensäure selbst geben mit Kalkwasser einen weißen, feinkörnigen Niederschlag von Calciumcarbonat, weshalb diese Reaktion auch als Nachweis auf Carbonationen verwendet wird.

Beim Erhitzen zerfallen Carbonate in die entsprechenden Metalloxide und Kohlendioxid, z. B.:

$$CaCO_3 \rightarrow CaO + CO_2$$

Von nahezu allen Säuren werden Carbonate und Hydrogencarbonate unter Kohlendioxidentwicklung zersetzt, z. B.:

$$Na_2CO_3 + 2\ H_3O^+ \rightarrow Na^+ + 3\ H_2O + CO_2$$

Silicium

Vorkommen

Silicium ist mit einem Massenanteil von 27,5 % nach dem Sauerstoff in dem uns zugänglichen Teil der Erdrinde das am häufigsten vorkommende Element. Es findet sich im Gegensatz zum Kohlenstoff nicht in freiem Zustand, sondern nur gebunden in Form von Siliciumdioxid SiO_2 oder Salzen der Kieselsäure (Silicate). SiO_2 kommt in der Natur als Seesand, Kieselstein, Quarz, Bergkristall oder Amethyst vor. Besonders weit verbreitet sind Magnesium-, Calcium-, Eisen- und Aluminiumsilicate.

Eigenschaften

Silicium ist ein dunkelgraues, stark glänzendes, hartes und sprödes Halbmetall. Als Halbleiter leitet es etwas den elektrischen Strom, wobei die geringe Leitfähigkeit mit der Temperatur zunimmt. Durch gezielte Dotierung mit Fremdatomen kann die Leitfähigkeit um Größenordnungen erhöht werden. Silicium ist praktisch in allen Säuren und Wasser unlöslich. Dagegen löst es sich leicht in verdünnten Alkalilaugen unter Wasserstoffentwicklung.

Darstellung

Technisch lässt sich Silicium durch Reduktion von Quarz mit Koks darstellen:

$$SiO_2 + 2\ C \rightarrow Si + 2\ CO$$

Hochreines Silicium, zur Verwendung als Halbleiter z. B. in Transistoren, wird z. B. durch Reduktion von Silicochloroform (Trichlorsilan) mit Wasserstoff gewonnen:

$$HSiCl_3 + H_2 \rightarrow Si + 3\ HCl$$

Verwendung

Technisches Silicium dient als Legierungsbestandteil für Gusslegierungen des Aluminiums und Eisens. Dem Eisen verleiht es weichmagnetische Eigenschaften, im Aluminium verbessert es die Gießfähigkeit. Weiterhin ist es

Ausgangsstoff für die Darstellung von z. B. Siliconen. Hochreines Silicium wird in der Elektrotechnik als Halbleiterelement z. B. in Gleichrichtern, Transistoren und Dioden verwendet.

$Si + 2\ H_2O \rightarrow Si_2 + H_2$

Siliciumverbindungen

Siliciumdioxid

Vorkommen

Siliciumdioxid SiO_2 ist in der Natur weit verbreitet und kommt in vielen verschiedenen Modifikationen vor. Die häufigste Erscheinungsform ist der Quarz. Schmucksteine wie z. B. *Amethyst* (violett), *Citrin* (gelb), *Rosenquarz* (rosa) und *Bergkristall* (wasserklar) bestehen aus Quarz mit geringen Anteilen farbiger Mineralien. Kristalliner Quarz ist Bestandteil zahlreicher Gesteine wie z. B. Sandstein, Granit und Quarzsand. Amorphes Siliciumdioxid dient außerdem in vielen Pflanzen zur Verstärkung bestimmter Bauteile (Grashalme, Dornen) und bildet die Skelette niederer Organismen (Kieselalgen, Schwämme).

Eigenschaften

Siliciumdioxid ist ein farbloser, reaktionsträger Stoff. Unter Normalbedingungen kommt es in verschiedenen Modifikationen vor. Von Säuren, außer von Flusssäure, wird es kaum angegriffen. Auch gegen wässrige Alkalilaugen ist es beständig. Chemische Widerstandsfähigkeit und ein hoher Schmelzpunkt (1550 °C) machen SiO_2 zu einem vielseitig verwendbaren Material für Tiegel, Kolben usw.

Verwendung

Siliciumdioxid wird zur Produktion von Glas, keramischen Erzeugnissen (Porzellan, Steingut, Töpferwaren, Ziegel) und in der Emailindustrie eingesetzt. Normales Fenster- und Flaschenglas wird durch Zusammenschmelzen von Sand und SiO_2, Kalk CaO und Soda Na_2CO_3 gewonnen. Quarzmehle dienen als Scheuer-, Schleif- und Poliermittel. Daneben findet Quarz in der Hochfrequenz- und Ultraschalltechnik Verwendung (Schwingquarz, Quarzuhr).

Zinn

Vorkommen

Zinn kommt nur selten gediegen vor. Das wichtigste Zinnerz ist der *Zinnstein* (SnO_2).

Eigenschaften

Zinn ist ein silberweißes, stark glänzendes, ungiftiges Metall von geringer Härte. Es lässt sich gut ziehen, walzen und gießen. Beim Biegen gibt es ein

Knirschen von sich, das „Zinngeschrei" genannt wird. Bei Temperaturen unterhalb von 13 °C wandelt sich das β-Zinn in ein graues Pulver, das α–Zinn um. Zinn ist bei Raumtemperatur gegen Luft und Wasser beständig. Bei starkem Erhitzen verbrennt es mit grellweißem Licht zu Zinndioxid SnO_2. Gegenüber schwachen Säuren und Basen ist es beständig, in starken Säuren und Basen löst es sich unter Wasserstoffentwicklung.

Verwendung

Reines Zinn wird als Material für Teller, Kannen und Becher sowie zur Verzinnung von Eisenblech (Weißblech), um das Eisen vor dem Rosten zu schützen, benutzt. Zinnlegierungen sind vielfach in Gebrauch. Wichtige Zinnlegierungen sind z. B. *Bronzen* (Cu/Sn) und *Lagermetalle* (z. B. Sn/Sb/Cu).

Darstellung

Zinn wird aus Zinnstein SnO_2 gewonnen. Es wird durch Rösten von Verunreinigungen befreit und dann durch Erhitzen mit Koks in Flamm- und Elektroöfen reduziert:

$$SnO_2 + 2\,C \rightarrow Sn + 2\,CO$$

Zinnverbindungen

Zinnverbindungen sind von geringer technischer Bedeutung.

Blei

Vorkommen

Das wichtigste Bleimineral ist der *Bleiglanz* PbS.

Eigenschaften

Blei ist ein bläulichgraues, giftiges, weiches und dehnbares Schwermetall. Wegen seiner geringen Härte und großen Dehnbarkeit lässt es sich zu Blech walzen und zu Drähten ausziehen. Frische Schnittflächen zeigen eine glänzende Oberfläche, die an der Luft schnell durch Bildung einer oxidischen Schutzschicht mattgrau anläuft.

Die Oxidschicht schützt das Metall vor weiterer oxidativer Zerstörung. Gegenüber Säuren wie Schwefelsäure, Salzsäure und Flusssäure ist Blei beständig, da sich Schutzschichten aus den schwer löslichen Salzen bilden. Von Salpetersäure, Essigsäure und heißen Laugen wird es unter Bildung von Pb(II)-Salzen aufgelöst.

Verwendung

Blei wird aufgrund seiner Korrosionsbeständigkeit und Verformbarkeit u. a. zum Auskleiden von Behältern und Rohren für aggressive Flüssigkeiten, als Akkumulatorenmaterial und Kabelummantelung verwendet. Wichtige Bleilegierungen sind z. B. Bleilagermetalle mit einem Bleigehalt von 60–80 %.

Bleiverbindungen

Von den Bleiverbindungen, in denen Blei zweiwertig oder vierwertig ist, sind nur wenige von technischer Bedeutung. Sie sind wie metallisches Blei giftig. Bleitetraethyl $(C_2H_5)_4Pb$ ist eine farblose, ölige Flüssigkeit. Sie wird als Antiklopfmittel in verbleitem Benzin eingesetzt. Das giftige Blei und die Bleiverbindungen, die bei der Verbrennung im Motor freigesetzt werden, belasten die Umwelt. Der Verbrauch ist durch Einsatz von bleifreiem Benzin rückläufig.

Die V. Hauptgruppe des Periodensystems: Die Stickstoffgruppe

Zur V. Hauptgruppe gehören die Elemente *Stickstoff* (N), *Phosphor* (P), *Arsen* (As), *Antimon* (Sb) und *Bismut* (Bi) (früher: Wismut).

Die Elemente der V. Hauptgruppe sind in ihren Eigenschaften sehr verschieden, da die Trennungslinie zwischen den Nichtmetallen und Metallen die Gruppe in der Mitte teilt.

Der Metallcharakter nimmt innerhalb der Gruppe mit steigender Atommasse zu.

Stickstoff und Phosphor gehören zu den Nichtmetallen, Arsen und Antimon zu den Halbmetallen und Bismut zu den Metallen. In ihren Verbindungen treten sie vor allem 3- und 5-wertig auf. Keines der Elemente reagiert mit Wasser oder nichtoxidierenden Säuren.

Mit Sauerstoff reagieren sie im Allgemeinen zu Oxiden mit der Oxidationsstufe +3 (Ausnahmen: N bildet mehrere Oxide, P wird bis zur Oxidationsstufe +5 oxidiert).

Arsen, Antimon und Bismut haben technisch nur geringe Bedeutung und werden hier nicht weiter behandelt.

Einige Eigenschaften der Elemente der V. Hauptgruppe

Element	Symbol	Smp. in °C	Sdp. in °C	Farbe im Normalzustand
Stickstoff	N	–210,0	–195,8	farblos
Phosphor	P	44,2	280,5	farblos
Arsen	As	17,0	616	stahlgrau
Antimon	Sb	630,5	1635	silberweiß
Bismut	Bi	271,0	1580	silberweiß

Metallcharakter nimmt zu ↓

Stickstoff

Vorkommen und Darstellung

Stickstoff kommt in Form zweiatomiger Moleküle N_2 mit der Strukturformel N≡N vor. Er ist Hauptbestandteil der Luft (78,09 Vol.-%), die den größten Anteil des auf der Erde vorkommenden Stickstoffs (99 %) enthält.

In chemisch gebundener Form findet er sich hauptsächlich in Form von Nitraten, z. B. Natriumnitrat $NaNO_3$ *(Chilesalpeter)*. Weiterhin ist er Bestandteil der Proteine im tierischen und pflanzlichen Organismus.

Zur Darstellung von Stickstoff dient ausschließlich Luft, die auf physikalischem Weg durch fraktionierte Destillation in ihre Bestandteile zerlegt wird.

Eigenschaften

Stickstoff ist ein ungiftiges, farb-, geruch- und geschmackloses Gas. Die N_2-Moleküle sind chemisch sehr stabil und infolgedessen reaktionsträge. Stickstoff ist weder brennbar noch unterhält er die Verbrennung. Lebewesen ersticken in Stickstoffgas.

Verwendung

Der weitaus größte Teil des Stickstoffs wird zur Synthese von Ammoniak verwendet. Es kommt in grünen Druckgasflaschen in den Handel und wird aufgrund seiner Reaktionsträgheit als Inertgas verwendet.

Stickstoffverbindungen

Ammoniak

Ammoniak NH_3 ist ein farbloses, stechend riechendes Gas (Smp. –78 °C, Sdp. –33 °C), das sich leicht verflüssigen lässt. Das Ammoniakmolekül ist pyramidal aufgebaut und besitzt am Stickstoff ein freies Elektronenpaar.

Die N-H-Bindungen sind aufgrund der Differenz in den Elektronegativitätswerten polare Atombindungen. Das Molekül liegt als Dipol vor.

Flüssiges Ammoniak ist wie Wasser über Wasserstoffbrückenbindungen assoziiert und ein gutes Lösungsmittel für Salze. Wie beim Wasser tritt Autoprotolyse auf:

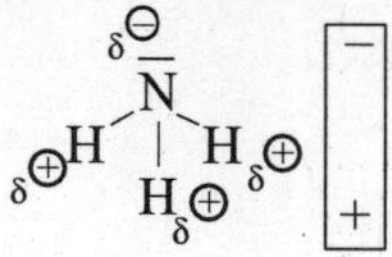

$$NH_3 + NH_3 \rightleftharpoons NH_2^- + NH_4^+$$

Dipolcharakter des Ammoniakmoleküls

Ammoniakgas ist in Wasser sehr gut löslich. Aufgrund des freien Elektronenpaares wirkt Ammoniak als Base (Protonenakzeptor). Die wässrige, alkalisch reagierende Lösung wird *Ammoniakwasser* oder *Salmiakgeist* genannt:

$$NH_3 + H_2O \leftrightarrow NH_4^+ + OH^-$$

Das entstandene Ammoniumion NH_4^+ ist tetraedrisch gebaut. Das Gleichgewicht der Reaktion liegt auf der linken Seite. Beim Erwärmen entweicht in Umkehrung des Lösungsvorganges NH_3, weshalb festes, undissoziiertes Ammoniumhydroxid NH_4OH bisher nicht isoliert werden konnte.

Mit Säuren (Protonendonatoren) entstehen vom Ammoniak oder seiner wässrigen Lösung ausgehend die Ammoniumsalze, z. B.:

$$NH_3 + HCl \rightarrow NH_4^+ + Cl^-$$

Ammoniumchlorid (Salmiak)

oder

$$NH_4^+ + OH^- + H^+ + NO_3^- \rightarrow NH_4^+ + NO_3^- + H_2O$$

Ammoniumnitrat (Ammoniumsalpeter)

Sie verhalten sich ähnlich wie die Salze der Alkalimetalle.

Darstellung und Verwendung

Ammoniak ist Ausgangsstoff für die Synthese wichtiger chemischer Produkte wie Salpetersäure, Harnstoff und Amine. Es wird deshalb großtechnisch aus den Elementen nach dem *Haber-Bosch-Verfahren* hergestellt:

$$N_2 + 3\,H_2 \leftrightarrow 2\,NH_3$$

Die Synthese erfolgt bei hohem Druck und erhöhter Temperatur unter Verwendung eines Mischkatalysators (Kontaktmasse aus Eisen, Aluminiumoxid und Kaliumoxid). Die Ausbeute beträgt 17,6 %.

Salpetersäure

Wasserfreie, reine Salpetersäure HNO_3 ist eine farblose Flüssigkeit (Sdp. 84 °C). Sie zersetzt sich beim Sieden in Umkehrung ihrer Bildungsreaktion nach:

$$4\,HNO_3 \rightarrow 4\,NO_2 + 2\,H_2O + O_2$$

Sie ist häufig durch das bei der Zersetzung entstehende, in der Säure lösliche Stickstoffdioxid gelb, bei höheren Konzentrationen rot gefärbt und entwickelt dann an der Luft rotbraune Stickstoffoxiddämpfe, weshalb sie auch „rauchende“ Salpetersäure genannt wird. Die konzentrierte Salpetersäure, die in den Handel kommt, hat einen Masseanteil von 69 % HNO_3.

Konzentrierte Salpetersäure ist eine starke Säure und ein starkes Oxidationsmittel. Sie löst die meisten Metalle mit Ausnahme von Gold und Platin und einigen unedlen Metallen wie Chrom, Aluminium und Eisen, die sich mit einer Oxidhaut vor der Säurewirkung schützen (Passivierung).

Diese Eigenschaft wird schon seit Jahrhunderten zur Trennung von Silber und Gold verwendet. Salpetersäure wird deshalb auch Scheidewasser genannt. Es entstehen Nitrate, die Salze der Salpetersäure und Stickstoffdioxid, z. B.:

$$3\ Cu + 4\ HNO_3 \rightarrow Cu^{2+} + 2\ NO_3^- + 2\ NO_2 + 2\ H_2O$$

Die Mischung von konz. Salpetersäure und konz. Salzsäure im Verhältnis 1 : 3 heißt *Königswasser*. Es löst fast alle Metalle, auch Platin und Gold. Konzentrierte Salpetersäure wirkt ätzend. Auf der Haut erzeugt sie gelbe Flecken, die durch die Zerstörung der Eiweißstoffe entstehen. Diese Reaktion wird zum Nachweis von Eiweißen benutzt. Sie wird Xanthoproteinreaktion genannt.

Darstellung

Salpetersäure wird großtechnisch durch katalytische Oxidation von Ammoniak nach dem *Ostwald-Verfahren* hergestellt. Nach diesem Verfahren strömt ein Ammoniak-Luft-Gemisch bei 600 °C in hoher Geschwindigkeit durch feinmaschige Platin-Rhodium-Netzkatalysatoren. Dabei entsteht Stickstoffmonoxid NO, das beim Abkühlen mit dem Luftsauerstoff zu Stickstoffdioxid NO_2 reagiert.

$$4\,NH_3 + 5\,O_2 \rightarrow 4\,NO + 6\,H_2O$$
$$2\,NO + O_2 \rightarrow 2\,NO_2$$

Dieses wird in einer Absorptionskolonne mit Wasser und Sauerstoff in Salpetersäure überführt:

$$4\,NO_2 + O_2 + 2\,H_2O \rightarrow 4\,HNO_3$$

Verwendung

Salpetersäure ist ein wichtiger chemischer Grundstoff zur Herstellung von Düngemittel. Weiterhin dient er zur Herstellung von Medikamenten, Farb-, Spreng- und Kunststoffen sowie zur Herstellung von Pflanzenschutzmitteln.

Salze der Salpetersäure

Die Salze der Salpetersäure, die Nitrate, sind alle wasserlöslich und liegen in wässriger Lösung in Metallkationen und Nitratanionen dissoziiert vor. Wie die Salpetersäure geben auch die Nitrate beim Erhitzen leicht Sauerstoff ab und sind deshalb starke Oxidationsmittel.

Die Alkalimetallnitrate zersetzen sich beim Erhitzen unter Sauerstoffentwicklung in Nitrite, die Salze der salpetrigen Säure, z. B.:

$$2\,KNO_3 \rightarrow 2\,KNO_2 + O_2$$

während die Nitrate der anderen Metalle beim Erhitzen in die entsprechenden Oxide, Stickstoffdioxide und Sauerstoff übergehen:

$$2\,Pb(NO_3)_2 \rightarrow 2\,PbO + 4\,NO_2 + O_2$$

Die Darstellung der Nitrate erfolgt durch Umsetzung von Salpetersäure mit Metallen, Metalloxiden, -hydroxiden oder -carbonaten, z. B.:

$$CaCO_3 + HNO_3 \rightarrow Ca(NO_3)_2 + CO_2 + H_2O$$

Wichtige Nitrate sind Ammoniumnitrat NH_4NO_3, Kaliumnitrat KNO_3 und Natriumnitrat $NaNO_3$, die als Düngemittel verwendet werden. KNO_3 ist im Schwarzpulver enthalten, das aus einer Mischung von KNO_3, Holzkohle und Schwefel besteht. $AgNO_3$ bildet mit Chloriden, Bromiden und Iodiden schwer lösliche Niederschläge von AgCl, AgBr und AgI. Die Reaktion wird als Nachweisreaktion für Halogenide bzw. Silberionen benutzt.

Stickstoffdüngemittel

Stickstoff ist für Pflanzen ein essenzieller Nährstoff. Ein wichtiges stickstoffhaltiges Düngemittel ist z. B. *Kalkammonsalpeter*, ein Gemisch aus Ammoniumnitrat und Calciumcarbonat.

Phosphor

Vorkommen

Phosphor kommt in der Natur nicht elementar, sondern wegen seiner hohen Sauerstoffaffinität nur in gebundenem Zustand in Form von Phosphaten vor, z. B. in den Mineralien wie *Apatit* 3 $(Ca_3(PO_4)_2)$ $Ca(OH, F, Cl)_2$ und *Phosphorit* $(Ca_3(PO_4)_2 \cdot CaCO_3)$. Phosphor kommt als Hydroxylapatit $3\,Ca_3(PO_4)_2 \cdot Ca(OH)_2$ in den Knochen und Zähnen der Wirbeltiere vor.

Eigenschaften

Wie Schwefel und Kohlenstoff tritt Phosphor in verschiedenen Modifikationen auf, die ineinander umwandelbar sind:

a) Weißes Phosphor ist eine wachsweiche, milchig-durchscheinende Masse (Smp. 44 °C) aus P4-Molekülen, die zu einem Tetraeder angeordnet sind. Er ist Ausgangsstoff für die Darstellung aller anderen Phosphormodifikationen. Er entzündet sich bei ca. 50 °C an der Luft selbst, wobei er im Dunkeln bläulich leuchtet (Chemilumineszenz) und verbrennt zu Phosphorpentoxid P_4O_{10}. Er muss deshalb unter Wasser aufbewahrt werden. Weißer Phosphor ist sehr giftig und die reaktivste Phosphormodifikation.

b) Roter Phosphor ist ein dunkelrotes, ungiftiges, amorphes Pulver, das sich nicht selbst entzündet und weniger reaktiv ist als weißes Phosphor. Er entsteht aus weißem Phosphor beim Erhitzen auf ca. 300 °C. Die Umwandlung wird durch Halogene beschleunigt.

c) Violetter Phosphor entsteht beim Erhitzen von schwarzem Phosphor auf über 550 °C. Wie der rote Phosphor ist er ungiftig und aus einem komplizierten Schichtengitter aufgebaut.

d) Schwarzer Phosphor entsteht aus weißem Phosphor bei hohen Temperaturen und sehr hohem Druck (200 °C, 12 000 bar). Er ist ungiftig, ein Halbleiter und ist aus Schichten aufgebaut wie der Grafit.

Darstellung

Weißer Phosphor P_4 wird als die technisch wichtigste Modifikation aus Calciumphosphat (in Form von Fluorapatit $3\ Ca_3(PO_4)_2 \cdot CaF_2$) durch Umsetzung mit Koks und Quarzsand bei 1400–1500 °C im Lichtbogenofen hergestellt:

$$2\ Ca_3(PO_4)_2 + 10\ C + 6\ SiO_2 \rightarrow CaSiO_3 + 10\ CO + P_4$$

Es entsteht eine Calciumsilicatschlacke, Kohlenmonoxid und gasförmiger Phosphor.

Verwendung

Weißer Phosphor ist Ausgangsstoff für die Herstellung vieler Phosphorverbindungen, vor allem reiner Phosphorsäure H_3PO_4 und ihren Salzen, den Phosphaten, die in der Düngemittelfabrikation Verwendung finden.

Roter Phosphor wird als Reibfläche für Zündholzschachteln verwendet.

Phosphorverbindungen

Phosphorpentoxid

Phosphorpentoxid P_4O_{10} entsteht bei der Verbrennung von weißem Phosphor an der Luft:

$$P_4 + 5\ O_2 \rightarrow P_4O_{10}$$

Es ist ein ganz weißes Pulver, das stark hygroskopisch (wasserentziehend) wirkt und deshalb als Trockenmittel verwendet wird.

Phosphorpentoxid ist das Anhydrid der Phosphorsäure.

Phosphorsäure

Eigenschaften

Phosphorsäure H_3PO_4 bildet farblose Kristalle (Smp. 42 °C), die sich gut im Wasser lösen und eine Dichte von 1,9 g/cm³ besitzen. In den Handel kommt konzentrierte Phosphorsäure als sirupartige 85%ige Lösung.

Phosphorsäure ist eine mittelstarke, dreibasige Säure, die in wässriger Lösung in drei Stufen dissoziiert:

1.	$H_3PO_4 + H_2O$	$\rightarrow$	$H_2PO_4^- + H_3O^+$ Dihydrogenphosphat
2.	$H_2PO_4^- + H_2O$	$\rightarrow$	$HPO_4^{2-} + H_3O^+$ Hydrogenphosphat
3.	$HPO_4^{2-} + H_2O$	$\rightarrow$	$PO_4^{3-} + H_3O^+$ Phosphat

Phosphorsäure kann dementsprechend drei Reihen von Salzen bilden.

Darstellung und Verwendung

Phosphorsäure wird aus weißem Phosphor dargestellt, der mit Luft zu Phosphorpentoxid verbrannt wird.

$$P_4 + 5\,O_2 \rightarrow P_4O_{10}$$

Das entstandene Gas wird in 75–85%ige Phosphorsäure eingeleitet und absorbiert.

$$P_4O_{10} + 4\ H_2O \rightarrow 4\ H_3PO_4$$

Die Konzentration der Säure wird durch Wasserzugabe ausgeglichen. Man erhält eine 85%ige konzentrierte Phosphorsäure. Der größte Teil der Phosphorsäure wird zu Düngemitteln und in der Waschmittelindustrie verwendet. Wegen ihrer milden sauren Wirkung wird Phosphorsäure, die ungiftig ist, als Säuerungsmittel, z. B. in Limonaden, eingesetzt.

Phosphate

Als dreibasige Säure kann Phosphorsäure drei Arten von Salzen bilden: die Dihydrogenphosphate (primäre Phosphate) mit dem Anion $H_2PO_4^-$, die Hydrogenphosphate (sekundäre Phosphate) mit dem Anion HPO_4^{2-} und die Phosphate (tertiäre Phosphate) mit dem Anion $PO_4H_3^-$.

Phosphathaltige Düngemittel

Neben den Nichtmetallen Stickstoff und Schwefel und den Metallen Kalium, Calcium, Magnesium und Eisen benötigen die Pflanzen auch Phosphor zum Wachsen und Gedeihen. Von diesen Stoffen müssen nach der Ernte hauptsächlich Stickstoff, Kalium und Phosphor in Form von Düngemitteln dem Boden zugeführt werden. Die übrigen Nährstoffe sind meist in genügender Menge im Boden enthalten.

Als Düngemittel werden die Salze der Phosphorsäure verwendet. Wichtige zur Düngung verwendete Phosphate sind $Ca(H_2PO_4)_2 \cdot 2\ CaSO_4$ *(Superphosphat), Doppelsuperphosphat* $Ca(H_2PO_4)_2$ und $(NH_4)_2HPO_4$ *(Ammoniumhydrogenphosphat). Thomasphosphat* ist gemahlene Schlacke, die bei der Verhüttung von phosphorhaltigen Eisenerzen anfällt.

Die VI. Hauptgruppe des Periodensystems: Die Chalkogene

Die Elemente der Gruppe tragen den Namen Chalkogene *(= Erzbildner),* weil viele natürliche Erze Sauerstoff und Schwefel in Form ihrer Oxide und Sulfide enthalten. Zur Gruppe der Chalkogene gehören die Elemente *Sauerstoff* (O), *Schwefel* (S), *Selen* (Se), *Tellur* (Te) und *Polonium* (Po). Polonium ist radioaktiv und kommt in der Natur nur in sehr geringen Mengen vor. Wegen seiner geringen Halbwertszeit hat es keine technische Bedeutung und seine Eigenschaften sind nur wenig erforscht. Auch Selen und Tellur haben keine technische Bedeutung und werden hier nicht behandelt.

Innerhalb der Gruppe nimmt der metallische Charakter zu. Sauerstoff und Schwefel gehören zu den Nichtmetallen. Selen und Tellur kommen in nicht metallischen und metallischen Modifikationen vor und Polonium gehört zur Gruppe der Metalle.

Jedem Chalkogen fehlen zum Erreichen der Edelgaskonfiguration zwei Elektronen. Sie haben daher die Tendenz, zwei Elektronen aufzunehmen. In Verbindung mit elektropositiven Elementen wie Wasserstoff oder Metallen sind die Chalkogene negativ zweiwertig. Es werden Ionenverbindungen gebildet. Gegenüber elektronegativen Elementen wie Sauerstoff oder Halogenen können sie mit Ausnahme von Sauerstoff, der maximal positiv zweiwertig (in Fluorverbindungen) ist, die Oxidationsstufe +2, +4 und +6 annehmen. Die

Elektronegativitäten nehmen mit zunehmender Ordnungszahl ab. Sauerstoff ist nach Fluor das elektronegativste Element.

Einige Eigenschaften der Chalkogene

Element	Symbol	Smp. in °C	Sdp. in °C	Elektronegativität
Sauerstoff	O	–218,7	–183,0	3,5
Schwefel	S	119,6	444,6	2,4
Selen	Se	220,5	684,8	2,5
Tellur	Te	449,8	1390	2,0
Polonium	Po	254	962	1,8

Reaktionsfähigkeit nimmt zu ↓

Sauerstoff

Vorkommen und Darstellung

Sauerstoff ist in der Erdkruste das häufigste aller Elemente (49,4 %). In der Luft ist elementarer Sauerstoff zu 21 Vol.-% enthalten. In chemisch gebundener Form kommt er in vielen Mineralien wie Oxiden, Sulfaten, Silicaten und Carbonaten vor. Weiterhin ist er Bestandteil des Wassers.

Zur technischen Darstellung von Sauerstoff dient die Luft, die nach dem Linde-Verfahren verflüssigt und anschließend durch fraktionierende Destillation in ihre Bestandteile zerlegt wird.

Eigenschaften

Sauerstoff ist unter Normalbedingungen ein farb-, geruch- und geschmackloses Gas mit der Summenformel O_2 und der Strukturformel O=O.

Das O_2-Molekül ist thermisch sehr stabil, verbindet sich aber dennoch mit fast allen Elementen zu Sauerstoffverbindungen, den *Oxiden*. Sauerstoff wirkt auf viele Stoffe als Oxidationsmittel. Viele dieser Redoxreaktionen verlaufen exotherm, sodass sie nach anfänglichen Erhitzen von selbst ablaufen (Verbrennung).

Verwendung

Sauerstoff findet wegen seiner Eigenschaften, Verbrennungsvorgänge zu unterhalten, vielfältige Anwendung. Er wird z. B. zur Stahlgewinnung, Herstellung von bestimmten Metallen, zur Erzeugung hoher Temperaturen bei der Kohleverbrennung und in der Schweißtechnik benötigt. Außerdem dient er als Oxidationsmittel für Raketentreibstoffe. Auch wird er als Atmungsgas in der Medizin, in der Luft- und Raumfahrt und in der Tauchtechnik eingesetzt.

Ozon

Sauerstoff existiert außer in der normalen Form von O_2-Molekülen noch in einer energiereicheren Modifikation, dem Ozon O_3. Ozon ist ein blassblaues, sehr giftiges Gas mit einem charakteristischen Geruch. Es entsteht z. B. bei der Entladung von Blitzen oder bei starker kurzwelliger UV-Bestrahlung (< 242 nm) aus Luft oder O_2:

$$3\,O_2 \rightarrow 2\,O_3$$

Es zersetzt sich nach kurzer Zeit unter Bildung von molekularem und atomarem Sauerstoff $O_3 \rightarrow O_2 + O$. Als sehr starkes Oxidationsmittel wirkt Ozon wesentlich stärker oxidierend als O_2. Es wird zur Desinfektion der Luft z. B. in Krankenhäusern, Kühlräumen oder Brauereien eingesetzt.

In der Stratosphäre (20–25 km Höhe) existiert eine natürliche, die Erde umgebende Ozonschicht, die als Lichtfilter wirkt und die von der Sonne kommende, langwellige UV-Strahlung (< 310 nm) absorbiert.

Durch die zunehmende Zerstörung der Ozonschicht durch in die Atmosphäre gelangende Fluorchlorkohlenwasserstoffe (FCKW) und nitrose Gase (NO, NO_2), die die Ozonzersetzung katalysieren, wird die Ozonkonzentration herabgesetzt („Ozonloch").

Die Folge ist eine stärkere UV-Strahlung auf der Erde, die krebserregend und mutationsauslösend wirken kann. Die Verwendung solcher ozonabbauenden Stoffe sollte tunlichst vermieden werden.

Sauerstoffverbindungen

Die Verbindungen von Sauerstoff mit anderen Elementen, werden, soweit sie wichtig sind, bei den entsprechenden Elementen besprochen. Hier folgen einige spezielle Substanzen.

Wasser

Wasser H_2O nimmt in der Chemie eine zentrale Stellung ein. Es ist sowohl bei vielen chemischen und technologischen Vorgängen als auch als Lebensgrundlage pflanzlichen, tierischen und menschlichen Lebens unentbehrlich. Es wird an vielen Stellen dieses Buches besprochen.

Wasserstoffperoxid

Wasserstoffperoxid H_2O_2 ist eine wasserklare, viskose Flüssigkeit (Sdp. 150,2 °C). Die Strukturformel lautet H-O-O-H. Wasserstoffperoxid hat das starke Bestreben, in stark exothermer Reaktion in Wasser und Sauerstoff zu zerfallen:

$$2\,H_2O_2 \rightarrow 2\,H_2O + O_2$$

Die Reaktion kann explosionsartig ablaufen. Der entstehende Sauerstoff ist sehr reaktionsfähig, weshalb H_2O_2 ein starkes Oxidationsmittel ist und zum Bleichen in der Textilindustrie und als Desinfektionsmittel eingesetzt wird. Mit Metallen bilden sich Peroxide, z. B. Alkali- und Erdalkaliperoxide. Sie enthalten das O_2^{2-}-Ion. Wichtige Peroxide: Na_2O_2, BaO_2.

Oxide

Die Oxide zahlreicher Elemente werden bei den entsprechenden Elementen besprochen. Hier sollen nur allgemeine Betrachtungen folgen. Die Oxide von Nichtmetallen sind überwiegend Säureanhydride, d. h. sie reagieren mit H_2O

zu Säuren. In niedrigen Oxidationsstufen, z. B. bei den Elementen der I. und II. Hauptgruppe, sind Metalloxide Basenanhydride, d. h. sie bilden mit Wasser Hydroxydionen:

$$O_2^- + H_2O \rightarrow 2\ OH^-$$

Mit zunehmender Oxidationsstufe reagieren die Metalloxide sauer. Die Metalloxide der Oxidatinsstufe +4 sind wie die Nichtmetalloxide Säureanhydride. Dazwischen liegen die amphoteren Hydroxide, die sowohl in Säuren als auch in Basen löslich sind.

Schwefel

Eigenschaften

Schwefel besitzt eine ausgeprägte Tendenz, Ketten und Ringe auszubilden. Er kommt in mehreren flüssigen, gasförmigen und festen Modifikationen vor. Bei Raumtemperatur ist nur eine Schwefelmodifikation, der rhombische Schwefel, stabil. Er besteht aus S8-Ringen, in denen die Schwefelatome durch einfache Bindungen verbunden sind. Das Molekül ist nicht planar, sondern besitzt Kronenform.

Die Kristalle sind hellgelb, spröde, unlöslich in Wasser, aber sehr gut in Schwefeldisulfid CS_2 löslich. Rhombischer Schwefel ist bis zu einer Temperatur von 95 °C beständig, oberhalb dieser Temperatur wandelt er sich langsam in monoklinen Schwefel um, der ebenfalls aus S8-Ringen besteht. Bei 119 °C schmilzt der monokline Schwefel zu einer leicht beweglichen, hellgelben Flüssigkeit. Bei 160 °C färbt sich die Flüssigkeit braun und wird mit zunehmender Temperatur immer zähflüssiger und dunkler. Bei 187 °C erreicht die Viskosität ein Maximum, oberhalb von 250 °C nimmt die Zähflüssigkeit aber wieder ab, bis sie bei 400 °C wieder vollkommen dünnflüssig ist.

Bei 444 °C ist der Siedepunkt des Schwefels erreicht, es entsteht gasförmiger Schwefel. An kalten Gegenständen resublimiert er zu gelber Schwefelblüte. Bei langsamem Abkühlen der Schmelze treten alle genannten Zustände in umgekehrter Reihenfolge wieder auf. Schreckt man dagegen die Schmelze oberhalb der Temperatur des Viskositätsmaximums ab, indem man sie in kaltes Wasser gießt, entsteht zäh-elastischer *plastischer Schwefel.*

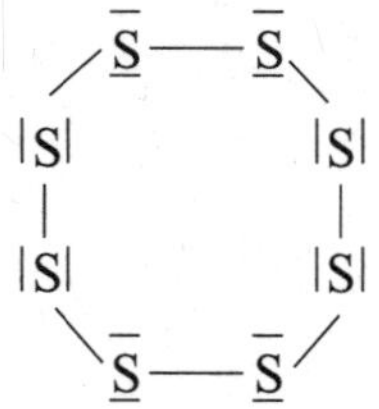

Vorkommen

Schwefel kommt in der Natur sowohl elementar als auch gebunden vor. In elementarer Form findet er sich in mächtigen Lagern, z. B. in Italien und Nordamerika. In gebundener Form kommt Schwefel in anorganischen Verbindungen in Sulfiden wie PbS *(Bleiglanz),* ZnS *(Zinkblende)* und FeS_2 *(Pyrit, Eisenkies)* und Sulfaten wie $CaSO_4$ und $BaSO_4$.

Gewinnung und Verwendung von Schwefel

Lagerstätten, die in mehreren Hundert Metern Tiefe vorkommen und nicht bergmännisch abgebaut werden können, werden nach dem *Frasch-Verfahren* durch Ausschmelzen unter Tage mit überhitztem Wasserdampf (155 °C) abgebaut. Dazu wird ein Doppelrohr in die Lagerstätte getrieben und durch das äußere Rohr das überhitzte Wasser eingepresst, welches den Schwefel schmilzt und durch das innere Rohr nach oben presst.

Schwefel kann auch als Schwefelwasserstoff nach dem *Claus-Verfahren* gewonnen werden. Schwefelwasserstoff fällt bei der Gewinnung und Aufbereitung von fossilen Brennstoffen (Kohle, Erdöl, Erdgas) an. Die Überführung des Schwefelwasserstoffes erfolgt in einem zweistufigen Prozess mit Bauxit als Katalysator, wobei nur die zweite Stufe eines Katalysators bedarf:

1. Stufe	$2\ H_2S + 3\ O_2 \rightarrow 2\ SO_2 + 2\ H_2O$
2. Stufe	$2\ SO_2 + 4\ H_2S \rightarrow 6\ S + 4\ H_2O$
Gesamtreaktion:	$6\ H_2S + 3\ O_2 \rightarrow 6\ S + 6\ H_2O$

Schwefel wird in großen Mengen zur Herstellung von Schwefelsäure gebraucht. Außerdem wird er beim Vulkanisieren von Kautschuk, zur Herstellung von CS_2, Zündhölzern, Schießpulver und Farbstoffen verwendet.

Schwefelverbindungen

Schwefeldioxid

Schwefeldioxid SO_2 (Schwefel (-IV-) oxid) ist ein stechend riechendes, farbloses und giftiges Gas, das sich gut in Wasser löst. Die Lösung reagiert schwach sauer und wirkt reduzierend. Es ist nicht brennbar und unterhält die Verbrennung auch nicht. Als Zwischenprodukt für die Synthese von Schwefelsäure wird es durch Verbrennung von Schwefel

$$S + O_2 \rightarrow 2\ SO_2$$

oder durch Rösten sulfidischer Erze hergestellt, z. B.:

$$4\ FeS2 + 11\ O_2 \rightarrow 2\ Fe2O_3 + 8\ SO_2$$

Der Schwefel liegt im Schwefeldioxid vierwertig vor. Das Molekül ist gewinkelt gebaut:

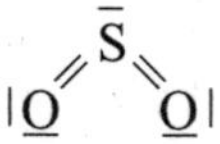

Fossile Brennstoffe enthalten Schwefel. Bei ihrer Verbrennung entsteht SO_2, das in Ballungsgebieten zu Umweltschäden (Erkrankung der Atmungsorgane, Waldsterben) führt.

Schwefeltrioxid

Schwefeltrioxid SO_3 (Schwefel (-VI-) oxid) ist das Anhydrid der Schwefelsäure. Es wird bei der Schwefelsäureherstellung durch katalytische Oxidation erhalten. Das Molekül ist eben gebaut:

$$2\,SO_2 + O_2 \rightarrow 2\,SO_3$$

Schwefelsäure

Schwefelsäure H_2SO_4 ist in reiner, konzentrierter Form eine farblose, ölige Flüssigkeit (Sdp. 338 °C) mit einer Dichte von 1,84 g/cm³. Schwefelsäure mit einem Überschuss an SO_3 heißt rauchende Schwefelsäure *(Oleum)*. Schwefelsäure ist eine starke zweibasige Säure, die in Wasser praktisch vollständig protolysiert vorliegt:

$$H_2SO_4 + H_2O \rightarrow H_3O+ + HSO_4^-$$

$$HSO_4^- + H_2O \rightarrow H_3O^+ + SO_4^{2-}$$

Sie ist stark hygroskopisch (wasserentziehend) und wird deshalb als Trockenmittel verwendet. Sie wirkt so stark wasserentziehend, dass sie vielen organischen Stoffen wie Kleiderstoffen, Holz oder Papier Wasserstoff und Sauerstoff in Form von Wasser entzieht, wobei der Kohlenstoff zurückbleibt. Man nennt den Vorgang Verkohlung.

Wird konzentrierte Schwefelsäure in Wasser eingerührt, entsteht so viel Lösungswärme, dass das Wasser verdampft. Wird umgekehrt Wasser in Schwefelsäure gegossen, wird die Flüssigkeit verspritzt. Daher darf Wasser nicht zu konzentrierter Schwefelsäure gegeben werden, sondern nur umgekehrt Schwefelsäure tropfenweise dem Wasser zugeführt werden.

Schwefelsäure wird großtechnisch nach dem *Kontaktverfahren* hergestellt.

Von der Schwefelsäure leiten sich die Hydrogensulfate mit dem Anion HSO_4^- und die Sulfate mit dem Anion SO_4^{2-} ab. Sie sind die Salze der Schwefelsäure.

Schwefelwasserstoff

Schwefelwasserstoff H_2S ist ein farbloses, sehr giftiges und unangenehm (nach faulen Eiern) riechendes Gas. H_2S ist in wässriger Lösung eine schwache zweibasige Säure, die Schwefelwasserstoffsäure genannt wird:

$$H_2S + H_2O \rightarrow HS^- + H_3O^+$$

$$HS^- + H_2O \rightarrow S^{2-} + H_3O^+$$

H_2S bildet zwei Reihen von Salzen, die Hydrogensulfide mit dem Anion HS^- und die Sulfide mit dem Anion S^{2-}.

Die VII. Hauptgruppe des Periodensystems: Die Halogene

Zu der Gruppe der Halogene gehören die Elemente *Fluor* (F), *Chlor* (Cl), *Brom* (Br), *Iod* (I) und *Astat* (As). Astat ist radioaktiv und kommt in der Natur nur in verschwindend geringen Mengen vor.

Den Namen Halogene *(Salzbildner)* tragen die Elemente, weil sie mit Metallen Salze bilden. Die Salze heißen Halogenide. Die Halogene gehören zu den Nichtmetallen. Sie liegen im Gaszustand als zweiatomige Moleküle vor. Innerhalb der Elementgruppe lässt sich eine regelmäßige Abstufung der Eigenschaften erkennen. So ändert sich der Aggregatzustand von gasförmig über flüssig zu fest: Fluor und Chlor sind unter Normalbedingungen gasförmig, Brom ist das einzige flüssige Nichtmetall und Iod ist ein Feststoff. Auch die Farbe vertieft sich vom Fluor zum Iod.

Eigenschaften der Halogene

Element	Symbol	Atommasse	Smp. in °C	Sdp. in °C	Farbe im Gaszustand	Elektronegativität
Fluor	F	19	–219	–188	schwach gelblich	4,1
Chlor	Cl	35,5	–101	–34	gelbgrün	2,8
Brom	Br	79,9	–7	59	rotbraun	2,7
Iod	I	126,9	113	185	violett	2,2

allgem. Reaktionsfähigkeit nimmt ab ↓

Fluor ist schwach gelblich, Chlor gelbgrünlich, Brom rotbraun und Iod ist im Festzustand grauschwarz gefärbt. Brom entwickelt schon bei Raumtemperatur braune Dämpfe, Iod sublimiert beim Erwärmen unter Bildung violetter Ioddämpfe.

Die Halogene sind sehr reaktionsfreudige Elemente. Aus diesem Grund kommen sie in der Natur nicht frei, sondern nur in Verbindungen vor. Innerhalb der Gruppe nimmt die Reaktionsfähigkeit vom Fluor zum Iod hin ab. Fluor ist überhaupt das reaktionsfähigste aller Elemente.

Fluor, Chlor und Brom sind in gasförmigem Zustand starke Atemgifte. Schon in geringen Mengen eingeatmet, greifen sie die Atmungsorgane an. Flüssiges Brom führt auf der Haut zu schweren Verätzungen.

Iod ist nur in höheren Konzentrationen giftig. Charakteristisch ist sein stechender Geruch. Im Labor werden Versuche mit Halogenen deshalb stets unter dem Abzug durchgeführt, wobei Schutzbrille und Schutzhandschuhe unentbehrlich sind.

Fluor

Vorkommen

Fluor kommt in der Natur vor allem als *Flussspat* CaF_2, Apatit $Ca_5(PO_4)_3F$ und als *Kryolith* Na_3AlF_6 vor.

Eigenschaften

Fluor ist ein schwach gelblich gefärbtes, stechend riechendes, sehr giftiges Gas. Auf der Haut wirkt es verbrennend und ätzend. Fluor ist das reaktionsfähigste aller Elemente und das stärkste Oxidationsmittel überhaupt.

Es setzt sich mit allen Elementen außer Helium, Neon und Argon schon in der Kälte um und greift viele Werkstoffe wie z. B. Glas und Gummi an. Es muss in Kupferbehältern gelagert werden. Seine Salze heißen Fluoride.

Darstellung

Fluor wird elektrochemisch aus wasserfreien Schmelzen von Fluorwasserstoff und Kaliumfluorid dargestellt.

Verwendung

Fluor wird u. a. zur Produktion von anorganischen Fluorverbindungen, wie Schwefelhexafluorid, fluorierten Kunststoffen (z. B. Polytetrafluorehtylen PTFE) und Fluorchlorkohlenwasserstoffe FCKW verwendet.

Chlor

Vorkommen

Wichtige Chlorverbindungen sind *Steinsalz* NaCl, *Sylvin* KCl und *Carnallit* $KCl \cdot MgCl_2 \cdot 6\,H_2O$.

Eigenschaften

Chlor ist ein gelbgrünes, erstickend riechendes, sehr giftiges Gas, das die Schleimhäute angreift und 2-mal so schwer wie Luft ist. Nach Fluor gehört Chlor zu den reaktionsfähigsten Elementen. Es setzt sich mit fast allen Elementen (Ausnahme: N_2, O_2, C und den Edelgasen) bei Raumtemperatur in exothermer Reaktion um. In Wasser ist Chlor mäßig löslich. Die Lösung wird *Chlorwasser* genannt.

Darstellung

Großtechnisch wird Chlor durch Elektrolyse wässriger Natriumchloridlösungen *(Chloralkali-Elektrolyse)* nach folgender Reaktionsgleichung dargestellt:

$$2\,NaCl\,(aq) + 2\,H_2O \rightarrow H_2\,(g) + 2\,NaOH\,(aq) + Cl_2\,(g)$$

Im Labor wird Chlor durch Oxidation von Chlorwasserstoff HCl mit Luftsauerstoff O_2 oder Braunstein MnO_2 dargestellt:

$$4\,HCl + O_2 \rightarrow 2\,H_2O + 2\,Cl_2$$

$$4\,HCl + MnO_2 \rightarrow 2\,H_2O + MnCl_2 + Cl_2$$

Verwendung

Chlor dient u. a. wegen seiner bakterientötenden Wirkung als Desinfektionsmittel von Trink- und Badewasser, als Bleichmittel und zur Herstellung von organischen und anorganischen Chlorverbindungen (z. B. Chlorwasserstoff HCl).

Brom

Vorkommen

Gewöhnlich findet sich Brom in dem Chlor analogen Verbindungen, wie z. B. *Bromargyrit* AgBr, zusammen mit den entsprechenden Chlorverbindungen, allerdings in wesentlich kleineren Mengen. Weiterhin kommt es im Meerwasser vor.

Eigenschaften

Brom ist das bei Raumtemperatur einzige flüssige Nichtmetall. Es ist eine rotbraune, schwere Flüssigkeit mit einer Dichte von 3,14 g/cm^3, die an der Luft rot-braune Dämpfe entwickelt, die auf die Schleimhäute stark ätzend wirken. Brom ist ein sehr giftiges Element, das noch in geringen Anteilen in der Luft lebensgefährlich wirkt. Brom ist weniger reaktionsfähig als Chlor und ist in Wasser besser löslich, die Lösung heißt *Bromwasser*.

Verwendung

Brom wird als Bleich-, Oxidations- und Desinfektionsmittel eingesetzt. Außerdem dient es zur Synthese organischer und anorganischer Bromverbindungen, wie z. B. Bromwasserstoff HBr, Silberbromid AgBr (für die Fotografie) und Dibromethylen CH_2Br-CH_2Br (Antiklopfmittel).

Iod

Vorkommen

Iod ist in der Natur in gebundener Form zwar weit verbreitet, kommt aber jeweils nur in geringer Konzentration vor. 1,0 % Iod enthält Chilesalpeter $NaNO_3$ in Form von *Natriumiodat* $NaIO_3$.

Organisch gebundenes Iod findet sich in der Schilddrüse.

Eigenschaften

Iod ist bei Raumtemperatur ein fester, kristalliner Stoff, der grauschwarze, metallisch glänzende Plättchen bildet. Seine Dichte beträgt 4,94 g/cm^3. Schon bei Raumtemperatur ist Iod flüchtig und sublimiert unter Bildung violetter Ioddämpfe, die die Schleimhäute reizen.

Iod ist giftig und löst sich in Wasser nur in sehr geringen Mengen *(Iodwasser)*. In seinen chemischen Eigenschaften ist es dem Chlor und Brom sehr ähnlich, reagiert jedoch weit weniger heftig.

Nachweis

Charakteristisch für Iod ist die intensive Blaufärbung bei der Reaktion mit Stärkelösung. Sie wird *Iod-Stärke-Reaktion* genannt; mit ihr können noch kleinste Mengen Iod nachgewiesen werden.

Darstellung

Iod wird aus den iodhaltigen Mutterlaugen des Chilesalpeters durch Reaktion mit schwefliger Säure HSO_3 nach folgender Reaktionsgleichung dargestellt:

$$2\ HIO_3 + 5\ H_2SO_3 \rightarrow H_2SO_4 + H_2O + I_2$$

Verwendung

Iod dient zur Herstellung vieler organischer und anorganischer Iodverbindungen wie z. B. AgI für die Fotoindustrie. In der Medizin wird es als Desinfektionsmittel *(Iodtinktur:* Lösung von KI, I_2 in Ethanol) verwendet. Zur Verhinderung von Kropfbildungen bei iodarmer Kost wird es dem Speisesalz zugesetzt.

Reaktionen der Halogene mit Metallen

Halogene reagieren mit Metallen in exothermer Reaktion zu Salzen, die Halogenide genannt werden. Besonders heftig reagieren die Halogene mit Alkali- und Erdalkalimetallen, wobei die Reaktivität der Halogene mit steigender Atommasse abnimmt. Natrium setzt sich z. B. mit Chlor in stark exothermer Reaktion unter Aussendung einer grellgelben Flamme zu Natriumchlorid (Kochsalz) um, während Brom und Iod weniger heftig reagieren:

$2\ Na + Cl_2 \rightarrow 2\ NaCl$	Natriumchlorid
$Mg + Br_2 \rightarrow MgBr$	Magnesiumbromid
$Mg + I_2 \rightarrow MgI_2$	Magnesiumiodid

Die Reaktion ist eine Redoxreaktion, bei der die Metalle oxidiert und die Halogene reduziert werden. Die Stärke der Halogene als Oxidationsmittel nimmt mit steigender Atommasse ab, sodass jedes Halogen das in der Gruppe unter ihm stehende aus seinen Verbindungen treiben kann.

Reaktionen der Halogene mit Wasserstoff

Mit Wasserstoff reagieren die Halogene zu Halogenwasserstoffen, z. B.:

$$Cl_2 + H_2 \rightarrow 2\ HCl$$

Die Affinität (Bindungsbestreben) der Halogene, sich mit Wasserstoff zu Halogenwasserstoffen umzusetzen, nimmt mit steigender Atommasse ab. Das stärkste Bindungsbestreben hat demnach Fluor, das sich schon im Dunkeln explosionsartig mit Wasserstoff zu Fluorwasserstoff umsetzt.

Die Halogenwasserstoffe sind in der Regel (Ausnahme: HF ist eine farblose Flüssigkeit) farblose, zweiatomige Gase von stechendem Geruch und in Wasser außerordentlich gut löslich. HCl, HBr und HI sind sich untereinander sehr ähnlich und unterscheiden sich merklich von HF.

Die molekularen Halogenwasserstoffe wie auch die reinen (wasserfreien) Verbindungen werden als Halogenstoffe und die wässrigen Lösungen als Halogenwasserstoffsäuren bezeichnet.

Fluorwasserstoff

Fluorwasserstoff HF ist in wasserfreiem Zustand eine giftige, farblose Flüssigkeit, die an der Luft stark raucht (Sdp. 19,5 °C). Reiner Fluorwasserstoff ist eine der stärksten Säuren überhaupt, während seine wässrige Lösung, die Fluorwasserstoffsäure, auch Flusssäure genannt, nur schwach sauer reagiert.

Auch sie ist giftig und ätzend für die Schleimhäute. Flusssäure greift Glas an, weshalb man sie zum Glasätzen verwendet. Sie muss in Kunststoffgefäßen aufbewahrt werden. Flusssäure wird auch zur Herstellung von Fluoriden benutzt.

Chlorwasserstoff

Chorwasserstoff HCl ist ein farbloses, stechend riechendes Gas, das an feuchter Luft raucht. Es löst sich außerordentlich gut in Wasser (bei 0 °C lösen sich in 1 l Wasser 507 l Chlorwasserstoff). Die wässrige Lösung wird Chlorwasserstoffsäure genannt. Es ist eine farblose Flüssigkeit, die 38%ig als konzentrierte Salzsäure in den Handel kommt. Sie hat einen stechenden Geruch und raucht an feuchter Luft stark, weshalb sie auch rauchende Salzsäure genannt wird. Reine Salzsäure ist eine farblose, wasserklare Flüssigkeit, technische Salzsäure ist meist durch Eisenverunreinigungen gelblich gefärbt. Salzsäure ist eine starke Säure, die nicht oxidierend wirkt und sich mit unedlen Metallen unter Wasserstoffentwicklung zu ihren Salzen, den Chloriden, umsetzt.

Bromwasserstoff

Bromwasserstoff HBr ist ein farbloses Gas, das sich in Wasser noch besser löst als Chlor (1 l Wasser löst 612 l Bromwasserstoff). Die wässrige Lösung heißt Bromwasserstoffsäure. Sie ähnelt in ihren Eigenschaften stark der Salzsäure. Ihre Salze heißen Bromide.

Iodwasserstoff

Iodwasserstoff HI ist ein stechend riechendes, farbloses Gas, das sich in Wasser sehr gut löst (1 l Wasser löst 425 l Iodwasserstoff). Die wässrige Lösung wird Iodwasserstoffsäure genannt. Sie ist eine starke Säure und entwickelt mit vielen Metallen Wasserstoff unter Bildung ihrer Salze, der Iodide.

Die VIII. Hauptgruppe des Periodensystems: Die Edelgase

Zur Gruppe der Edelgase gehören die Elemente *Helium* (He), *Neon* (Ne), *Argon* (Ar), *Krypton* (Kr), *Xenon* (Xe) und *Radon* (Rn). Das charakteristische Merkmal der Edelgase ist ihre Reaktionsträgheit.

Vorkommen und Gewinnung

Die Edelgase sind mit einem Volumenanteil von 1 % am Aufbau der Erdatmosphäre beteiligt, wobei Argon die Hauptmenge stellt. Helium entsteht laufend im Erdinneren durch radioaktive Zerfallsprozesse von Uran und anderen radioaktiven Elementen und findet sich deshalb in manchen Erdgasen, aus dem es gewonnen wird. Neon, Argon, Krypton und Xenon fallen als Nebenprodukte bei der Verflüssigung und Destillation der Luft an.

Einige physikalische Eigenschaften der Edelgase

Element	Symbol	Smp. in °C	Sdp. in °C	Dichte in g/dm^3	Anteil in der Luft in %
Helium	He	–	–268,9	0,1785	0,00052
Neon	Ne	–248,6	–246,03	0,8888	0,00181
Argon	Ar	–189,2	–185,88	1,7837	0,934
Krypton	Kr	–157,02	–153,35	3,733	0,000114
Xenon	Xe	–111,77	–108,14	4,907	0,0000087
Radon	Rn	–71	–61,8	9,73	in Spuren

Eigenschaften

Edelgase sind unter normalen Bedingungen farb-, geruch- und geschmacklose einatomige Gase. Sie besitzen eine stabile Edelgaskonfiguration. Beim Helium ist die äußere Schale mit zwei Elektronen voll besetzt, bei den anderen Edelgasen mit acht Elektronen. Die stabile Edelgaskonfiguration ist der Grund für die chemische Reaktionsträgheit der Gase. Sie gehen nur sehr wenige chemische Reaktionen ein. Bis 1962 waren keine Verbindungen der Edelgase bekannt. Inzwischen sind jedoch über 30 Verbindungen bekannt, die hauptsächlich mit Halogenen, vor allem Sauerstoff und Fluor, gebildet werden.

Verwendung

Die Edelgase werden in der Glühlampenindustrie (Leuchtreklame, Neonröhre) eingesetzt. Helium wird wegen seiner geringen Dichte (14 % der Dichte von Luft) zum Füllen von Ballons und Luftschiffen verwendet. Außerdem dient es als Kühlmittel (Helium besitzt von allen Stoffen den niedrigsten Siedepunkt) in z. B. Hochtemperaturreaktoren. Argon wird als Schutzgas, das das Verbrennen von Metallen verhindert, beim Schweißen eingesetzt. Radon wird in der Medizin als Quelle für α-Strahlen bei der Krebsbehandlung verwendet.

Elektrochemie

Die Elektrochemie befasst sich mit der gegenseitigen Umwandlung von chemischer und elektrischer Energie. Mithilfe von chemischen Reaktionen kann in *galvanischen Zellen* elektrische Energie gewonnen werden. Umgekehrt kann bei der *Elektrolyse* elektrische Energie dazu dienen, chemische Umwandlungen hervorzurufen. Zwischen chemischen und elektrischen Vorgängen besteht demnach ein Zusammenhang.

Bei chemischen Vorgängen (Redoxreaktion) sind die Träger der elektrischen Ladung Ionen, die sich in Elektrolytlösungen oder in Schmelzen bewegen, bei der elektrischen Stromleitung in Metallen sind die Ladungsträger Elektronen. Da man unter einem elektrischen Stromfluss den Fluss elektrischer Ladung versteht, ist zu erkennen, dass eine Verknüpfung zwischen chemischen Reaktionen und elektrischen Vorgängen möglich ist.

Die Voraussetzung für das Fließen von Elektronen als elektrischer Strom ist, dass elektrische Ladungen vorhanden sind. Dazu muss ein Stoff Elektronen abgeben (Reduktionsmittel) und ein anderer Stoff die Elektronen aufnehmen (Oxidationsmittel), weil bei einem chemischen Vorgang keine Oxidation ohne eine gleichzeitige Reduktion ablaufen kann. Die Reaktionen heißen *Redoxreaktionen*. Bei Redoxreaktionen, an denen Metalle beteiligt sind, geben die Metalle in der Regel ihre Elektronen unter Bildung von Kationen ab. Die

Fähigkeit der Metalle, Ionen abzugeben, d. h. ihr Reduktionsvermögen, ist unterschiedlich ausgeprägt. Ein gegebener Stoff kann nicht von jedem anderen Stoff Elektronen aufnehmen oder an jeden anderen Stoff abgeben.

Taucht man z. B. einen Zinkstab in eine Kupfersulfatlösung, überzieht er sich mit Kupfer, weil das unedle Zink bestrebt ist, Elektronen an das edle Kupfer abzugeben. Zn^{2+}-Ionen verlassen das Gitter des Zinkstabes unter Abgabe ihrer Elektronen. Sie entladen die Ionen aus der Lösung, die sich als elementares Kupfer auf dem Zinkstab abscheiden. Zink reduziert also die Kupferionen zu metallischem Kupfer.

Oxidation:	$Zn \rightarrow Zn^{2+} + 2\,e^-$
Reduktion	$Cu^{2+} + 2\,e^- \rightarrow Cu$
Redoxreaktion:	$Cu^{2+} + Zn \rightarrow Cu + Zn^{2+}$

Umgekehrt ist dieser Vorgang nicht möglich. Taucht man einen Kupferstab in eine Zinksulfatlösung, ist das Kupfer nicht befähigt, die Zinkionen zu Zink zu reduzieren. Zink ist demnach ein stärkeres Reduktionsmittel als Kupfer und Kupfer ein stärkeres Oxidationsmittel als Zink. Führt man derartige Reaktionen systematisch mit anderen Metallen und Salzlösungen durch, erhält man die Redoxreihe der Metalle, in der die unedlen, leicht oxidierbaren Metalle unten, die edlen, schwer zu oxidierenden Metalle oben stehen.

Redoxreihe einiger Metalle:

Au/Au^{3+}
Ag/Ag^{+}
Cu/Cu^{2+}
H_2/H^{+}
Pb/Pb^{2+}
Fe/Fe^{2+}
Zn/Zn^{2+}
Mg/Mg^{2+}

Galvanische Elemente

Ein galvanisches Element, auch galvanische Zelle genannt, dient der elektrischen Stromerzeugung aus spontan ablaufenden chemischen Umsetzungen Sie besteht aus zwei Halbelementen, d. h. zwei durch eine poröse Trennwand (Diaphragma) voneinander räumlich getrennten Elektroden, die in eine Elektrolytlösung eintauchen und leitend miteinander verbunden sind. Das Diaphragma verhindert eine Durchmischung der Lösungen, gestattet aber den Durchtritt der Ionen.

In der Praxis gibt es verschiedene Möglichkeiten, galvanische Elemente aufzubauen. Am Beispiel eines galvanischen Elements, dem *Daniell-Element,* soll die elektrische Stromerzeugung erläutert werden. Die 1. Halbzelle des Daniell-Elements besteht aus einer Zinkelektrode, die in eine Zinksulfatlösung eintaucht, die 2. Halbzelle aus einer in eine Kupfersulfatlösung eintauchenden Kupferelektrode. Beide Halbzellen sind durch ein Diaphragma voneinander getrennt. Verbindet man die beiden Elektroden über einen metallischen Leiter, z. B. einen Draht, miteinander, so fließt ein Strom, der mit einem Strommessgerät (Amperemeter) gemessen werden kann. Es findet folgende Reaktion statt:

Anode:	$Zn \rightarrow Zn^{2+} + 2\,e^-$
Kathode:	$Cu^{2+} + 2\,e^- \rightarrow Cu$
Gesamtreaktion:	$Zn + Cu^{2+} \rightarrow Zn^{2+} + Cu$

An der Zinkelektrode wird das unedlere, elementare Zink zu Zn^{2+}-Ionen oxidiert, die in Lösung gehen. Die an der Zinkelektrode zurückbleibenden Elektronen bewirken einen Elektronenüberschuss, d. h. sie lädt sich negativ auf, weshalb sie Minuspol oder *Anode* (an der Anode findet immer die Oxidation statt) genannt wird. Die überschüssigen Elektroden fließen durch den Draht zur Kupferelektrode, wo sie die Reduktion der Cu^{2+}-Ionen der Kupfersulfatlösung zu elementarem Kupfer (edleres Metall) bewirken. Das Kupfermetall scheidet sich an der Elektrode ab.

Die Aufnahme der Elektronen durch die Cu^{2+}-Ionen führt zum Elektronenmangel an der Kupferelektrode, d. h. sie lädt sich positiv auf, weshalb sie auch Pluspol oder *Kathode* genannt wird. Außerhalb der Zelle fließen die Elektronen vom Minus- zum Pluspol. Innerhalb der Zelle bewirkt der Elektronenüberschuss an der Zinkelektrode und der Elektronenmangel an der Kupferelektrode den Stromfluss durch Ionenbewegungen.

Die elektromotorische Kraft

Schaltet man zwischen die beiden Elektroden eines galvanischen Elements ein Spannungsmessgerät (Potenziometer), registriert es eine Spannung (Potenzialdifferenz) zwischen den beiden Halbzellen. Diese Spannung, *elektromotorische Kraft* EMK oder *Urspannung* U_0 genannt, bewirkt den Elektronenfluss im galvanischen Element, wenn die Elektroden leitend verbunden werden. Die EMK ist umso größer, je größer die Tendenz zum Ablaufen der chemischen Reaktion in der Zelle ist. Sie ist die maximale Spannung der

Zelle. Die tatsächlich auftretende, messbare Klemmenspannung U_{Kl} liegt niedriger, da zur Überwindung des elektrischen Widerstandes der Zelle eine zusätzliche Spannung benötigt wird.

Elektrochemische Spannungsreihe der Metalle

Die Vorgänge an den Elektroden eines galvanischen Elementes kann man sich am Beispiel des Daniell-Elementes anschaulich folgendermaßen vorstellen:

An dem Zinkstab, der in die Elektrolytlösung der 1. Halbzelle taucht, gehen Zinkionen in Lösung. Die abgegebenen Valenzelektronen bleiben auf der Metallelektrode zurück. Zwischen den positiv geladenen Ionen in der Lösung und dem durch Elektronenüberschuss negativ geladenen Metallstab baut sich ein elektrisches Potenzial auf, welches der Bildung weiterer Ionen entgegenwirkt. Einzelne Zinkionen werden wieder von der Anode aufgenommen, bis sich ein dynamisches Gleichgewicht zwischen Metallstab und Lösung einstellt und das elektrische Potenzial einen für das System charakteristischen Wert aufweist. Der Überschuss von Elektronen an der Zinkelektrode bewirkt einen Elektronendruck, die Elektronen können durch einen äußeren Draht abgeleitet werden. Der gleiche Vorgang spielt sich an der Kupferelektrode ab. Das edlere Kupfer ist allerdings weniger leicht oxidierbar, deshalb gehen weniger Cu^{2+}-Ionen in Lösung, sodass weniger Elektronen zurückbleiben und der Elektronendruck geringer ist. Werden die beiden Elektroden leitend miteinander verbunden, fließen die Elektronen von der Seite höheren Elektronendruckes (Zn) zur Seite des niedrigeren Elektronendruckes.

Das elektrische Potenzial einer Halbzelle ist selber nicht direkt messbar. Man kann jedoch die Potenzialdifferenz zwischen zwei Halbzellen messen. Als Bezugshalbelement benutzt man eine *Normal-Wasserstoffelektrode,* die aus einer von Wasserstoff bei einem Druck von 1,013 bar umspülten Platinelektrode besteht, die bei 25 °C in 1-molare Säurelösung eintaucht.

Die Spannung, die ein anderes Halbelement unter den gleichen Bedingungen gegen die Normal-Wasserstoffelektrode zeigt, wird Normalpotenzial genannt. Der Normal-Wasserstoffelektrode wurde willkürlich das Normalpotenzial null zugeordnet. Es wird mit dem Symbol E° gekennzeichnet und in Volt angegeben.

Misst man die Normalpotenziale der Metalle und ordnet sie nach zunehmendem positiven Elektrodenpotenzial, erhält man die *elektrochemische Spannungsreihe der Metalle,* die mit der Redoxreihe identisch ist.

Metalle mit negativem Normalpotenzial werden als unedle Metalle bezeichnet. Metalle mit positivem Vorzeichen lösen sich nicht in Säuren unter H_2-Entwicklung. Sie werden als edle Metalle bezeichnet. Der Wasserstoff bezeichnet also die Grenze zwischen edlen und unedlen Metallen.

In der elektrochemischen Spannungsreihe kann jedes höherstehende Element an das darunterstehende Elektronen abgeben und selbst in den Ionenzustand übergehen. Allgemein gilt: Je stärker das Reduktionsmittel ist, desto schwä-

Elektrochemische Spannungsreihe einiger Metalle (Normalpotenziale bei 25 °C)

Red. → Ox. + e^-		Normalpotenzial E^0 in Volt
Li	$Li^+ + e^-$	–3,045
K	$K^+ + e^-$	–2,925
Ca	$Ca^{2+} + 2e^-$	–2,866
Na	$Na^+ + e^-$	–2,714
Mg	$Mg^{2+} + 2e^-$	–2,363
Al	$Al^{3+} + 3e^-$	–1,662
Zn	$Zn^{2+} + 2e^-$	–0,7627
Cr	$Cr^{3+} + 3e^-$	–0,744
Fe	$Fe^{2+} + 2e^-$	–0,4002
Cd	$Cd^{2+} + 2e^-$	–0,4029
Ni	$Ni^{2+} + 2e^-$	–0,250
Sn	$Sn^{2+} + 2e^-$	–0,136
Pb	$Pb^{2+} + 2e^-$	–0,126
H_2	$2H^+ + 2e^-$	0
Cu	$Cu^{2+} + 2e^-$	+0,337
Ag	$Ag^+ + e^-$	+0,7991
Hg	$Hg^{2+} + 2e^-$	+0,854
Pt	$Pt^{2+} + 2e^-$	+1,20
Au	$Au^{3+} + 3e^-$	+1,498

cher ist sein korrespondierendes Oxidationsmittel. Die am oberen Ende in der Spannungsreihe stehenden unedlen Metalle sind starke Reduktionsmittel und lassen sich leicht oxidieren. Die am unteren Ende stehenden edlen Metalle sind nur schwer zu oxidieren, ihre Ionen sind starke Oxidationsmittel.

Die elektromotorische Kraft einer beliebigen galvanischen Zelle kann aus der Differenz der Normalpotenziale errechnet werden. Für das Daniell-Element beträgt die EMK bei Verwendung aufgerundeter Werte:

$$E^o\ (Cu^{2+}/Cu) - E^o\ (Zn^{2+}/Zn) = +\ 0{,}34 - (-0{,}76)\ V = +\ 1{,}10\ V$$

Technische Anwendung galvanischer Elemente

Mithilfe von galvanischen Elementen kann chemische Energie direkt in elektrische Energie umgewandelt werden. Man unterscheidet *Primärelemente* und *Sekundärelemente*. Primärelemente sind direkt als unabhängige Stromquelle (Batterien) in elektrischen Geräten wie Taschenlampen, Radiogeräten und Autobatterien verwendbar.

Die Sekundärelemente (Akkumulatoren) werden erst durch Aufladung zur Spannungsquelle. Die bei der Stromentnahme (Entladen) freiwillig ablaufenden chemischen Vorgänge lassen sich durch Zufuhr elektrischer Energie (Laden) umkehren. Sekundärelemente besitzen gegenüber den Primärelementen den Vorteil der längeren Lebensdauer.

Leclanché-Element (Trockenelement)

Das Zink/Kohle- oder Leclanché-Element ist als Taschenlampenbatterie bekannt. Sie besteht aus einem Zinkzylinder als Anode, der mit einer eingedickten Elektrolytlösung aus Ammoniumchlorid und Zinkchlorid gefüllt ist (Trockenelement). Als Kathode dient in diesem Fall ein in der Mitte eingelassener Grafitstab, der mit einem Braunstein-Grafit-Gemisch (MnO_2 und Ruß) ummantelt ist.

Bei Stromfluss finden folgende Elektrodenvorgänge im Leclanché-Element statt: An der Anode (Minuspol) wird Zink unter Abgabe von zwei Elektronen zum Zn^{2+} oxidiert und geht in Lösung. An der Kathode (Pluspol) dagegen wird Braunstein unter Aufnahme von zwei Elektronen zum Manganoxid MnO reduziert.

Anode:	$Zn \rightarrow Zn^{2+} + 2\ e^-$
Kathode:	$2\ e^- + MnO_2 + 2\ H_3O^+ \rightarrow MnO + 3\ H_2O$
Gesamtreaktion:	$Zn + MnO_2 + 2\ H_3O^+ \rightarrow Zn^{2+} + MnO + 3\ H_2O$

Die Oxoniumionen H_3O^+ entstehen durch Protolyse der Ammoniumionen nach folgender Gleichung:

$$NH_4^+ + H_2O \rightarrow HN_3 + H_3O^+$$

Das frei werdende Ammoniak reagiert mit den an der Anode gebildeten Zn^{2+}-Ionen und den Cl-Ionen des Ammoniumchlorids zu der Komplexverbindung

$[Zn(NH_3)_2]Cl_2$. Die Oxoniumionen werden an der Kathode zu Wasserstoff reduziert:

$$2\ H_3O^+ + 2\ e^- \rightarrow 2\ H\ X\ 2\ H_2O$$

Die erwartete Entwicklung von molekularem Wasserstoff H_2, die zu einem Spannungsabfall führen *(Polarisation)* würde, wird durch den Braunstein verhindert, der den atomaren Wasserstoff zu Wasser oxidiert *(Depolarisation)* unter gleichzeitiger Reduktion des Mangans:

$$MnO_2 + 2\ H \rightarrow MnO + H_2O$$

Das Leclanché-Element liefert eine Spannung von ca. 1,5 V. Die Redoxreaktion ist nicht umgekehrt, d. h. dass Trockenelemente nicht wieder verwendet werden können.

Zink/Quecksilber-Element (Quecksilberbatterie)

Für kleine Apparate wie Hörapparate, Uhren, Fotoapparate und Taschenrechner werden Primärelemente hergestellt, die wegen ihrer geringen Größe *Knopfzellen* genannt werden.

Die Zink/Quecksilber(II)-oxid-Knopfzelle besteht aus einem flachen Metallgehäuse von der Größe eines Knopfes, in dem Zinkpulver als Anode und Quecksilber als Kathode mit Kalilauge als Elektrolytlösung getränkt sind.

Es finden folgende Elektrodenreaktionen statt:

Anode:	$Zn + 2\ OH^- \rightarrow Zn^{2+} + O_2^- + H_2O + 2\ e^-$
Kathode:	$Hg^{2+} + O_2^- + H_2O + 2\ e^- \rightarrow Hg + 2\ OH^-$
Gesamtreaktion:	$Zn + Hg^{2+} \rightarrow Zn^{2+} + Hg$

Bleiakkumulator

Der Bleiakkumulator, der als Starterbatterie in Kraftfahrzeugen verwendet wird, besteht im geladenen Zustand aus einer Bleielektrode und einer Bleidioxidelektrode, die in eine 20–30%ige Schwefelsäure als Elektrolyt eintauchen. Das Zellenpotenzial beträgt 2 V, in einer Autobatterie mit 12 V sind 6 Zellen hintereinandergeschaltet. Beim Entladen wird Blei an der Anode (Bleielektrode) zu Pb^{2+}-Ionen oxidiert und an der Kathode (Bleidioxidelektrode) Bleidioxid zu Pb^{2+}-Ionen unter Verbrauch von Oxoniumionen H_3O^+ reduziert. Die Pb^{2+}-Ionen bilden mit den SO_4^{2-}-Ionen der Elektrolytlösung schwer lösliches Bleisulfat, das sich auf den Elektroden absetzt. Im entladenen Zustand sind daher beide Elektroden mit Bleisulfat bedeckt.

$$Pb + SO_4^{2-} \leftrightarrow PbSO_4 + 2\ e^-$$

$$PbO_2 + 4\ H_3O^+ + SO_4^{2-} + 2\ e^- \leftrightarrow PbSO_4 + 6\ H_2O$$

$$Pb + PbO_2 + 4\ H_3O^+ + 2\ SO_4^{2-} \underset{\text{Entladen}}{\overset{\text{Aufladen}}{\leftrightarrow}} 2\ PbSO_4 + 6\ H_2O$$

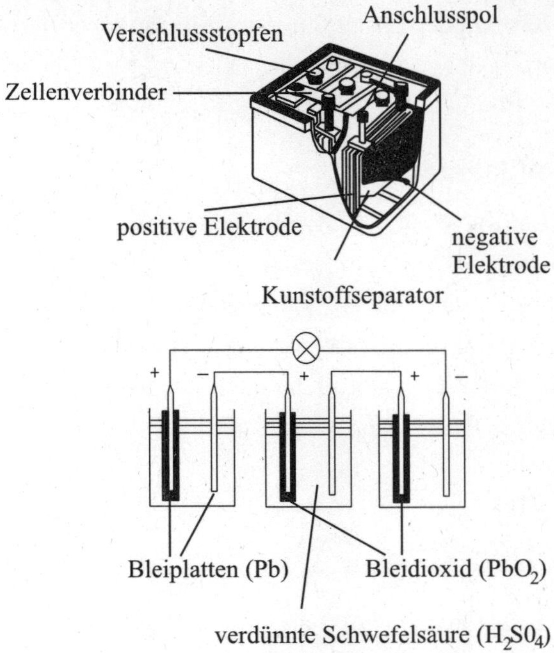

Aufbau eines Bleiakkumulators

Beim Entladen wird, wie aus der Gesamtgleichung hervorgeht, Schwefelsäure verbraucht und Wasser gebildet. Durch Dichtemessungen lässt sich daher der Ladezustand des Bleiakkumulators überprüfen. Beim Aufladen kann die gespeicherte chemische Energie in Form von elektrischer Energie wieder abgegeben werden. Die Bleielektrode bildet jetzt die Kathode und die

Bleidioxidelektrode die Anode. Es laufen dann die umgekehrten Vorgänge wie beim Entladen ab, sodass insgesamt das Bleisulfat wieder in Blei und Bleioxid verwandelt wird.

Nickel-Cadmium-Akkumulator

Die Nickel-Cadmium-Zelle kann wie der Bleiakkumulator wieder geladen werden. Sie hat eine größere Lebensdauer als der Bleiakkumulator, ist aber in der Herstellung teurer und liefert eine geringere Gleichspannung von 1,3 V. Als Kathodenmaterial dient Nickel(IV)oxid NiO_2 als Anodenmaterial Cadmium Cd und als Elektrolytlösung Kalilauge KOH. Beim Entladen und Aufladen finden folgende Reaktionen statt:

$$Cd + 2\,OH^- \leftrightarrow Cd(OH)_2 + 2\,e^-$$

$$NiO_2 + 2\,H_2O + 2\,e^- \leftrightarrow Ni(OH)_2 + 2\,OH^-$$

$$Cd + NiO_2 + 2\,H_2O \underset{\text{Entladen}}{\overset{\text{Aufladen}}{\leftrightarrow}} Cd(OH)_2 + Ni(OH)_2$$

Elektrolyse

Taucht man zwei Elektroden in eine Elektrolytlösung oder -schmelze und verbindet sie mit einer Gleichspannungsquelle gegenüber hoher Spannung, findet eine durch den elektrischen Strom bedingte Redoxreaktion statt, die *Elektrolyse* genannt wird. Sie stellt die Umkehrung der in einem galvanischen Element freiwillig ablaufenden Redoxreaktionen dar.

> Unter *Elektrolyse* versteht man die chemische Veränderung (Reduktion, Oxidation, Zersetzung) eines Elektrolyten unter Einfluss des elektrischen Stromes.

Voraussetzung für eine Elektrolyse ist, dass die angelegte Gleichspannung mindestens genauso groß ist wie diejenige, die das galvanische Element liefern würde. Diese für die Elektrolyse notwendige Mindestspannung wird *Zersetzungsspannung* genannt. Der negative Pol *(Kathode)* wirkt als Elektronenlieferant und verursacht die Reduktion von Kationen. Der positive Pol *(Anode)* wirkt als Elektronenakzeptor und führt zur Oxidation der Anionen. Elektrolysiert man z. B. eine wässrige Zinkchloridlösung $ZnCl_2$, wandern die negativ geladenen Cl-Ionen (Anionen) zum positiven Pol (Anode) und die positiv geladenen Zn^{2+}-Ionen (Kationen) zum negativen Pol (Kathode). An der Anode, die als Elektronenlieferant wirkt, werden die Zn^{2+}-Ionen zu elementarem Zink Zn reduziert, an der Kathode, die als Elektronenakzeptor wirkt, werden Cl^--Ionen zu elementarem, gasförmigem Chlor Cl_2 oxidiert:

Anodenvorgang (Oxidation):	$2\ Cl^- \rightarrow Cl_2 + 2\ e^-$
Kathodenvorgang (Reduktion):	$Zn^{2+} + 2\ e^- \rightarrow Zn$
Gesamtvorgang (Redoxreaktion):	$Zn^{2+} + 2\ Cl^- \rightarrow Zn + Cl_2$

Im Daniell-Element verläuft die Reaktion freiwillig von rechts nach links. Durch Elektrolyse wird der Reaktionsverlauf von links nach rechts erzwungen.

Schmelzflusselektrolyse

Die Schmelzflusselektrolyse wird zur Gewinnung unedler Metalle, wie z. B. der Alkalimetalle, Erdalkalimetalle, Aluminium und Titan, angewendet. Sie können nicht durch Elektrolyse ihrer wässrigen Lösungen gewonnen werden, weil sie in der Spannungsreihe oberhalb von Wasserstoff stehen, d. h. negative Normalpotenziale besitzen und eine große Affinität zum Sauerstoff zeigen, weshalb sie nur schwer oder überhaupt nicht aus den Oxiden zum Metall reduziert werden können. Deshalb elektrolysiert man ihre Salzschmelzen.

Von großer technischer Bedeutung ist die Schmelzflusselektrolyse von Aluminium Al_2O_3 zur Gewinnung von Aluminium. Als Ausgangsmaterial dient *Bauxit,* ein natürlich vorkommendes Gestein, das ein gemischtes Aluminiumoxid und -hydroxid darstellt. Es wird aufgeschlossen und von Verunreinigungen (hauptsächlich Fe_2O_3 und SiO_2) befreit. Das so gewonnene reine Aluminiumoxid *(Tonerde)* wird wegen seines hohen Schmelzpunktes von

2045 °C in geschmolzenem *Krylith* Na_3AlF_6 (Smp. 1000 °C) im Überschuss elektrolysiert, wodurch der Schmelzpunkt auf ca. 950 °C gesenkt wird. Es finden dann schematisch folgende Elektrodenvorgänge statt:

Lösung:	$2\,Al_2O_3 \rightarrow 4\,Al^{3+} + 6\,O_2^-$
Kathode:	$4\,Al^{3+} + 12\,e^- \rightarrow 4\,Al$
Anode:	$6\,O_2^- \rightarrow 3\,O_2 + 12\,e^-$
Gesamtreaktion:	$2\,Al_2O_3 \rightarrow 4\,Al + 3\,O_2$

Die Zersetzungsspannung beträgt etwa 5 V bei einer Stromstärke von bis zu 30 000 A. Das entstandene flüssige Aluminium hat eine größere Dichte von etwa 2,35 g/cm^3 als die Schmelze und sinkt auf den Boden der Eisenblechwanne, die mit einer Kohle-Teermischung als Kathode ausgekleidet ist. Es wird von Zeit zu Zeit abgesogen und z. B. zu Barren gegossen. Der an der Anode frei werdende Sauerstoff reagiert beider hohen Temperatur der Schmelze heftig mit den Kohleelektroden zu CO und CO_2, weshalb die Anoden verbraucht und ständig erneuert werden müssen. Problematisch bei der Aluminiumherstellung ist die hohe Umweltbelastung: Es werden giftige Fluorverbindungen emittiert, wie z. B. HF aus dem Kryolith, die durch eine aufwendige Abgasreinigung entfernt werden müssen.

Faraday'sche Gesetze

Die quantitativen Zusammenhänge bei der Elektrolyse, die zwischen abgeschiedener Stoffmasse m und der Elektrizitätsmenge Q, die durch den Elektrolyten geflossen ist, bestehen, wurden erstmals 1832 und 1833 durch zwei Gesetze, die nach ihrem Entdecker Faraday'sche Gesetze (Michael Faraday (1791–1867), englischer Physiker und Chemiker) genannt wurden, beschrieben.

1. Faraday'sches Gesetz: Die an den Elektroden abgeschiedenen Stoffmassen m elektrolytisch gebildeter Stoffe sind der durch die Elektrolytlösung geflossenen Elektrizitätsmenge direkt proportional: $Q \sim m$.

Wird z. B. doppelt so viel Strom durch eine Natriumchloridlösung geschickt, wird auch doppelt so viel Natrium an der Kathode und Chlor an der Anode gebildet. Um bei der Reaktion an der Kathode ein Na+-Ion zu neutralisieren, wird ein Elektron mit der Elementarladung von $1{,}6022 \cdot 10^{-19}$ C benötigt.

Um ein Mol Natriummetall abzuscheiden, wird demnach auch ein Mol Elektronen benötigt. In einem Mol eines Sauerstoffes sind 6,022 · 1023 Atome bzw. Moleküle (Avogadro-Konstante N_A) enthalten. Zum Neutralisieren ist dann folgende Ladungsmenge nötig:

$$F = N_A \cdot e = 6{,}022 \cdot 10^{23}\ \text{mol}^{-1} \cdot 1{,}6022 \cdot 10^{-19}\ \text{C} = 96\,485\ \text{C/mol}$$

Die Zahl F wird *Faraday-Konstante* (für einen einwertigen chemischen Stoff) genannt. Für jedes Valenzelektron eines Ions wird demnach eine Elementarladung e umgesetzt. Für die Abscheidung eines zwei-, drei- und höherwertigen Stoffes werden dann

$$F = z \cdot N_A \cdot e \qquad (z = \text{Ladungszahl})$$

Coulomb benötigt.

Beispiel:
Für die Abscheidung eines Mols des dreiwertigen Ions Al^{3+} müssen drei Elektronen mit einer jeweiligen Elementarladung von $1{,}6022 \cdot 10^{-19}$ C transportiert werden. Die erforderliche Ladungsmenge beträgt in diesem Fall $3 \cdot 96\,485$ C/mol.

> 2. Faraday'sches Gesetz: Werden 96 485 C durch eine Elektrolysezelle geleitet, wird an jeder Elektrode die Stoffmenge von einem Äquivalent umgesetzt.

Während an der Kathode 1 mol Elektronen zugeführt wird, wird an der Anode 1 mol abgezogen. Ein Mol Cl^--Ionen wird entladen, wobei ein halbes Mol Cl_2 gebildet wird. Es gilt: Dividiert man die Formelmasse eine Ions durch seine Ladungszahl, erhält man die Äquivalentmasse, d. h., die durch die Ladungsmenge 96 485 C abgeschiedene Masse des Stoffes:

$$\text{Äquivalentmasse} = M/Z$$

Im Fall von Sulfationen SO_4^{2-} beträgt sie 96 : 2 = 48 g/mol, im Fall von Aluminiumionen Al^{3+} 26,98 : 3 = 8,99 g/mol, im Fall von Chlor 35 : 1 = 35 g/mol.

Technische Anwendungen von Elektrolysen

Elektrolysen sind in der chemischen Industrie von großer technischer Bedeutung. Sie werden u. a. zur Herstellung von Metallen, Alkalihydroxiden, Wasserstoff und Halogenen angewendet.

Chloralkali-Elektrolyse

Eines der wichtigsten technischen Verfahren zur Herstellung von Natronlauge, Chlor und Wasserstoff ist die *Chloralkali-Elektrolyse*. Der Gesamtvorgang der Elektrolyse verläuft nach der Gleichung:

$$2\ H_2O + 2\ NaCl \rightarrow H_2 + 2\ NaOH + Cl_2$$

Die Elektrolytlösung enthält Na+, Cl–, H_3O^+ und OH^--Ionen.

Beim Amalgamverfahren *(Quecksilberverfahren)* werden Kathoden- und Anodenvorgänge in getrennten Zellen durchgeführt. Als Kathode dient Quecksilber, als Anode dienen Grafitplatten.

An der Quecksilberkathode (hohe Überspannung des Wasserstoffs) wird Natrium abgeschieden, das mit dem Quecksilber Natriumamalgam NaHgx bildet. An der Anode (Überspannung des Sauerstoffs) entsteht Chlor. Das in der ersten Zelle gebildete Natriumamalgam wird mit Wasser in einer zweiten Zelle, in der Quecksilber als Anode und Grafit als Kathode wirken, zu 20–50%iger Natronlauge und Wasserstoff zerlegt.

$$2\ NaHgx + 2\ H_2O \rightarrow 2\ x\ Hg + 2\ NaOH + H_2$$

Insgesamt findet dann folgende Reaktion statt:

Zelle 1:

	$2\ NaCl \rightarrow 2\ Na^+ + Cl^-$
Kathode:	$2\ Na^+ + 2\ e^- \rightarrow 2\ Na$
Anode:	$2\ Cl^- \rightarrow Cl_2 + 2\ e^-$
	$2\ NaCl \rightarrow 2\ Na + Cl_2$

Zelle 2:

	$4\ H_2O \rightarrow 2\ H_3O^+ + 2\ OH^-$
Kathode:	$2\ H_3O^+ + 2\ e^- \rightarrow H_2 + 2\ H_2O$
Anode:	$2\ Na \rightarrow 2\ Na^+ + 2\ e^-$
Gesamtreaktion:	$2\ Na + 2\ H_2O \rightarrow 2\ NaOH + H_2$

Ein Vorteil des Amalgamverfahrens ist, dass auf diese Weise eine chloridfreie, reine Natronlauge hergestellt wird. Das Quecksilber wird im Kreislauf geführt, allerdings ist es unvermeidlich, dass geringe Mengen im Abwasser der Elektrolyseanlage, den Produkten und der Abluft mitgeführt werden. Quecksilber ist giftig und muss deshalb auf kostspielige, aufwendige Weise aus ihnen entfernt werden.

Beim *Diaphragma-Verfahren* sind Kathoden und Anodenraum durch eine stromdurchlässige, poröse Scheidewand *(Diaphragma)* aus Asbest getrennt. Als Anode dient Titan oder Grafit, als Kathode Eisen. An der Titananode entsteht Chlor,

$$2\,Cl^- \rightarrow Cl_2 + 2\,e^-$$

an der Eisenkathode (geringe Überspannung des Wasserstoffs) Wasserstoff:

$$H_3O^+ + 2\,e^- \rightarrow H_2 + 2\,H2O$$

Die nicht entladenen Natrium- und Hydroxidionen verbleiben als Natriumhydroxid in der Lösung. Das Diaphragma verhindert die Mischung von Chlor und Wasserstoff zu hochexplosivem Knallgas und die Wanderung der Hydroxidionen zur Anode und damit eine Sauerstoffabscheidung.

In einer technischen Elektrolysezelle sind zahlreiche Anoden und Kathoden abwechselnd hintereinander angeordnet. Das Chlor sammelt sich im Anodenraum über der Sole. Wasserstoff und eine verdünnte chloridhaltige Natronlauge werden aus den Kathodenräumen getrennt abgezogen. Das in der Natronlauge enthaltene Natriumchlorid wird durch Eindampfen der Lösung weitgehend (Restanteil etwa 1 %) ausgefällt.

Elektrolytische Raffination (Reinigung)

Durch elektrolytische Raffination können Reinmetalle hergestellt werden. Elektrolysiert man z. B. Kupfer(II)-sulfatlösung mit Kupferelektroden, scheidet sich an der Kathode durch Reaktion von Cu^{2+}-Ionen Kupfer ab,

$$Cu^{2+} + 2\ e^- \rightarrow Cu$$

während sich die Anode unter Abgabe von Cu^{2+}-Ionen langsam auflöst. In der Technik benutzt man diese Elektrolyse zur Reinigung von Rohkupfer, das noch Verunreinigungen wie z. B. Eisen, Zink, Gold und Platin enthält.

Bei der Elektrolyse ist die Spannung so geregelt, dass alle unedleren Metalle als Kupfer (Eisen, Zink usw.) an der Anode oxidiert werden und mit ihm als Kationen (Fe^{2+}-, Zn^{2+}-Ionen) in Lösung gehen.

Die im Vergleich zu Kupfer edleren Metalle (Gold, Platin usw.) werden durch die anliegende Spannung nicht oxidiert und sinken als Anodenschlamm zu Boden. Der *Anodenschlamm* wird zur Gewinnung der Edelmetalle verwertet. An der Kathode wird ausschließlich Elektrolytkupfer mit einem Massenanteil von 99,99 % Kupfer abgeschieden, die anderen Ionen bleiben bei der anliegenden Spannung in Lösung.

Elektrochemische Korrosion

Unter elektrochemischer Korrosion versteht man die Zerstörung von Wasserstoffen durch chemische oder elektrochemische Reaktion mit Wirkstoffen der Umgebung. Die Erscheinungsformen der Korrosion sind sehr vielfältig. Man unterscheidet z. B. zwischen *Flächenkorrosion,* bei der die gesamte Oberfläche nahezu gleichmäßig angegriffen wird, *Lochkorrosion,* die nur an kleinen Stellen der Oberfläche auftritt und zu *Lochfraß* führt, und *Kontaktkorrosion,* bei der unterschiedliche Werkstoffe aneinandergrenzen und durch Feuchtigkeit das unedlere Metall durch Auflösen zerstört wird.

Das Rosten von Eisen ist im Prinzip eine elektrochemische Reaktion. Es rostet in Gegenwart von Wasserstoff und Sauerstoff. An einer Stelle findet Oxidation von Fe zu Fe^{2+}-Ionen statt, an einer anderen Stelle der Oberfläche wird Sauerstoff unter Bildung von OH^--Ionen reduziert:

Lokalanode: $Fe \rightarrow Fe^{2+} + 2\ e^-$
Lokalkathode: $O_2 + H_2O + 4\ e^- \rightarrow 4\ OH^-$

Im Ganzen ist das ein kleines galvanisches Element, dessen Elektroden über das Eisen kurzgeschlossen sind. Treffen sich durch Diffusion die Fe^{2+}-Ionen und die OH^--Ionen, bildet sich schwer lösliches Eisen(II)-hydroxid, das durch den Luftsauerstoff zu Eisen(III)-hydroxid („Rost") oxidiert wird. Die entstehende Rostschicht $Fe2O_3 \cdot H_2O$ befindet sich zwischen den kathodischen und anodischen Bereichen. Der eigentliche Rostfraß beginnt an den anodischen Bereichen, wo Fe^{2+}-Ionen in Lösung gehen. Der Korrosionsvorgang wird bei Anwesenheit von Salzlösungen beschleunigt, da diese die Leitfähigkeit des Wassers erhöhen und den Stromfluss im galvanischen Element fördern. Außerdem können sie katalytisch wirken.

Korrosionsschutz

Als Korrosionsschutzmaßnahmen dienen Schutzüberzüge wie Schmierfett, Lacke, Email oder andere Metalle, die den Zutritt von Luft und Feuchtigkeit an das Metall verhindern. Metallüberzüge werden z. B. durch *Schmelztauchen* in eine Zinkschmelze *(Feuerverzinken)* oder durch *Galvanisieren,* bei dem der Metallüberzug (z. B. Cr, Ni, Cu) durch Elektrolyse auf dem zu schützenden Werkstoff aufgebracht wird, Überzüge aus Zink schützen Eisen selbst dann, wenn die Zinkschicht beschädigt ist, da das unedlere Zink leichter korrodiert und sich eine schützende Oxidschicht ausbildet. Das Umgekehrte gilt für Überzüge aus edleren Metallen als Eisen. Sind z. B. Zinnüberzüge (Weißblech, Konservendosen) beschädigt, wirkt das Eisen als Anode und das Metall korrodiert schneller als ungeschütztes Eisen. Die galvanischen Minizellen nennt man Lokalelemente.

Zum Schutz von Eisenkonstruktionen (Tanks, Rohrleitungen), die in der Erde verlegt werden, wird der kathodische Korrosionsschutz mit „Opferanoden" angewendet. Dazu werden Platten aus unedleren Metallen wie Magnesium oder Zink neben dem Eisenobjekt vergraben und elektrisch leitend miteinander verbunden. In diesem galvanischen Element bildet das unedle Metall die Anode und das Eisen die Kathode. Als Elektrolyt dient die Bodenfeuchtigkeit.

Das unedle Metall wird an der Anode oxidiert und geht in Lösung, während das Eisen intakt bleibt. Die Opferanode verbraucht sich mit der Zeit und muss öfter ersetzt werden.

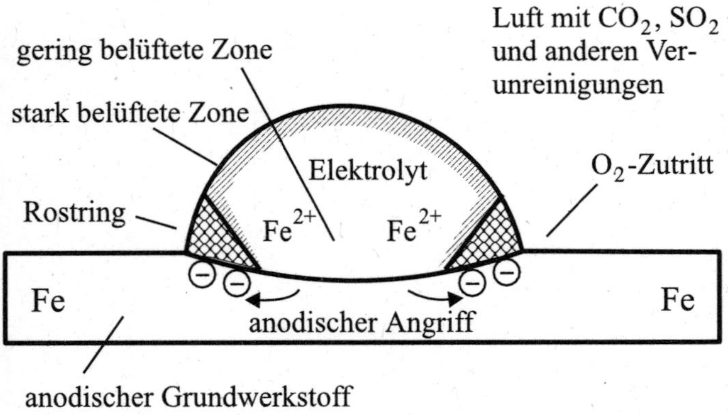

Korrosion („Rosten") von Eisen

Aluminium ist bereits im Gegensatz zum Eisen durch eine Oxidschicht *(Passivierung)* vor Korrosion geschützt. Diese Oxidschicht kann durch anodische Oxidation *(Eloxal-Verfahren,* elektrisch oxidiertes Aluminium) verstärkt werden.

Dazu taucht man das Aluminium als Anode in eine Schwefelsäurelösung, wobei sich an der Anode Sauerstoff und an der Kathode Wasserstoff bildet. Auf dem Werkstück bildet sich durch Reaktion des Sauerstoffs mit dem Metall eine wesentlich dickere, harte Schicht aus Aluminiumoxid Al_2O_3.

Organische Chemie

Die Einteilung der Chemie in „Organische Chemie“ und „Anorganische Chemie“ ist historisch geprägt. Die Bezeichnung „organisch“ wurde erstmals von Berzelius (um 1810) verwendet, weil alle bis dahin untersuchten Verbindungen aus lebenden Organismen stammten und im Labor nicht synthetisiert werden konnten. Berzelius hielt es für unmöglich, organische Verbindungen aus der belebten Natur künstlich herzustellen, weil zu ihrer Synthese, im Gegensatz zu den anorganischen Stoffen der unbelebten Natur, eine geheimnisvolle Lebenskraft benötigt würde. Diese Theorie wurde von dem Chemiker Friedrich Wöhler 1828 widerlegt, als es ihm gelang, eine organische Verbindung, den Harnstoff, $CO(NH_2)_2$, der im Urin vorkommt, aus Ammoniumcyanat NH_4OCN künstlich im Labor herzustellen.

Im Laufe der Zeit gelang es, weitere organische Naturstoffe synthetisch herzustellen, die alle Kohlenstoff enthalten und gewisse Übereinstimmungen in ihrer Zusammensetzung und ihren Eigenschaften aufweisen. Deshalb versteht man heute unter der organischen Chemie die Chemie der Kohlenstoffverbindungen, die sich nicht nur auf Verbindungen aus der belebten Natur beschränkt.

Nur Verbindungen wie Kohlenstoffoxide, Carbonate, Carbide und Cyanide werden zu den anorganischen Verbindungen gerechnet.

Besonderheiten organischer Verbindungen

1. Organische Verbindungen bauen sich nur aus vergleichsweise wenigen Elementen auf. Außer Kohlenstoff und Wasserstoff, die immer vorhanden sind, treten überwiegend nicht metallische Elemente wie Sauerstoff, Stickstoff, Halogene, Schwefel und Phosphor sowie in geringen Mengen Metalle auf. Aus diesen wenigen Elementen sind viele Millionen Verbindungen aufgebaut, während nur einige Hunderttausend anorganische Verbindungen bekannt sind. Die organische Chemie ist deshalb das umfangreichste Teilgebiet der Chemie.

2. Kohlenstoffatome können sich praktisch unbegrenzt mit sich selbst durch Atombindungen zu Ketten, Ringen, Netzen oder dreidimensionalen Gerüsten verbinden. Dabei sind neben den C-C-Einfachbindungen auch C=C-Doppel- und C≡C-Dreifachbindungen möglich.

3. Im Vergleich zu vielen anorganischen Verbindungen ist die Mehrzahl der organischen Verbindungen aufgrund ihrer unpolaren C-C- und C-H-Bindungen wenig wärmebeständig.

Kohlenwasserstoffe

Die einfachsten organischen Verbindungen bestehen nur aus den Elementen Kohlenstoff und Wasserstoff. Sie werden in kettenförmige, *aliphatische Kohlenwasserstoffe* oder *Aliphaten* und die ringförmigen *isocyclischen Kohlenwasserstoffe* unterteilt. Die Aliphaten werden weiter in gesättigte und ungesättigte Verbindungen unterteilt. Die gesättigten aliphatischen Kohlenwasserstoffe bezeichnet man als *Alkane* oder früher als Paraffine. Bei den ungesättigten Aliphaten existieren zwei Gruppen von Verbindungen, die *Alkene* (oder Olefine) und die *Alkine* (früher Acetylene).

Die ringförmigen ungesättigten Verbindungen werden als *Aromaten* oder *aromatische Kohlenwasserstoffe* bezeichnet.

Gesättigte Kohlenwasserstoffe

Alkane

Die einfachste organische Kohlenwasserstoffverbindung ist das *Methan* CH_4. Methan ist ein geruch- und farbloses Gas (Smp. –182 °C, Sdp. –161 °C). Es ist Hauptbestandteil der Erdgase. Es entsteht bei Fäulnisprozessen am Grund von Teichen und in Sümpfen (Sumpfgas), bei der biologischen Abwasserreinigung sowie bei der Cellulosegärung im Magen von Wiederkäuern. In Steinkohlegruben kann es als Grubengas die „schlagenden Wetter“ (Methan-Luft-Explosion) verursachen. Methan ist auch in bedeutenden Mengen in den

Gasen enthalten, die bei der Verkokung von Steinkohle entstehen. Technisch werden die zum größten Teil (meist über 80 %) aus Methan bestehenden Erdgase als Brennstoff (Heizgas) eingesetzt.

Methan ist ein außerordentlich wichtiger Rohstoff zur Gewinnung vieler Ausgangsstoffe für chemische Synthesen (Halogenalkane, Aldhyde, Carbonsäuren). Im Methanmolekül ist das Kohlenstoffatom über vier Atombindungen mit vier Wasserstoffatomen verbunden, die das Kohlenstoffatom tetraedrisch umgeben. Die Bindungswinkel betragen 109,5°. Zur räumlichen Darstellung des Moleküls kann das Kalotten- oder Kugel-Stab-Modell verwendet werden.

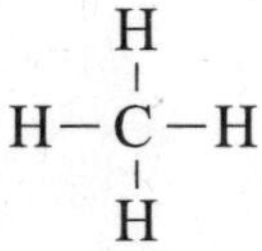

Strukturformel des Methans

Die homologe Reihe der Alkane

Ausgehend vom Methanmolekül lassen sich die anderen Glieder der homologen Reihe der Alkane ableiten. Ersetzt man eines der Wasserstoffatome im Methan durch eine Methylgruppe ($-CH_3$), erhält man das aus zwei Kohlenstoffatomen und sechs Wasserstoffatomen aufgebaute Ethan mit der Summenformel C_2H_6. In der Reihe fortschreitend erhält man die nächsthöheren

Glieder Propan (C_3H_8), Butan (C_4H_{10}), Pentan (C_5H_{12}) usw. In ihren Molekülen sind die Kohlenstoffatome kettenförmig durch Einfachbindungen miteinander verknüpft. Da die nicht zur Kettenbildung benötigten Elektronen des Kohlenstoffs alle Wasserstoffatome binden, nennt man sie auch *gesättigte Kohlenwasserstoffe*.

Zwei aufeinander folgende Glieder der Alkane unterscheiden sich nur durch eine CH_2-Gruppe. Eine derartige Reihe von Verbindungen nennt man *homologe Reihe*. Die allgemeine Summenformel, aus der sich alle Glieder der Alkane ableiten lassen, lautet: C_nH_{2n+2}

Alkane sind gesättigte, kettenförmige Kohlenwasserstoffe der allgemeinen Summenformel C_nH_{2n+2}

Die ersten vier Glieder Methan, Ethan, Propan und Butan führen diese Trivialnamen. Ab dem 5. Glied erfolgt die Benennung, indem an die griechischen Zahlwörter die Endung *-an* angehängt wird: Pentan (n = 5), Hexan (n = 6), Heptan (n = 7), Octan (n = 8), Nonan (n = 9), Decan (n = 10), Undecan (n = 11) usw. Die Gruppen mit einer freien Bindung, die durch Abspaltung eines Wasserstoffatoms aus den Alkanen entstehen, nennt man *Alkylgruppen* oder *Alkylreste*. Ihre Benennung erfolgt, indem an den Alkannamensstamm die Endung *-yl* anhängt wird, z. B.:

CH_3- = Methylrest, C_2H_5- = Ethylrest usw.

Name	Strukturformel	Halbstrukturformel
Methan	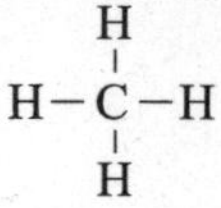	CH_4
Ethan	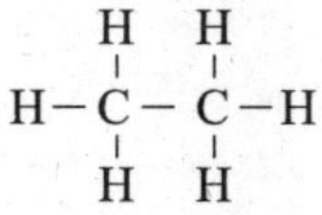	CH_3-CH_3
Propan	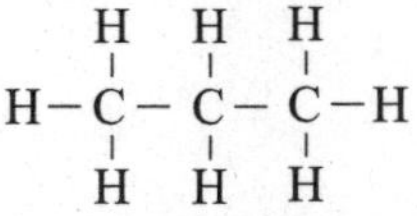	$CH_3-CH_2-CH_3$
Butan	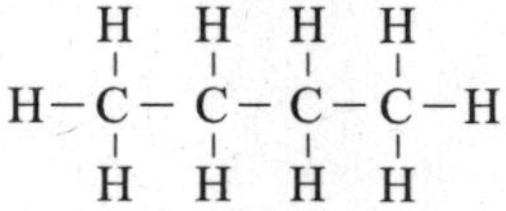	$CH_3-(CH_2)_2-CH_3$
Pentan	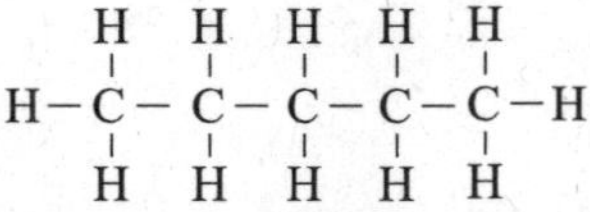	$CH_3-(CH_2)_3-CH_3$
Hexan	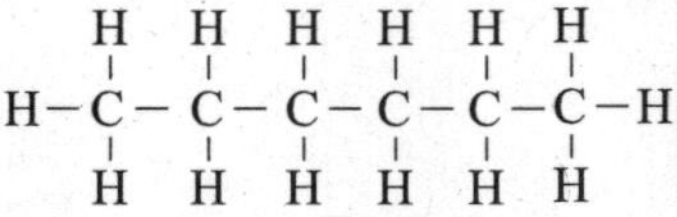	$CH_3-(CH_2)_4-CH_3$

Die homologe Reihe der ersten sechs Glieder der kettenförmigen, unverzweigten Alkane

Um die C-C-Einfachbindungen der Alkane herrscht freie Drehbarkeit. Die Kohlenstoffketten sind wegen des Bindungswinkels im Tetraeder von 109,5° nicht geradkettig gebaut, sondern bestehen aus gewinkelten C-C-Ketten.

Isomerie der Alkane

Ab dem Butan sind auch Verzweigungen der Alkanketten möglich. Beim Butan existieren daher zwei mögliche Strukturen. Das bereits bekannte Molekül besitzt eine unverzweigte Kette von vier Kohlenstoffatomen. Um zum Ausdruck zu bringen, dass es sich hier um das normale Butan handelt, wird es als *n-Butan* bezeichnet. Die andere mögliche Struktur besteht aus einer Kette von drei Kohlenstoffatomen, wobei das mittlere zusätzlich mit dem vierten Kohlenstoffatom verknüpft ist. Diese Verbindung heißt *iso-Butan*. Es existieren also zwei verschiedene Moleküle des Butan, die verschiedene Strukturformeln, aber die gleiche Summenformel besitzen. Man nennt sie *Isomere*. Eine Isomerie, bei der eine unterschiedliche Anordnung von Molekülteilen vorliegt, wie z. B. durch Verzweigungen, nennt man *Strukturisomerie*. Die verzweigten Verbindungen werden allgemein mit der Vorsilbe iso- gekennzeichnet.

> *Isomere* sind Verbindungen mit gleicher Summenformel, aber unterschiedlicher Molekülstruktur.

Die Isomerenzahl wächst mit steigender Anzahl an Kohlenstoffatomen stark an. Vom Hexan existieren fünf, vom Decan schon 75 Isomere. Vom Eicosan $C_{2}0H_{42}$ sind 366 319 Isomere bekannt.

Zahl der Isomeren von Butan bis Decan

Summenformel	Anzahl der Isomeren	Summenformel	Anzahl der Isomeren
C_4H_{10}	2	C_7H_{16}	9
C_5H_{12}	3	C_8H_{18}	18
C_6H_{14}	5	C_9H_{20}	35

Name	Halbstrukturformel	Schmelzpunkt	Siedepunkt
n-Butan	$CH_3-CH_2-CH_2-CH_3$	–138 °C	–0,5 °C
2-Methylpropan	$CH_3-CH-CH_3$ | CH_3	–159 °C	–12 °C
n-Pentan	$CH_3-CH_2-CH_2-CH_2-CH_3$	–130 °C	36 °C
2-Methylbutan	$CH_3-CH-CH_2-CH_3$ | CH_3	–160 °C	29 °C
2, 2-Dimethylpropan	CH_3 | $CH_3-CH-CH_3$ | CH_3	–17 °C	9,5 °C

Schmelz- und Siedepunkte einiger isomerer Alkane

Die Isomere eines Alkans sind sich in ihrer chemischen Eigenschaft sehr ähnlich. Nur Schmelz- und Siedepunkte zeigen stärkere Abweichungen, weil sie vom Bau des Moleküls abhängen.

Nomenklatur der Alkane

Um die verzweigten Kohlenwasserstoffe – wie in der Tabelle auf S. 287 – eindeutig zu benennen, wendet man folgende Nomenklaturregeln an:

1. Die längste im Molekül vorhandene Kohlenstoffkette gibt dem Alkan seinen Stammnamen.

2. Die Namen der Seitenketten (Alkylreste) werden alphabetisch geordnet dem Stammnamen vorangestellt.

3. Die Hauptkette wird so durchnummeriert, dass die Seitenketten möglichst kleine Zahlen bekommen. Die Verzweigungsstellen werden den einzelnen Alkylresten als Zahl vorangestellt.

4. Sind gleiche Alkylreste mehrfach vorhanden, werden ihnen die der Verzweigungsstelle entsprechenden Zahlen vorangestellt und ihre Anzahl durch griechische Zahlwörter (di-, tri-, tetra- usw.) als Vorsilbe angegeben.

Beispiele:

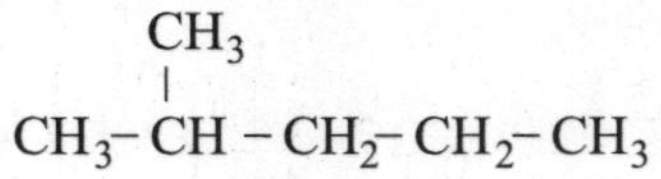

2-Methylpentan

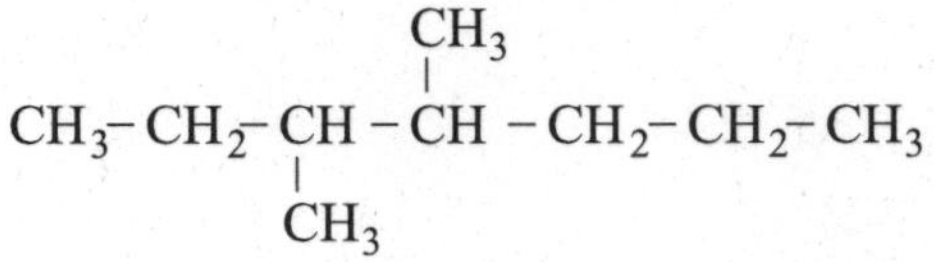

3,4-Dimethylheptan

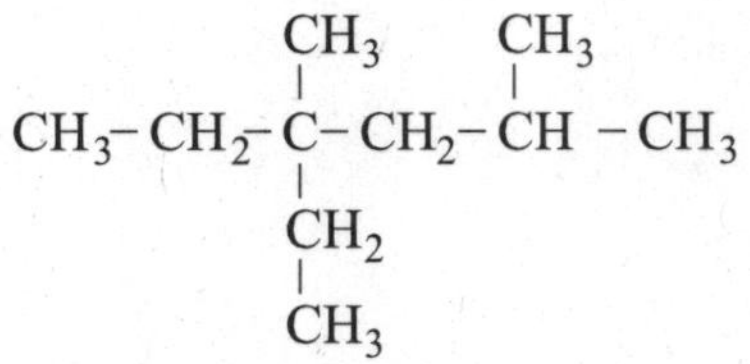

2,4-Dimethyl-4-ethyl-hexan

Eigenschaften und Verwendung der Alkane

Die Schmelz- und Siedetemperaturen der Alkane steigen aufgrund zunehmender zwischenmolekularer Kräfte mit zunehmender Molekülmasse an. Die Alkane mit ein bis vier Kohlenstoffatomen sind bei Raumtemperatur gasförmig. Man zählt sie zu den niederen Alkanen. Propan und Butan lassen sich bei relativ niedrigen Drucken verflüssigen. Sie kommen als Flüssiggase in den Handel und werden zu Heizzwecken verwendet.

Schmelz- und Siedepunkte der unverzweigten n-Alkane

Formel	Name	Schmelzpunkt	Siedepunkt
CH_4	Methan	–182 °C	–161 °C
C_2H_6	Ethan	–183 °C	–88 °C
C_3H_8	Propan	–190 °C	–42 °C
C_4H_{10}	Butan	–135 °C	–0,5 °C
C_5H_{12}	Pentan	–130 °C	36 °C
C_6H_{14}	Hexan	–95 °C	69 °C
C_7H_{16}	Heptan	–90,7 °C	98 °C
C_8H_{18}	Octan	–57 °C	126 °C
C_9H_{20}	Nonan	–51 °C	151 °C
$C_{10}H_{22}$	Decan	–30 °C	174 °C
$C_{11}H_{24}$	Undecan	–26 °C	196 °C
$C_{12}H_{26}$	Dodecan	–12 °C	215 °C
$C_{13}H_{28}$	Tridecan	–5 °C	235 °C
$C_{17}H_{36}$	Heptadecan	22 °C	302 °C
$C_{18}H_{38}$	Octadecan	28 °C	317 °C

Die Alkane mit fünf bis sechzehn Kohlenstoffatomen sind flüssig. Gemische von C_5 bis C_{10} sind dünnflüssig. Sie bilden das Benzin. Alkangemische von C_{11} bis C_{16} sind ölig bis zähflüssig. Sie bilden das Dieselöl, leichtes Heizöl und schweres Heizöl. Alkane ab C_{16} sind fest. Gemische dieser höheren Alkane werden als Paraffine bezeichnet und werden u. a. zur Herstellung von Kerzen verwendet. Die Alkanmoleküle sind aufgrund der geringen Polarität der C-H-Bindungen und ihres symmetrischen Baus völlig unpolar. Unpolare Verbindungen lösen sich nicht oder nur wenig in polaren Lösungsmitteln. So lassen sich Alkane nicht mit Wasser mischen. Allgemein werden Stoffe, die sich nicht mit Wasser mischen, als *hydrophob* (wasserabweisend) oder *lipophil* (fettliebend) bezeichnet; polare Moleküle sind im Gegensatz dazu *hydrophil* (wasserliebend) bzw. *lipophob* (fettabweisend).

Reaktionen der Alkane

Alkane sind aufgrund ihres gesättigten Charakters reaktionsträge. Sie reagieren bei Zimmertempertaur weder mit konzentrierten Säuren und Laugen noch mit Sauerstoff. Einzig mit Fluor und Supersäuren reagieren sie spontan; unter dem Einfluss von starken Oxidationsmitteln, wie z. B. Kaliumpermanganat, reagieren sie langsam.

Bei höheren Temperaturen oder unter Lichteinfluss sind Reaktionen mit Halogenen oder anderen Reagentien möglich. An der Luft verbrennen sie beim Überschreiten der Zündtemperatur zu Kohlendioxid und Wasser, z. B.

$$CH_4 + 2\,O_2 \rightarrow CO_2 + 2\,H_2O$$

Die Reaktion verläuft stark exotherm. Wegen der hohen Verbrennungswärme werden Alkane als Energiequellen (Erdgas, Benzin, Heiz- und Dieselöl) verwendet.

Halogenierung von Alkanen

Bringt man Gemische von Alkanen mit Halogenen unter Lichteinwirkung zur Reaktion, entstehen *Halogenalkane* und Halogenwasserstoffe. Die Bildung der Halogenalkane zeigt, dass Wasserstoffatome der Alkanmoleküle durch Halogenatome ersetzt wurden. Reaktionen, bei denen ein Atom oder eine Atomgruppe in einem Molekül durch andere Atome oder Atomgruppe ersetzt bzw. substituiert wird, nennt man *Substitutionsreaktionen*.

Die Reaktion verläuft als Kettenreaktion. Sie kann in Startreaktion, Reaktionskette und Abbruchreaktion untergliedert werden. Als Beispiel soll die Reaktion von Chlor mit Methan untersucht werden.

1. Startreaktion
Durch die Einstrahlung von Licht ($h \cdot \nu$) werden die Chlormoleküle in energiereiche *Chlorradikale,* die ein freies, ungepaartes Elektron besitzen, gespalten.

$$|\overline{\underline{Cl}}-\overline{\underline{Cl}}| \xrightarrow{h \cdot \nu} |\overline{\underline{Cl}}\cdot + \cdot\overline{\underline{Cl}}|$$

2. Reaktionskette
Die Chlorradikale sind sehr reaktionsfreudig. Sie bilden mit Methan *Methylradikale* und Chlorwasserstoff. Die Methylradikale können sich ihrerseits mit Chlor zu *Monochlormethan* (Methylchlorid) und einem Chlorradikal umsetzen.

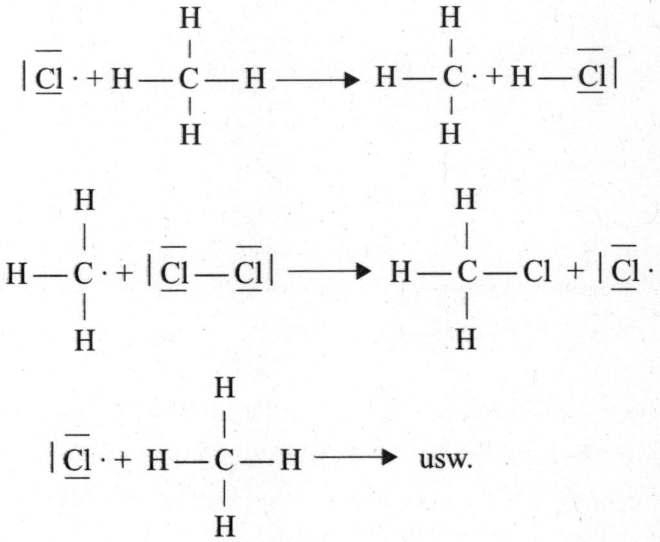

3. Abbruchreaktion
Neben der Bildung von Chlorwasserstoff und Monochlormethan in der Reaktionskette können auch Abbruchreaktionen stattfinden, bei denen die für die Reaktionskette notwendigen Radikale miteinander Moleküle bilden.

Da an der Reaktion Radikale als reaktive Zwischenprodukte teilnehmen, wird diese Substitution als *radikalische Substitution* bezeichnet.

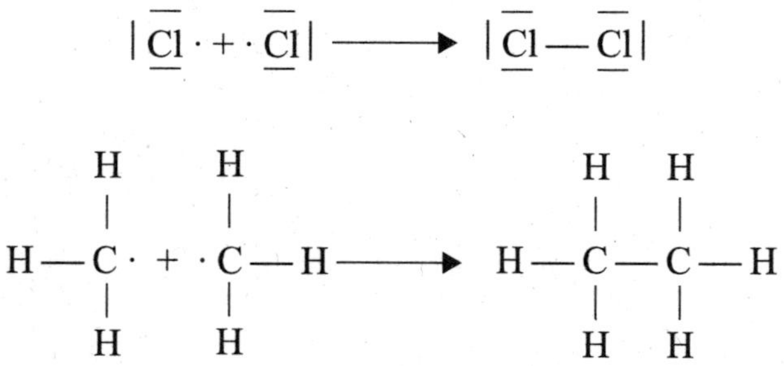

Je nach Reaktionsbedingungen können neben dem Monosubstitutionsprodukt auch mehrfach substituierte Produkte entstehen.

Bei der Substitution zweier Wasserstoffatome im Methan entsteht *Dichlormethan* (Methylenchlorid), bei der Substitution dreier Wasserstoffatome *Trichlormethan* (Chloroform) und bei der Substitution aller Wasserstoffatome *Tetrachlormethan* (Tetrachlorkohlenwasserstoff).

Name	Strukturformel	Summenformel
Monochlormethan	$\begin{array}{c} H \\ \vert \\ H-C-Cl \\ \vert \\ H \end{array}$	CH_3Cl
Dichlormethan	$\begin{array}{c} H \\ \vert \\ H-C-Cl \\ \vert \\ Cl \end{array}$	CH_2Cl_2
Trichlormethan	$\begin{array}{c} H \\ \vert \\ Cl-C-Cl \\ \vert \\ Cl \end{array}$	$CHCl_3$
Tetrachlormethan	$\begin{array}{c} Cl \\ \vert \\ Cl-C-Cl \\ \vert \\ Cl \end{array}$	CCl_4

Mögliche Substitutionsprodukte bei der Reaktion von Chlor mit Methan

Halogenierungsreaktionen verlaufen unspezifisch, d. h. es entsteht ein Gemisch von verschiedenen Halogenalkanen, die nur schwer zu trennen sind.

Allgemein können Halogenierungsreaktionen mit Fluor, Chlor oder Brom stattfinden, wobei die Reaktionsfähigkeit gegenüber den Alkanen vom Fluor zum Brom hin abnimmt. Iod reagiert überhaupt nicht. Halogenalkane können mit der *Beilsteinprobe* nachgewiesen werden. Dazu taucht man einen Kupferblechstreifen in die zu prüfende Substanz und hält ihn in die nicht leuchtende Brennerflamme. Bei Abwesenheit von Halogenalkane färbt sich die Brennerflamme grünblau.

Eigenschaften der Halogenalkane

Flüssige Halogenalkane sind weniger polar und deshalb wasserunlöslich. Sie sind unbegrenzt ineinander und in Alkanen löslich und werden als Lösungsmittel für Fette und Öle verwendet. Die Siedetemperaturen sind höher als die der Alkane.

Die Dichten nehmen mit zunehmendem Substitutionsgrad zu, die Brennbarkeit ab. Viele Halogenalkane sind giftig und wirken betäubend. Einige stehen im Verdacht krebserregend (cancerogen) zu wirken, andere sind Umweltgifte.

Verwendung

Von besonderer Bedeutung sind die vom Methan und Ethan abgeleiteten halogenierten Kohlenwasserstoffe. Chloralkane werden häufig als Lösungsmittel verwendet. Tetrachlorkohlenstoff wurde z. B. für die chemische Reinigung von Textilien eingesetzt. Chloroform wurde früher als Narkosemittel verwendet, kann jedoch zu Herzschädigungen führen und wurde deshalb durch Halothan ($CF_3CHBrCl$) ersetzt.

Vom Methan abgeleitete Halogenalkane, die Fluor- und Chloratome enthalten, wie Fluortrichlormethan ($CFCl_3$) und Dichlordifluormethan (CF_2Cl_2), werden als Kühlmittel in Kühlschränken und als Treibgase in Spraydosen verwendet (Bezeichnung je nach Hersteller als Frigen, Freon, Forane).

Sie stehen im Verdacht, den Ozongehalt in der vor UV-Einstrahlung schützenden Ozonschicht herabzusetzen. In manchen Ländern sind sie deshalb verboten.

Cycloalkane

Cycloalkane sind ringförmig geschlossene Alkane. Sie gleichen in ihren physikalischen und chemischen Eigenschaften den kettenförmigen Alkanen. Sie bilden ebenfalls eine homologe Reihe mit der Summenformel C_nH_{2n}.

Die Benennung erfolgt wie bei den Alkanen, dem Stammnamen wird nur die Vorsilbe Cyclo- vorangestellt. Das einfachste Glied ist das Cyclopropan, es folgt Cyclobutan, Cyclopentan usw.

Die Ringe des Cyclopropans und Cyclobutans sind gespannt und deshalb wenig stabil.

Auch die Ringe der Cycloalkane sind aufgrund des Tetraederwinkels von 109,5° nicht eben, sondern gewinkelt gebaut.

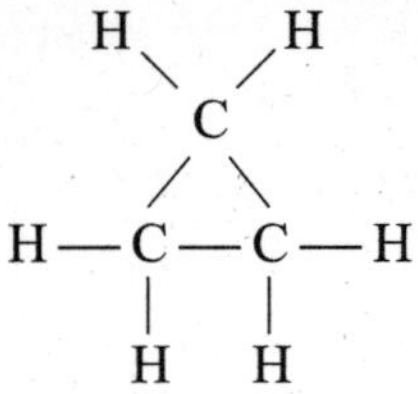

Cyclopropan

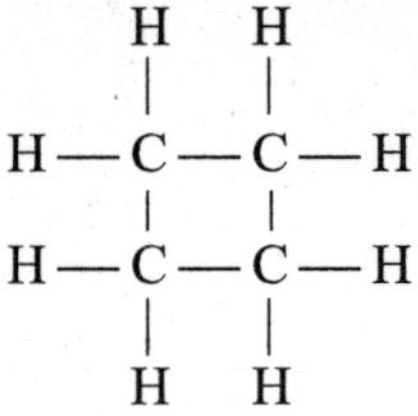

Cyclobutan

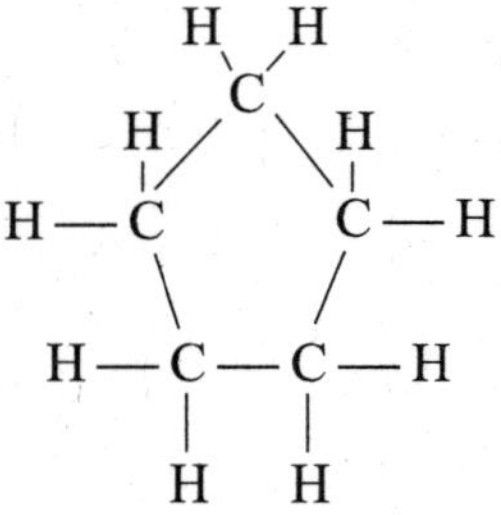

Cyclopentan

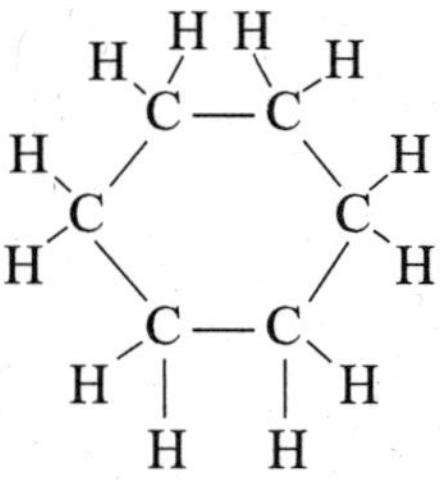

Cyclohexan

Die ersten vier Glieder der homologen Reihe der Cycloalkane

Ungesättigte Kohlenwasserstoffe

Alkene

Der einfachste Vertreter der Alkene ist das Ethen (früher: Ethylen oder Äthylen), ein schwach süßlich riechender, farbloser, bei Raumtemperatur gasförmiger Kohlenwasserstoff. Die Massenbestimmung des Ethenmoleküls ergibt eine Molekülmasse von 28 u. Daraus lässt sich die Summenformel C_2H_4 ableiten ($2\ C = 2 \cdot 12\ u$, $4\ H = 4 \cdot 1\ u$). Demnach besitzt das Ethenmolekül zwei Wasserstoffatome weniger als das gesättigte Ethanmolekül.

Die beiden freien Elektronen der Kohlenstoffatome stehen dann für eine weitere Bindung zwischen den Kohlenstoffatomen zur Verfügung. Die Kohlenstoffatome sind durch eine Doppelbindung miteinander verknüpft. Das Molekül ist eben gebaut mit Bindungswinkeln von 120°.

Durch die Ausbildung der *Doppelbindung* herrscht keine freie Drehbarkeit mehr um die C-C-Bindung, wie das bei den Einfachbindungen der Alkane der Fall ist.

Die homologe Reihe der Alkene

Das Ethen ist das einfachste Alken. Ersetzt man formal ein H-Atom des Ethenmoleküls durch eine CH_3-Gruppe, erhält man das Propen C_3H_6, durch weiteren Ersatz eines H-Atoms durch eine Methylgruppe das Buten C_4H_8, dann Penten C_5H_{10}, Hexen C_6H_{12} usw. Sie besitzen alle eine Doppelbindung und bilden eine homologe Reihe mit der Summenformel C_nH_{2n}.

Die Benennung erfolgt wie bei den Alkanen, wobei man dem Stammnamen die Endung *-en* anhängt (früher: *-ylen*). Durch Entzug eines H-Atoms entstehen die entsprechenden Alkenylgruppen.

Name	Summenformel	Strukturformel
Ethen	C_2H_4	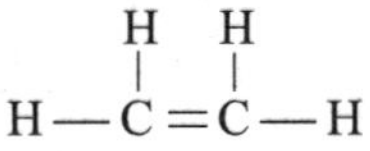
Propen	C_3H_6	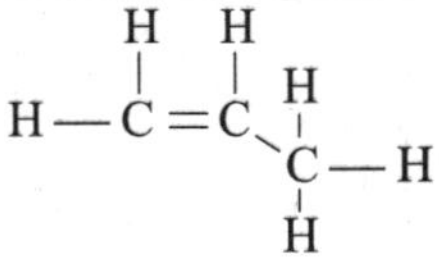
1-Buten	C_4H_8	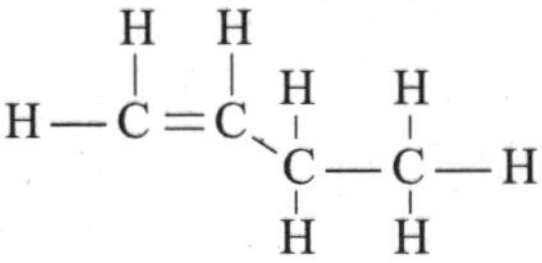
1-Penten	C_5H_{10}	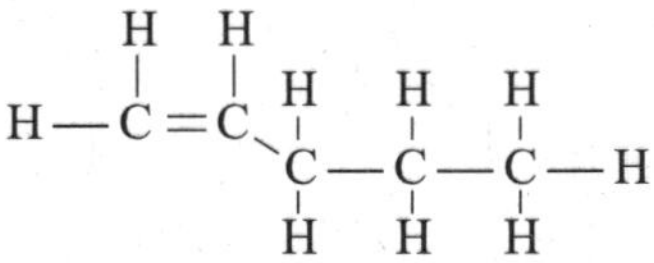
1-Hexen	C_6H_{12}	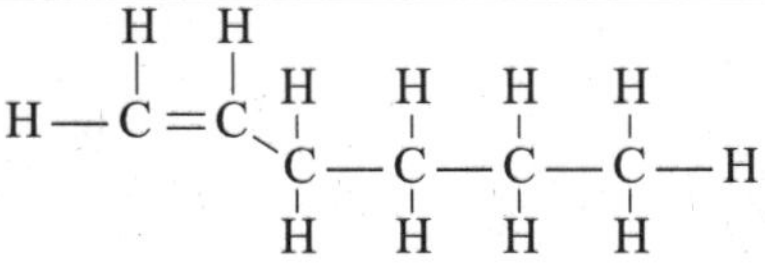

Die ersten fünf Glieder der homologen Reihe der Alkene

Isomerie der Alkene

Ab dem Buten können Isomere nicht nur durch Kettenverzweigungen auftreten wie bei den Alkanen, sondern auch durch unterschiedliche Lagen der Doppelbindung.

Neben der Strukturisomerie kann durch die fehlende freie Drehbarkeit um die C=C-Doppelbindung eine weitere, räumliche Isomerie (Stereoisomerie) auftreten, die *cis-trans-Isomerie*. Die Isomere entstehen durch unterschiedliche Stellung der Molekülteile an der C=C-Doppelbindung.

Liegen die Molekülteile auf der gleichen Seite der C=C-Doppelbindung, spricht man von der *cis-Stellung,* liegen sie auf gegenüberliegenden Seiten, liegt das *trans-Isomere* vor. Wären die beiden C-Atome, die durch die Doppelbindung miteinander verbunden sind, nicht in ihrer Stellung fixiert, könnten die beiden Isomere durch Drehung um diese Achse ineinander überführt werden. Durch die cis-trans-Isomerie wird die Zahl der Isomere des Butens auf vier erhöht.

Die Lage der Doppelbindung in einem Molekül wird angegeben, indem man die längste Kohlenstoffkette so durchnummeriert, dass die Doppelbindung eine möglichst kleine Zahl erhält. Diese Zahl wird dem Stammnamen vorangestellt. Cis-trans-Isomere werden durch die Vorsilbe *cis-* bzw. *trans-* gekennzeichnet. Diese Isomere eines Alkens haben unterschiedliche physikalische Eigenschaften.

Name	Strukturformel	Schmelzpunkt	Siedepunkt
1-Buten	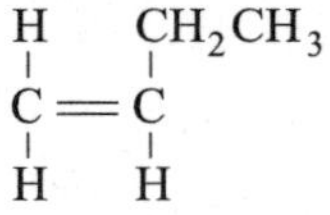	–185 °C	–6,5 °C
2-Methylpropen	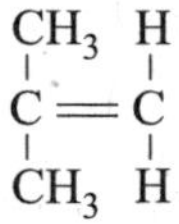	–140 °C	–7 °C
cis-2-Buten	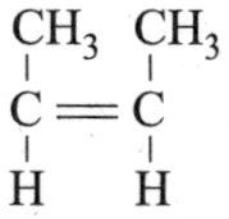	–139 °C	4 °C
trans-2-Buten	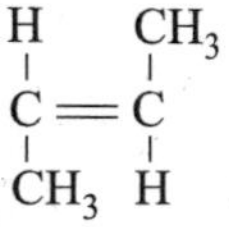	–106 °C	1 °C

Isomere Butane

Herstellung

Alkene werden großtechnisch bei der Erdölverarbeitung aus Rohbenzin durch thermische Crackverfahren gewonnen. Dabei entstehen Produktgemische, deren Zusammensetzung beeinflusst werden kann. Das Produktgemisch wird durch Destillation und Extraktion getrennt.

Neben Ethen und Propen entstehen u. a. Wasserstoff, Methan, Ethan, Butan, Buten, Butadien, Benzol, Toluol, Pentan, Penten und Pentadien.

Physikalische Eigenschaften der Alkene

In Bezug auf ihre physikalischen Eigenschaften, wie Schmelzpunkt, Siedepunkt, Löslichkeit und Dichte, sind die Alkene den Alkanen sehr ähnlich. Die ersten drei Alkene – Ethen, Propen und Buten – sind bei Raumtemperatur und Normaldruck farblose, fast geruchlose Gase. Die Alkene C_5H_{10} bis $C_{15}H_{30}$ sind flüssig, ab $C_{16}H_{32}$ sind sie fest.

Schmelz- und Siedepunkte der unverzweigten, normalen Alkene

Formel	Name	Schmelzpunkt	Siedepunkt
C_2H_4	Ethen	–170 °C	–104 °C
C_3H_6	Propen	–185 °C	–48 °C
C_4H_8	Buten	–185 °C	–6,5 °C
C_5H_{10}	Penten	–166 °C	30 °C
C_6H_{12}	Hexen	–140 °C	63 °C

Chemische Reaktionen der Alkene

Die chemischen Eigenschaften der Alkene werden durch den ungesättigten Charakter der Doppelbindung bestimmt. Deshalb unterscheiden sich die Alkene stark von den Alkanen. Die Bindungslänge, d. h. der Abstand zwischen den beiden Kohlenstoffatomen, ist aufgrund der größeren Anziehungskraft, die die zwei Elektronenpaare auf die Kohlenstoffkerne ausüben, kürzer. Auch ist die Bindungsenergie (594 kJ/mol im Ethen) der C=C-Doppelbindung wesentlich höher als die der C-C-Einfachbindung (348 kJ/mol im Ethan). Aus diesem Grund sind die Alkene sehr viel reaktionsfreudiger und können an die Doppelbindung andere Moleküle anlagern (Additionsreaktionen), wobei aus einem ungesättigten Molekül ein gesättigtes entsteht.

Additionsreaktionen

Versetzt man z. B. Ethen bei Raumtemperatur mit Brom oder Bromwasser (braun), tritt rasche Entfärbung ein. Brom und Ethen reagieren zu dem farblosen, flüssigen 1,2-Dibromethan. Die Reaktionsgleichung lautet:

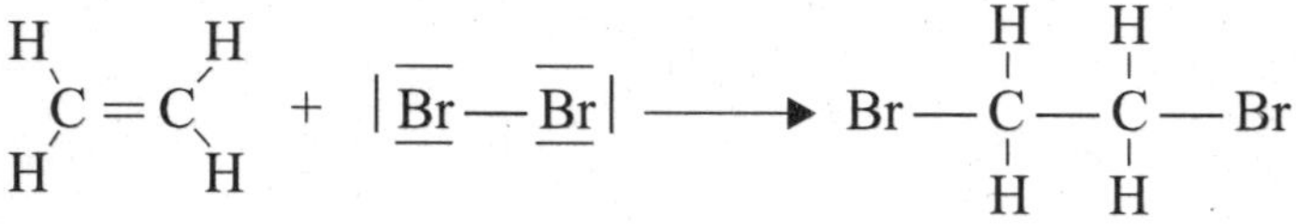

Ethen + Brom → 1,2-Dibromethan

Weil hier kein Austausch, sondern eine Anlagerung von Atomen oder Atomgruppen stattfindet, nennt man die Reaktion *Additionsreaktion*. Aus ungesättigten Molekülen werden durch Addition von Atomen oder Atomgruppen gesättigte Moleküle. Fast alle Reaktionen der Alkene sind Additionsreaktionen. Außer den Halogenen können auch andere Moleküle wie z. B. Halogenwasser, Wasserstoff (Hydrierung), Wasser und Ammoniak addiert werden. Ungesättigte Kohlenwasserstoffe (Alkene, Alkine) können durch Einleiten in Bromwasser, wobei schnelle Entfärbung eintritt, oder durch Einleiten in eine alkalische Permanganatlösung (Baeyer-Probe) nachgewiesen werden.

Bei Anwesenheit von ungesättigten Kohlenwasserstoffen entsteht dabei ein schwarzbrauner Niederschlag von Braunstein MnO_2.

Polymerisationsreaktionen

Eine wichtige Additionsreaktion der Alkene ist die Polymerisation, die in der technischen Großindustrie zum Aufbau hochmolekularer Stoffe, den Kunststoffen, dient.

Bei der Polymerisation bilden sich unter dem Einfluss von Katalysatoren aus den Einzelmolekülen (Monomeren) Makromoleküle (Polymere). Die Verknüpfung der Monomeren kommt durch das Aufbrechen der C=C-Doppelbindung und Ausbildung einer Einfachbindung zum benachbarten Molekül zustande.

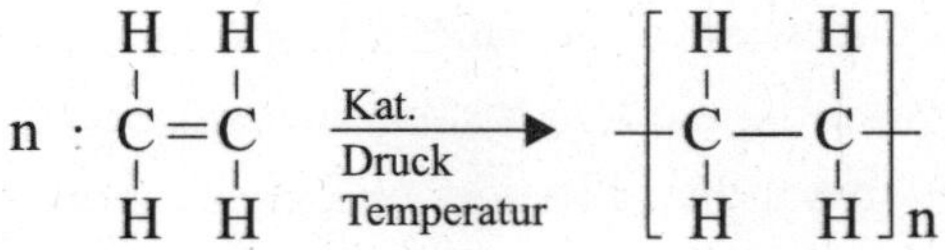

Polymerisation von Ethen zu Polyethylen

Polyene – Verbindungen mit mehreren Doppelbindungen

Es gibt Kohlenwasserstoffe, die mehr als eine Doppelbindung enthalten. Kohlenwasserstoffe mit zwei, drei oder mehr Doppelbindungen werden als *Diene, Tiene, Polyene* bezeichnet. Besonders wichtige Vertreter sind das 1,3-Butadien, aus dem Synthesekautschuk hergestellt wird, und das 2-Methyl-1,3-Butadien (Isopren), das den Grundbaustein des natürlichen Kautschuks bildet, der aus dem Milchsaft des Kautschukbaumes gewonnen wird.

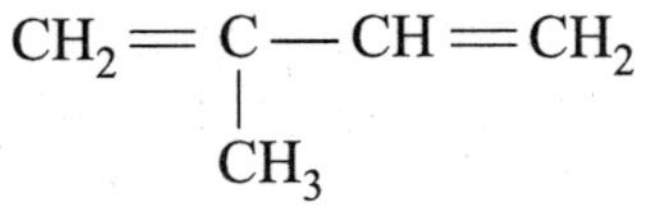

2-Methyl-1,3-Butadien

Alkine

Alkine gehören zu den ungesättigten Kohlenwasserstoffverbindungen. Ihre funktionelle Gruppe ist die C≡C-Dreifachbindung. Die einfachste und zugleich wichtigste Verbindung der Alkine ist das *Ethin* mit der Summenformel C_2H_2 und der Halbstrukturformel H-C≡C-H. Der rationelle Name Ethin ist wenig gebräuchlich. Vor allem in der Technik wird der Trivialname *Acetylen* verwendet. Reines Ethin ist ein leicht süßlich riechendes, farbloses Gas. An der Luft verbrennt es mit hell leuchtender und stark rußender Flamme. Es bildet mit Luft explosive Gemische. Schon bei geringer Druckerhöhung tritt bei Raumtemperatur der explosionsartige Zerfall ein. Die Verbrennung von

Ethin liefert aufgrund seiner hohen Bindungsenergie sehr hohe Temperaturen (bis zu 3000 °C), deshalb wird es zum autogenen Schweißen und Schneiden verwendet.

Struktur des Ethins

Im Ethinmolekül ist jedes Kohlenstoffatom mit nur einem Wasserstoffatom verbunden. Für die Bindung zwischen den Kohlenstoffatomen stehen dann drei Elektronenpaare zur Verfügung, die die Kohlenstoffatome durch eine *Dreifachbindung* verknüpfen. Die C≡C-Dreifachbindung ist wie die C=C-Doppelbindung nicht frei drehbar. Das Molekül ist linear gebaut mit einem Bindungswinkel von 180°. Die Bindungslänge zwischen beiden Kohlenstoffatomen ist noch kürzer als bei den Alkenen.

Die Bindungsenergie der Dreifachbindung (778 kJ/mol beim Acetylen) ist beträchtlich größer als die der Doppelbindung (594 kJ/mol beim Ethen).

Die homologe Reihe der Alkine

Vom Acetylen ausgehend leiten sich die höheren Glieder der homologen Reihe der Alkine durch Ersatz eines H-Atoms durch eine Methylgruppe ab. Die Benennung erfolgt durch Anhängen der Endsilbe *-in* an den Alkanstammnamen. Die allgemeine Summenformel lautet C_nH_{2n-2}. Die Lage der Doppelbindung wird durch eine dem Namen vorangestellte, kleinstmögliche Zahl wiedergegeben. Die Tabelle auf der folgenden Seite zeigt die Strukturen der ersten vier Glieder der homologen Reihe.

Stoffe mit mehreren Dreifachbindungen werden als *Diine, Triine,* allgemein als *Polyine* bezeichnet. Durch Entzug eines H-Atoms entstehen die Alkinylreste.

Summenformel	Name	Strukturformel	Halbstrukturformel
C_2H_2	Ethin	$H-C\equiv C-H$	$HC\equiv CH$
C_3H_4	1-Propin	$H-C\equiv C-\overset{H}{\underset{H}{C}}-H$	$HC\equiv C\text{-}CH_3$
C_4H_6	1-Butin	$H-C\equiv C-\overset{H}{\underset{H}{C}}-\overset{H}{\underset{H}{C}}-H$	$HC\equiv C\text{-}CH_2\text{-}CH_3$
C_5H_8	1-Pentin	$H-C\equiv C-\overset{H}{\underset{H}{C}}-\overset{H}{\underset{H}{C}}-\overset{H}{\underset{H}{C}}-H$	$HC\equiv C\text{-}CH_2\text{-}CH_2\text{-}CH_3$

Die ersten vier Glieder der homologen Reihe der Alkine

Chemische Eigenschaften der Alkine

Ebenso wie die Alkene können auch die Alkine als ungesättigte Kohlenwasserstoffe Additionsreaktionen eingehen. Allerdings ist die C≡C-Dreifachbindung weniger reaktiv als die C=C-Doppelbindung. Leitet man z. B. Ethin in Bromwasser, wird dieses entfärbt. In der 1. Stufe der Additionsreaktion entstehen cis- und trans-1,2-Dibromethen, in der 2. Stufe Tetrabromethan.

$$H\text{-}C{\equiv}C\text{-}H + Br_2 \rightarrow BrHC{=}CHBr$$

$$BrHC{=}CHBr + Br_2 \rightarrow Br_2HC\text{-}CHBr_2$$

Reaktion von Ethin und Brom

Außer mit Brom können viele andere Stoffe mit Ethin reagieren. Es ist der Ausgangsstoff für die Synthese vieler Verbindungen.

Aromatische Kohlenwasserstoffe

Der Begriff *aromatisch* wurde früher für Verbindungen verwendet, die meistens pflanzlicher Herkunft waren und einen angenehmen Geruch hatten. Heute werden alle Verbindungen, die sich vom Benzol ableiten, zu den aromatischen Verbindungen (Aromaten) gezählt.

Benzol

Die Struktur des Benzols blieb nach seiner Entdeckung im Jahr 1825 lange ungeklärt. 1865 stellte August Kekulé, ein deutscher Chemiker (1829–1896), die bis heute gebräuchliche Strukturformel für das Benzolmolekül mit der

Summenformel C_6H_6 auf. Danach bilden die sechs Kohlenstoffatome einen Sechsring, in dem die Kohlenstoffatome formal abwechselnd durch Einfach- und Doppelbindungen miteinander verknüpft sind. Das vierte Valenzelektron bindet ein Wasserstoffatom.

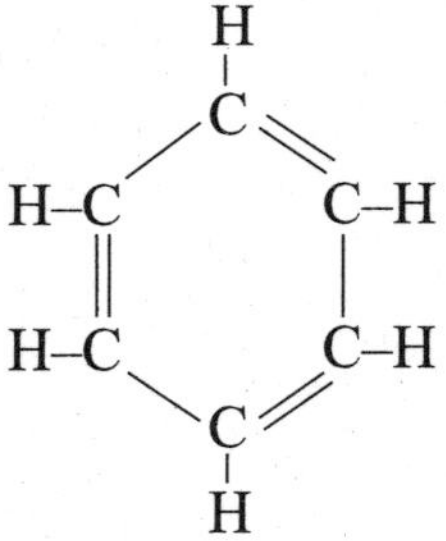

Strukturformel des Benzols nach Kekulé

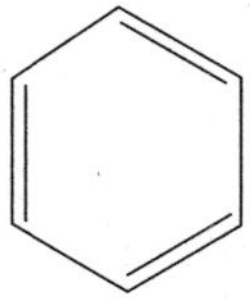

Kurzschreibweise

Als stark ungesättigte Verbindung würde man nach dieser Formel eines formalen Cyclohexatrien seine Entfärbung bei der Reaktion mit Bromlösung erwarten. Da dies nicht der Fall ist, kann die von Kekulé entworfene Struktur des Benzolmoleküls nicht die realen Bindungsverhältnisse wiedergeben. Schon Kekulé vermutete deshalb einen speziellen Bau des Benzolmoleküls.

Neuere Untersuchungen am Benzol ergaben einen ebenen Bau des Benzolringes mit Bindungswinkeln von 120°. Die Bindungslänge zwischen den Kohlenstoffatomen liegt mit 139 pm (1 pm = 10^{-12}m) zwischen der einer Einfachbindung (154 pm) und einer Doppelbindung (134 pm). Jedes Kohlenstoffatom ist dann nach dem Elektronenwolkenmodell über je eine Einfachbindung mit zwei benachbarten Kohlenstoffatomen und einem Wasserstoffatom verbunden. Die verbleibenden sechs Elektronen (von jedem Kohlenstoffatom eines) sind keinem bestimmten Kohlenstoffatom zuzuordnen, sondern über den ganzen Ring verteilt. Man nennt sie deshalb *delokalisiert*. Die Delokalisierung der sechs Elektronen führt zur erhöhten Stabilität des Benzolringes. Um den delokalisierten Charakter der Elektronen im Benzol wiederzugeben, benutzt man folgende Schreibweise:

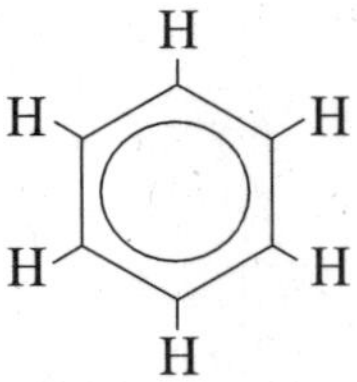

übliche Schreibweise für Benzol

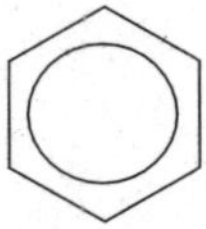

vereinfachtes Symbol

Eine andere Möglichkeit, den delokalisierten Zustand der Elektronen zu symbolisieren, besteht in der Formulierung *mesomerer Grenzstrukturen*. Ihnen kommt kein realer Charakter zu; der wirkliche Zustand des Benzolmoleküls liegt zwischen diesen Grenzstrukturen.

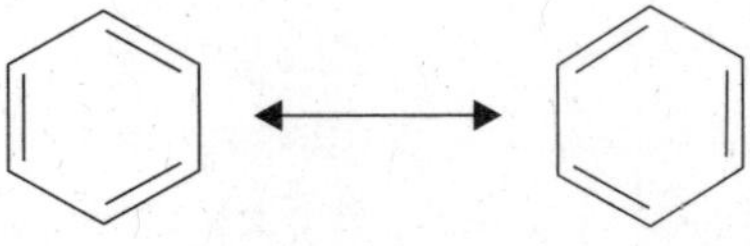

Der Pfeil zwischen den Grenzstrukturen ist kein Gleichgewichtspfeil, sondern ein Mesomeriepfeil, der besagt, dass die wirkliche Struktur zwischen den Grenzstrukturen liegt. Die Erscheinung der Mesomerie ist nicht auf das Benzolmolekül beschränkt. Es gibt viele Verbindungen mit delokalisierten Elektronen, zu denen sämtliche Aromaten und auch einige anorganische Verbindungen zählen.

Eigenschaften

Benzol ist eine farblose, charakteristisch riechende Flüssigkeit mit einem Siedepunkt von 80,1 °C und einer Dichte von 0,879 g/cm^3. Als hydrophobe Flüssigkeit ist Benzol nicht mit Wasser, aber mit vielen anderen unpolaren Lösungsmitteln mischbar. Es brennt mit stark rußender Flamme. Es ist wie viele andere benzolähnliche Kohlenwasserstoffe stark giftig und krebserregend.

Herstellung und Verwendung

Benzol wird aus Steinkohlenteer durch fraktionierende Destillation gewonnen. Es wird als Lösungs- und Extraktionsmittel, als Kraftstoffzusatz zur Erhöhung der Klopffestigkeit eingesetzt und ist Ausgangsstoff zur Herstellung zahlreicher Verbindungen wie Kunststoffe, Farbstoffe, Arzneimittel usw.

Chemische Reaktionen des Benzolmoleküls

Benzol verhält sich aufgrund der Delokalisierung seiner Elektronen und der dadurch bedingten Stabilität nicht wie eine ungesättigte, sondern wie eine gesättigte Verbindung. Deshalb sind die typischen Reaktionen des Benzols *Substitutionsreaktionen*. Unter Einsatz eines geeigneten Katalysators (Fe, $AlCl_3$ oder $FeCl_3$) werden Wasserstoffatome des Benzolmoleküls durch Halogene substituiert. Dabei ist es gleichgültig, welches Wasserstoffatom substituiert wird, da sie im Benzolmolekül alle gleichberechtigt sind. So entsteht bei der Substitution eines Wasserstoffatoms durch Chlor Monochlorbenzol.

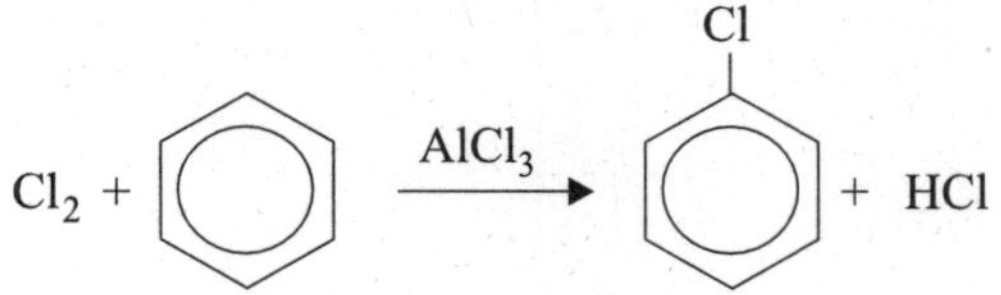

Halogenisierung von Benzol

Bei der Substitution von zwei Wasserstoffatomen entstehen isomere Dichlorbenzole, die je nach Stellung der beiden Substituenten mit den Vorsilben 1,2-, oder 1,4- bezeichnet werden.

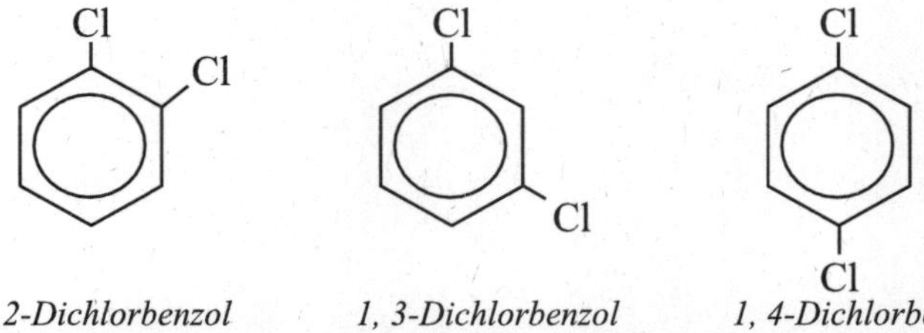

1,2-Dichlorbenzol
ortho-, o-Dichlorbenzol

1, 3-Dichlorbenzol
meta-, m-Dichlorbenzol

1, 4-Dichlorbenzol
para-, p-Dichlorbenzol

Es folgen einige wichtige Derivate des Benzols, die durch Additionsreaktionen entstehen:

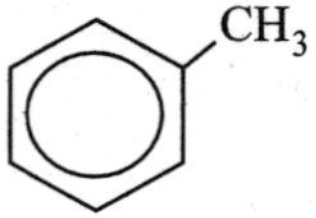

Toluol (Methylbenzol)

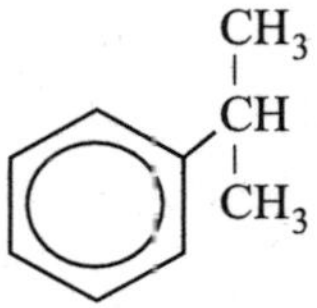

Cumol (Isopropylbenzol)

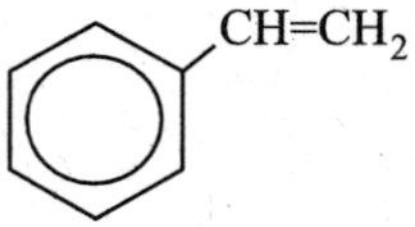

Styrol (Vinylbenzol)

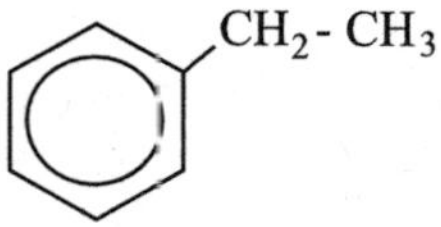

Ethylbenzol

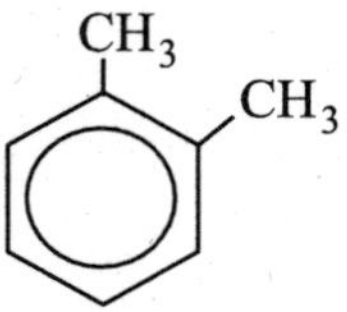

1,2-Dimethylbenzol

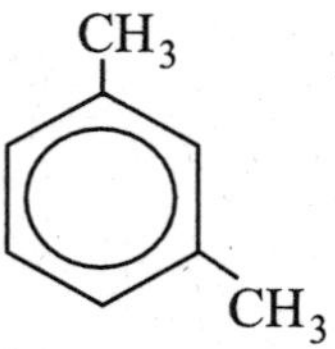

1,3-Dimethylbenzol

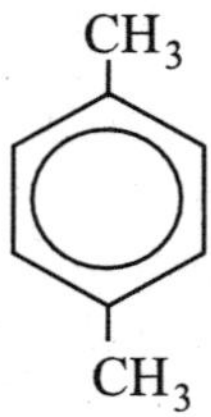

1,4-Dimethylbenzol

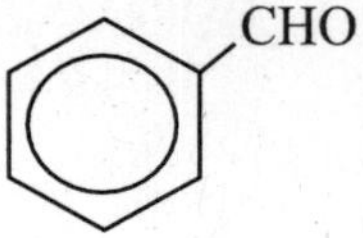

Benzaldehyd

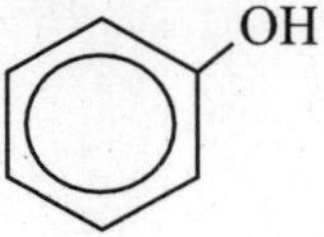

Phenol

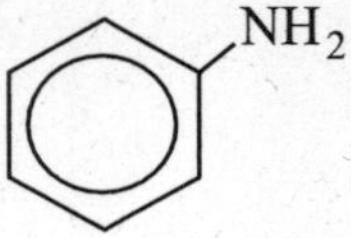

Anilin

Mehrkernige Aromaten

Die einfachste aromatische Verbindung ist das Benzol. Durch Kondensation zweier oder mehrerer Benzolmoleküle können mehrkernige Aromaten entstehen, die sich zwei oder mehrere C-Atome teilen.

Zu ihnen gehören z. B. Naphthalin, Anthracen, Phenanthren, Benzpyren, Dibenzanthracen usw.

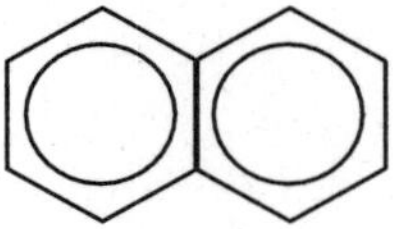

Naphthalin

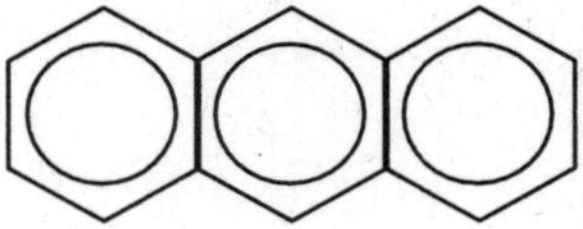

Anthracen

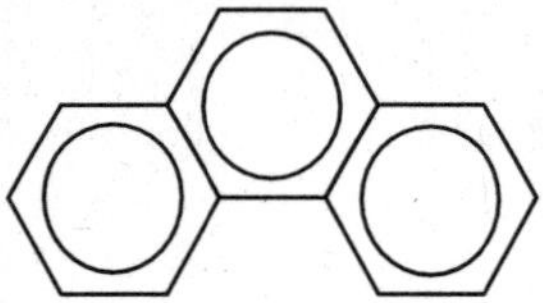

Phenanthren

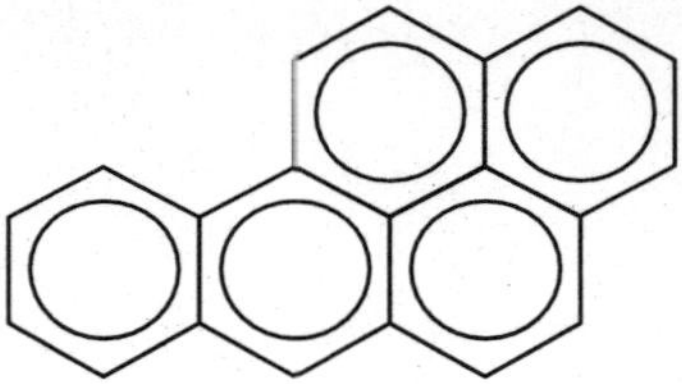

Benzpyren

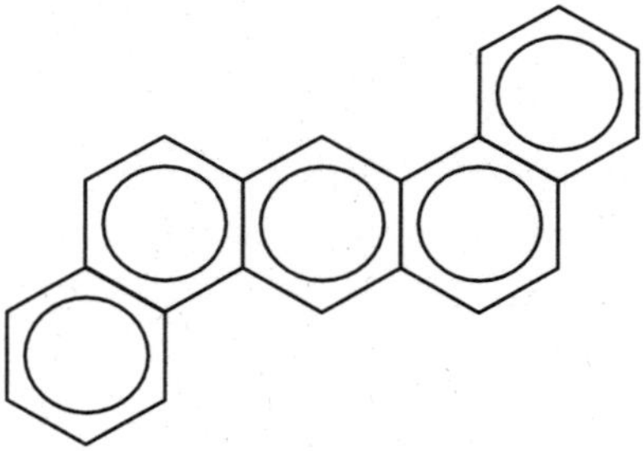

Dibenzanthracen

Aromaten finden sich im Steinkohleteer, im Teer des Tabakrauchs, in Auspuffgasen, in gebrannten und gerösteten Lebensmitteln, im Ruß unserer Städte. Einige Aromaten wie z. B. Benzpyren wirken cancerogen (krebserregend).

Organische Verbindungen mit einfachen funktionellen Gruppen

Alkohole

Alkohole enthalten als funktionelle Gruppe eine *OH-Gruppe* oder *Hydroxylgruppe,* die ihr typisches Verhalten bestimmt. Sie lassen sich als *Derivate* (Abkömmlinge) des Wassers auffassen, in dem ein H-Atom durch einen Alkylrest ersetzt wird, andererseits aber auch als Derivate der Kohlenwasserstoffe, in dem ein oder mehrere H-Atome durch eine OH-Gruppe ersetzt werden. Man schreibt als allgemeine Formel R-OH (R = Alkylrest). Alle entstehenden Verbindungen erhalten die Endsilbe *-ol.* Man unterscheidet je nach Anzahl der OH-Gruppen im Molekül zwischen einwertigen oder mehrwertigen Alkoholen. Gewöhnlich kann ein Kohlenstoffatom nur eine Hydroxylgruppe tragen, Verbindungen mit mehreren OH-Gruppen am C-Atom werden nicht zu den Alkoholen gezählt.

Die Alkohole, die sich von den gesättigten Kohlenwasserstoffen, den Alkanen, ableiten, werden *Alkanole* genannt. Alkohole, die sich von den Alkenen und Alkinen ableiten, die Alkenole und Alkinole, sind von untergeordneter Bedeutung und werden hier nicht behandelt. Verbindungen, deren OH-Gruppen direkt mit einem aromatischen Ring verbunden sind, werden als *Phenole* bezeichnet, sie verhalten sich in mancher Beziehung anders als Alkohole und werden als solche betrachtet.

Die homologe Reihe der Alkanole

Die einwertigen Alkanole lassen sich formal durch Einsatz eines H-Atoms durch eine OH-Gruppe von den Alkanen ableiten. Die Benennung erfolgt durch Kombination des Stammnamens der Alkane mit der Endung *-ol*. Häufig wird auch der Name aus dem Alkylrest durch Anhängen der Endung *-alkohol* verwendet. Der einfachste Alkohol ist Methanol (Methylalkohol), man erhält ihn, wenn für R formal eine Methylgruppe eingesetzt wird. Ersetzt man R durch eine Ethylgruppe, erhält man Ethanol (Ethylalkohol), bei Ersatz von R durch eine Propylgruppe Propanol (Propylalkohol) usw.

Die Alkanole bilden demnach eine homologe Reihe, deren Glieder sich durch eine CH_2-Gruppe unterscheiden. Die allgemeine Summenformel lässt sich somit aus der allgemeinen Summenformel der Alkane durch Ersatz eines H-Atoms durch eine Hydroxylgruppe ableiten. Sie lautet $C_nH_{2n+1}OH$.

Homologe Reihe der Alkanole

systemat. Name	Trivialname	Halbstrukturformel	Siedepunkt
Methanol	Methylalkohol	CH_3-OH	64,5 °C
Ethanol	Ethylalkohol	CH_3-CH_2-OH	78,4 °C
Propanol	Propylalkohol	CH_3-CH_2-CH_2-OH	97 °C
Butanol	Butylalkohol	CH_3-CH_2-CH_2-CH_2-OH	118 °C
Pentanol	Pentylalkohol	CH_3-CH_2-CH_2-CH_2-CH_2-OH	138 °C

Isomerie der Alkanole

Wie bei den Alkanen gibt es auch bei den Alkanolen isomere Verbindungen. Neben der Kettenverzweigung (Kettenisomerie) der Alkane können weitere Isomere durch unterschiedliche Stellungen der OH-Gruppe (Stellungsisomerie) in der Kette auftreten. Man unterscheidet *primäre, sekundäre* und *tertiäre Alkohole,* je nachdem ob das C-Atom außer der OH-Gruppe ein, zwei oder drei organische Reste trägt.

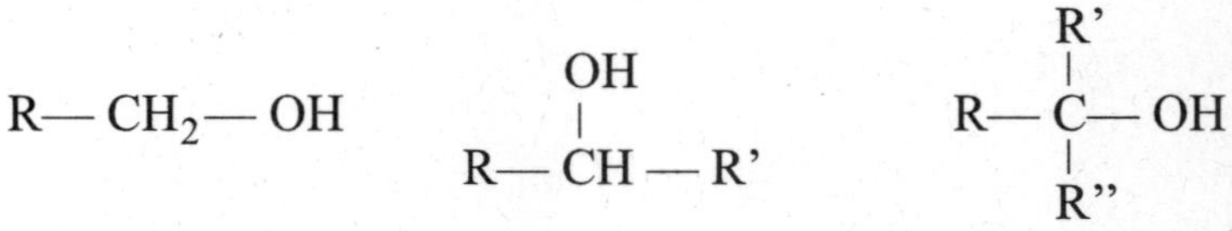

primäre Alkohole *sekundäre Alkohole* *tertitäre Alkohole*

Die Hauptgruppe wird so durchnummeriert, dass das die Hydroxylgruppe tragende C-Atom die kleinstmögliche Zahl enthält. Sie wird dem Molekülnamen vorangestellt. Von Propanol gibt es zwei Isomere, vom Butanol vier. Die vier Isomere des Butanols sind:

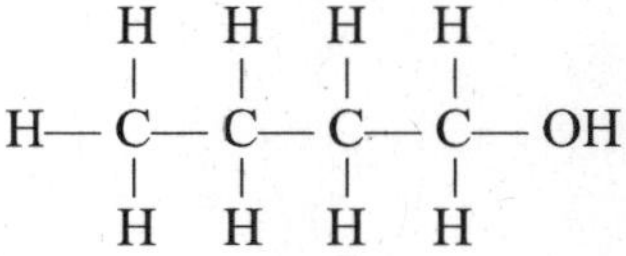

1-Butanol
n-Butylalkohol

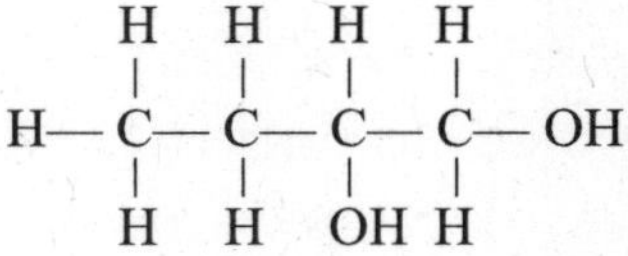

2-Butanol
sek. Butylalkohol

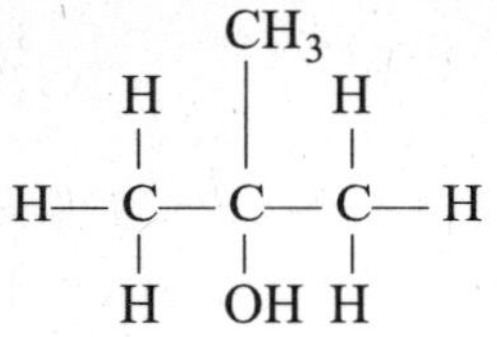

2-Methyl-2-propanol
tert. Butylalkohol

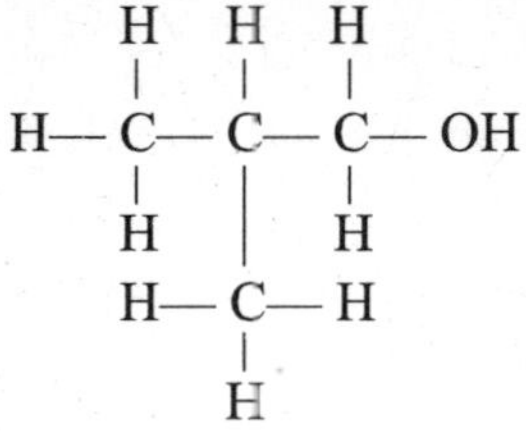

2-Methyl-1-propanol
Isobutylalkohol

Mehrwertige Alkohole

Alkohole mit mehreren OH-Gruppen im Molekül werden mehrwertige Alkohole genannt.

Die Anzahl der OH-Gruppen im Molekül wird durch die Endsilben -diol für zweiwertige Alkohole, -triol für dreiwertige Alkohole usw. zum Ausdruck gebracht.

Mehrwertige Alkohole, die häufig verwendet werden
1,2-Ethandiol ist eine ölige und giftige Flüssigkeit mit der Formel CH_2OH-CH_2OH. Ein gebräuchlicher Name für Ethandiol ist der Trivialname Glycol. Es ist der einfachste mehrwertige Alkohol mit einer Siedetemperatur von 197 °C und einer Erstarrungstemperatur von –13 °C. Glycol wird zur Herstellung von Kunststoffen und als Frostschutzmittel z. B. in Motorkühlern verwendet.

1,2,3-Propantriol, auch *Glycerin* genannt, ist der einfachste dreiwertige Alkohol mit der Formel $CH_2OH\text{-}CHOH\text{-}CH_2OH$. Glycerin ist eine zähflüssige, ungiftige Flüssigkeit mit süßem Geschmack und wasseranziehender Wirkung. Die Siedetemperatur liegt bei 290 °C (Zersetzung) und die Erstarrungstemperatur bei –17 °C. Es mischt sich in jedem Verhältnis mit Wasser. Es findet vielfältige technische Verwendung, z. B. in Autos als Bremsflüssigkeit und Frostschutzmittel, als feuchthaltender Zusatz in der Lebensmittel-, Kosmetik- und Tabakindustrie und als Ausgangsstoff für die Herstellung von Sprengstoff (Nitroglycerin) und Kunststoffen.

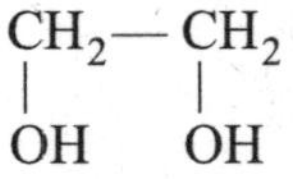

Glycol
zweiwertiger Alkohol

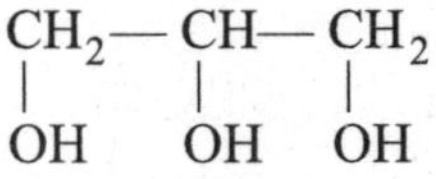

Glycerin
dreiwertiger Alkohol

Eigenschaften der Alkohole

Die niederen Alkohole sind dünnflüssige, farblose Flüssigkeiten. Mittlere Alkohole (C_6 bis C_{11}) sind dickflüssig, höhere Alkohole sind Feststoffe. Die Siede- und Schmelzpunkte steigen wie bei den Kohlenwasserstoffen mit zunehmender Molekülmasse an. Vergleicht man die Siedepunkte der Alkanole mit denen der Alkane, stellt man fest, dass sie wesentlich höher sieden als die Alkane.

Die Ursache hierfür ist die Polarität der Hydroxylgruppe. Die Moleküle können untereinander Wasserstoffbrückenbildungen ausbilden und lagern sich locker zusammen.

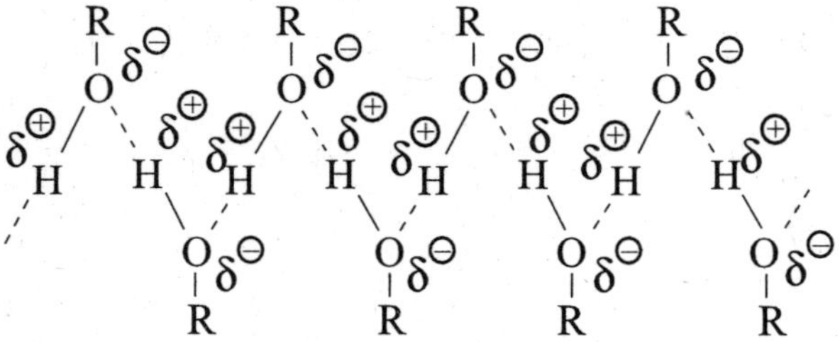

Zur Trennung der Moleküle muss dann ein höherer Energiebetrag aufgewendet werden, infolge dessen steigen die Siedetemperaturen. Die polare Hydroxylgruppe macht die Alkohole mehr oder weniger ausgeprägt wasserähnlich (hydrophil). Sie können mit Wasser Wasserstoffbrückenbindungen ausbilden.

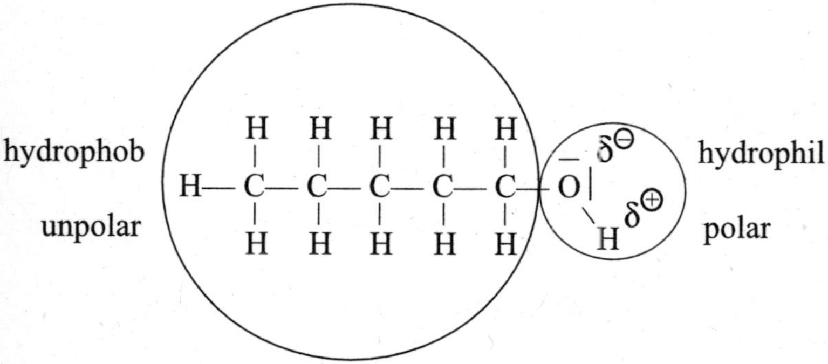

Besonders bei den niederen oder mehrwertigen Alkoholen macht sich dieser Einfluss deutlich bemerkbar: Sie mischen sich in jedem Verhältnis mit Wasser. Mit zunehmender Kettenlänge sinkt der Einfluss der hydrophilen OH-Gruppe. Bereits Butanol ist mit Wasser nur begrenzt mischbar, höhere Alkohole (ab C_5) sind in Wasser unlöslich.

Oxidation der Alkohole

Durch geeignete Oxidationsmittel ($K_2Cr_2O_7$, $KMnO_4$ usw.) oder durch katalytische Oxidation können oxidierte Produkte überführt werden. Je nachdem ob man primäre, sekundäre oder tertiäre Alkohole einsetzt, erhält man unterschiedliche Reaktionsprodukte:

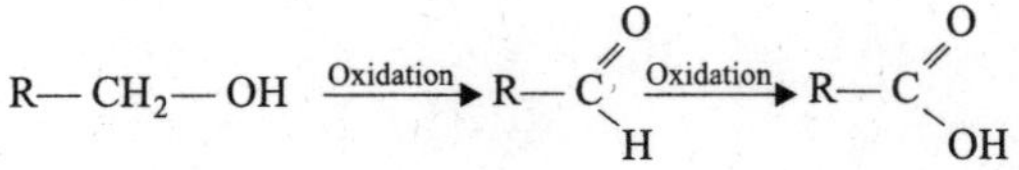

primärer Alkohol *Aldehyd* *Carbonsäure*

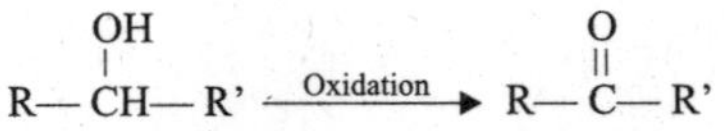

sekundärer Alkohol *Keton*

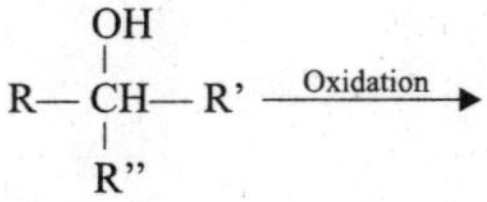

tertiärer Alkohol

Einige wichtige Alkanole

Ethanol, CH_3CH_2OH (Ethylalkohol), umgangssprachlich als Alkohol oder Weingeist bekannt, wird durch Vergärung zucker- oder stärkehaltiger Lösungen hergestellt. Unter Einwirkung von Hefe, die die nötigen Enzyme für den Gärprozess stellt, wird bei der Traubenzuckergärung als Endprodukt Ethanol und Kohlendioxide gebildet:

$$C_6H_{12}O_6 \xrightarrow{\text{Hefe}} C_2H_5OH + CO_2$$

Bei einem Maximalgehalt von 20 Vol.-% Ethanol kommt die alkoholische Gärung zum Stillstand, weil die Hefezellen zerstört werden. Durch mehrmaliges Destillieren können Konzentrate mit höherem Ethanolgehalt wie Weinbrand, Wodka und Korn hergestellt werden. Ethanol ist eine wasserklare, brennbare Flüssigkeit von charakteristischem Geruch und Geschmack, die sich mit Wasser und den meisten organischen Lösungsmitteln in jedem Verhältnis mischt.

Er dient u. a. als Lösungsmittel für viele wasserunlösliche Stoffe, zur Herstellung von Kosmetika und Arzneimitteln, als Treibstoff für Verbrennungsmotoren und als Ausgangsstoff für viele Synthesen (z. B. Ethanal (= Acetaldehyd), CH_3CHO). Kleinere Mengen Alkohol wirken im menschlichen Organismus anregend, vermindern jedoch die Leistungs-, Reaktions- und Konzentrationsfähigkeit und wirken enthemmend. Bei Aufnahme größerer

Mengen wirkt Alkohol narkotisch (Bewusstlosigkeit) oder gar toxisch (Alkoholvergiftung). Regelmäßiger Genuss von Alkohol führt zu Schädigungen an Leber, Nieren und dem Nervensystem und zerstört die Persönlichkeit.

Alkohol, der technisch eingesetzt wird, wird durch Zusatz von z. B. Petrolether oder u-Butanol vergällt, d. h. ungenießbar gemacht, wodurch die hohe Verbrauchssteuer, mit der der Trinkalkohol belegt ist, umgangen wird. Großtechnisch wird Ethanol durch Addition von Wasser an Ethen gewonnen:

$$CH_2{=}CH_2 + H_2O \xrightarrow{H_2SO_4} CH_3\text{-}CH_2OH$$

Methanol, CH_3OH (Methylalkohol), ist eine farblose, im Gegensatz zu Ethanol stark giftige (letale Dosis für einen Menschen etwa 20 g) Flüssigkeit (Sdp. 65 °C) mit charakteristischem, dem Ethanol ähnlichen Geruch. Es wird großtechnisch unter Druck und mittels geeigneter Katalysatoren aus Synthesegas, einer Mischung von Kohlenmonoxid und Wasserstoff gewonnen:

$$CO + 2\,H_2 \xrightarrow{ZnO,\ Cr_2O_3} CH_3OH$$

Ein großer Teil des industriell hergestellten Methanols dient als Ausgangsstoff für die Kunststoffherstellung. Der Rest wird als Lösungsmittel, als Zusatzstoff für Motorenkraftstoffe und als Zwischenprodukt zur Synthese anderer Verbindungen eingesetzt. Methanol und Ethanol können durch einen Flammenfärbungstest unterschieden werden. Dazu mischt man Ethanol bzw. Methanol mit Borax (Natriumtetraborat) unter Zusatz von einigen Tropfen konzentrierter Schwefelsäure in einer Porzellanschale und zündet die Gemische an. Bei Anwesenheit von Methanol brennt die Flamme mit grüner Farbe. Ethanol brennt mit gelber Flamme.

Aldehyde

Aldehyde können durch Oxidation (Oxidationsmittel z. B. CuO, $K_2Cr_2O_7$) von primären Alkoholen hergestellt werden. Beispielsweise wird bei der Oxidation von Ethanol mit Kupferoxid Ethanal, auch Acetaldehyd genannt, gebildet. Die Reaktion ist eine Redoxreaktion, das Cu^{2-}-Ion wird zu elementarem Kupfer reduziert.

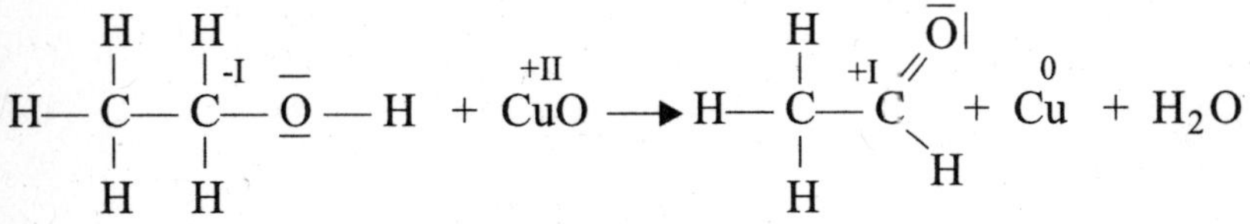

Bei dieser Oxidation handelt es sich um eine Dehydrierung, d. h., es wird Wasserstoff abgespalten, Ethanal enthält damit zwei Wasserstoffatome weniger als Ethanol. Die entstehenden Verbindungen werden *Aldehyde* (von lat.: alcoholus dehydrogenatus) genannt. Ihre funktionelle Gruppe ist die Aldehydgruppe mit der allgemeinen Formel:

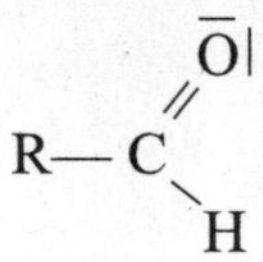

Man schreibt kurz -CHO, um die Aldehydgruppe von der Hydroxylgruppe -COH zu unterscheiden. Diejenigen Aldehyde, die durch Oxidation primärer Alkohole entstehen, nennt man Alkanale. Es sind gesättigte Aldehyde. Es gibt auch ungesättigte Aldehyde, Alkenale genannt, die eine oder mehrere Doppelbindungen enthalten, z. B. Propenal (Acrolein), CH_2=CH-CHO. Die Aldehydgruppe kann auch an aromatische Kohlenwasserstoffe gebunden sein, wie z. B. im Benzaldehyd C_6H_5-CHO.

Die homologe Reihe der Alkanale

Die Alkanale bilden eine homologe Reihe mit der Summenformel:

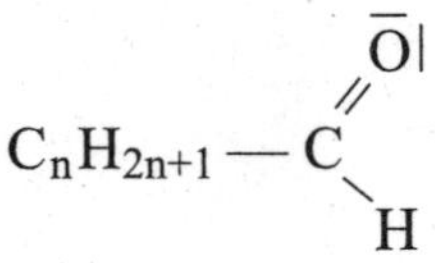

Die systematischen Namen ergeben sich aus dem Stammnamen der Alkane mit der Endsilbe *-al*. Die ersten vier Glieder der Reihe sind: Methanal, Ethanal, Propanal und Butanal. Gebräuchlicher als die systematischen Namen sind ihre Trivialnamen Formaldehyd, Acetaldehyd, Propionaldehyd bzw. Butyraldehyd.

Die ersten Glieder der homologen Reihe der Alkanale

systemat. Name	Trivialname	Halbstrukturformel
Methanal	Formaldehyd	H-CHO
Ethanal	Acetaldehyd	CH_3-CHO
Propanal	Propionaldehyd	CH_3-CH_2-CHO
Butanal	Butyraldehyd	CH_3-CH_2-CH_2-CHO

Eigenschaften der Alkanale

Die funktionelle Gruppe der Aldehyde, die Aldehydgruppe, bestimmt ihr chemisches Verhalten. Die C=O-Doppelbindung ist durch die unterschiedlichen Elektronegativitätswerte der Atome polarisiert. Die Bindungselektronenpaare werden stärker vom elektronegativeren Partner, dem Sauerstoff, beansprucht.

Die große Reaktionsfähigkeit der Alkanale ist auf diese Polarisierung der C=O-Doppelbindung zurückzuführen.

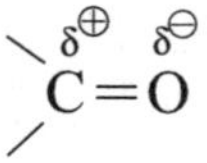

Die ersten Glieder der homologen Reihe der Alkanale sind wasserlöslich und besitzen einen unangenehmen, stechenden Geruch. Methanal ist gasförmig,

Ethanal und Propanal sind flüssig, allerdings leicht flüchtig. Die höheren Alkane sind wasserunlösliche Aromastoffe.

Aldehyde sind Reduktionsmittel und damit auch leicht oxidierbar. Die reduzierenden Eigenschaften der Aldehyde werden zu ihrem Nachweis benutzt.

1. Nachweis durch Fehling-Reaktion

Gibt man einige Tropfen Fehling-Lösung (Mischung aus $CuSO_4$, NaOH und $KNaC_4H_4O_6$) zu einem Aldehyd, kommt es zur Bildung eines roten Niederschlags von Cu_2O. Die Cu^{2+}-Ionen werden dabei zu Cu^{+}-Ionen reduziert, der Aldehyd wird zu Carbonsäure oxidiert.

$$\text{R-}\overset{+I}{\text{C}}\text{HO} + 2\,\overset{+II}{\text{Cu}}{}^{2+} + 4\,\text{OH}^- \rightarrow \text{R-}\overset{+III}{\text{C}}\text{OOH} + \overset{+I}{\text{Cu}}{}_2\text{O} + 2\,\text{H}_2\text{O}$$

2. Nachweis durch Tollens-Reaktion

Versetzt man eine ammoniakalische Silbernitratlösung mit Aldehyden, werden die Ag^{+}-Ionen in der Lösung zu elementarem Silber reduziert, das der Flüssigkeit eine Schwarzfärbung verleiht und sich als Silberspiegel an der Gefäßwand absetzt.

$$\text{R-}\overset{+I}{\text{C}}\text{HO} + 2\,\overset{+I}{\text{Ag}}{}^{+} + 2\,\text{OH}^- \rightarrow \text{R-}\overset{+III}{\text{C}}\text{OOH} + 2\,\overset{0}{\text{Ag}}\downarrow + 2\,\text{H}_2\text{O}$$

Einige wichtige Alkanale (Aldehyde)

Methanal, H-CHO *(Formaldehyd),* ist ein farbloses. stechend riechendes, in Wasser leicht lösliches Gas. Es kommt als 40%ige wässrige Lösung, Formalin genannt, in den Handel. Es wird zur Kunststoffherstellung und als Konservierungsmittel für biologische Präparate verwendet. Methanal ist giftig und steht im Verdacht, cancerogen zu wirken.

Ethanal, CH_3-CHO *(Acetaldehyd),* ist eine farblose, flüchtige, stechend riechende Flüssigkeit. Ethanal ist ein wichtiges Zwischenprodukt bei der Herstellung von Essigsäure, Farbstoffen, Arzneimitteln und Kunststoffen.

Ketone

Oxidiert bzw. dehydriert man sekundäre Alkohole, z. B. 2-Propanol, mit Kupferoxid CuO, erhält man Propanon (Aceton):

$$H_3C-\underset{\displaystyle H}{\overset{\displaystyle OH}{\overset{0}{C}}}-CH_3 + \overset{+II}{Cu}O \longrightarrow H_3C-\underset{+II}{\overset{\displaystyle O}{\overset{\|}{C}}}-CH_3 + \overset{0}{Cu} + H_2O$$

Propanon gehört zu der organischen Verbindungsklasse der Ketone, die als funktionelle Gruppe eine Keto- oder auch Carbonylgruppe (C=O) enthalten. Die allgemeine Formel lautet:

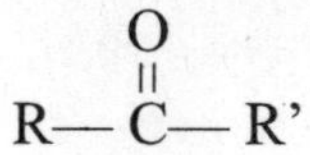

Der Rest R kann ein Alkyl- oder Arylrest (einwertiger Rest von Aromaten) sein, die Reste können gleich oder verschieden sein. Ketone mit gesättigten Kohlenwasserstoffresten nennt man Alkanone. Die Benennung erfolgt aus dem Stammnamen der Alkane mit der Endsilbe -on oder indem der Silbe *-keton* die Namen beider Reste in alphabetischer Reihenfolge vorangestellt werden, z. B. Butanon oder Ethylmethylketon. Das einfachste und wichtigste Glied der Alkanone ist *Propanon (Aceton),* eine farblose, leichtflüchtige, brennbare und aromatisch riechende Flüssigkeit. Da Propanon sowohl mit Wasser als auch mit hydrophoben Lösungsmitteln unbegrenzt mischbar ist, findet es als Reinigungs- und Lösungsmittel Verwendung.

Carbonsäuren

Carbonsäuren sind Oxidationsprodukte der Aldehyde. Oxidiert man z. B. Methanal (Formaldehyd) mit Kaliumpermanganat $KMnO_4$ oder Kaliumdichromat $K_2Cr_2O_7$, erhält man eine organische Säure, die Methansäure (Ameisensäure).

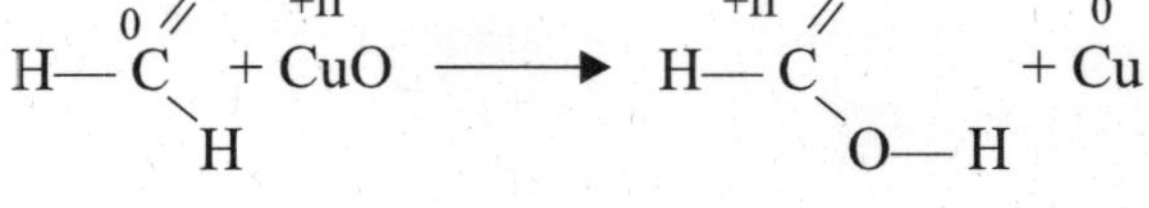

Die Methansäure enthält als funktionelle Gruppe eine *Carboxylgruppe,* -COOH. Sie ist die funktionelle Gruppe der Carbonsäuren. Der Name setzt sich aus den beiden enthaltenen funktionellen Gruppen, der *Carbo*nyl- und der Hydr*oxyl*gruppe, zusammen.

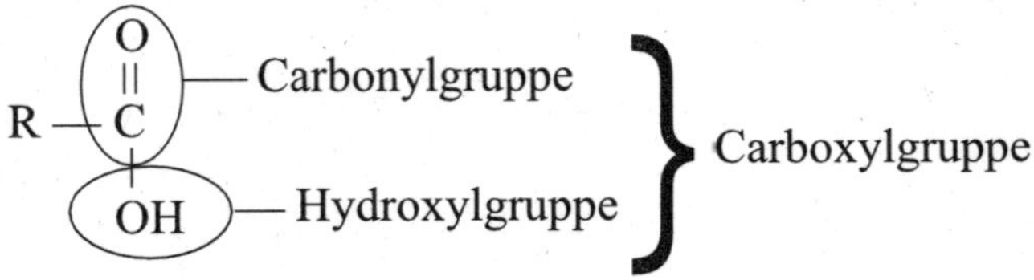

An die Carboxylgruppe kann eine Vielzahl verschiedener Kohlenwasserstoffe gebunden sein. Man unterscheidet:

1. Carbonsäuren, die gesättigte Kohlenwasserstoffreste enthalten, werden *Alkansäuren* genannt. Ihre Namen lassen sich von denen der entsprechenden Alkane mit der Endung *-säure* ableiten, z. B. Methansäure, Ethansäure, Propansäure usw.

2. Carbonsäuren mit ungesättigten Kohlenwasserstoffresten werden *ungesättigte Carbonsäuren* genannt. Ihre Namen werden aus den Namen der entsprechenden Alkohole mit der Endung *-säure* gebildet, z. B. Propensäure, Butensäure usw.

3. Carbonsäuren können eine oder mehrere Carboxylgruppen enthalten. Carbonsäuren, die eine Carboxylgruppe enthalten, werden *Monocarbonsäuren* genannt, solche mit zwei Carboxylgruppen *Dicarbonsäuren* usw.

4. Carbonsäuren, die neben der Carboxylgruppe noch eine oder mehrere Hydroxylgruppen enthalten, werden *Hydroxycarbonsäuren* genannt.

5. Carbonsäuren, bei denen an die Carboxylgruppe aromatische Reste gebunden sind, heißen *aromatische Carbonsäuren.*

Neben den genannten Vertretern der Carbonsäuren gibt es noch weitere Carbonsäuren, an die andere funktionelle Gruppen als die Hydroxylgruppe gebunden sind. Eine wichtige Stoffklasse, die Amincarbonsäuren, werden bei den Proteinen abgehandelt.

Die homologe Reihe der Alkansäuren

Die Alkansäuren bilden eine homologe Reihe der allgemeinen Summenformel $C_nH_{2n+1}COOH$. Die systematische Benennung erfolgt, indem man dem Stammnamen die Endung *-säure* anhängt.

Viele Carbonsäuren tragen Trivialnamen, die häufig verwendet werden. Beim Durchnummerieren der längsten Kohlenstoffkette wird das Kohlenstoffatom der Carboxylgruppe mitgezählt.

Ausgewählte Alkansäuren

systemat. Name (Trivialname)	vereinfachte Strukturformel	Sdp. (°C)	Smp. (°C)	Name d. Salze (Trivialname)
Methansäure (Ameisensäure)	H-COOH	101	8	Methanoate (Formiate)
Ethansäure (Essigsäure)	CH_3-COOH	118	17	Ethanoate (Acetate)
Propansäure (Propionsäure)	CH_3-CH2-COOH	141	–22	Propanoate (Propionate)
Butansäure (Buttersäure)	CH_3-$(CH_2)_2$-COOH	164	–6	Butanoate (Butyrate)
Pentansäure (Valeriansäure)	CH_3-$(CH_2)_3$-COOH	187	–35	Pentanoate (Valeriate)
Hexadecansäure (Palmitinsäure)	CH_3-$(CH_2)_{14}$-COOH		63	Hexadecanoat (Palmitate)
Octadecansäure (Stearinsäure)	CH_3-$(CH_2)_{16}$-COOH		70	Octadecanoat (Stearate)

Eigenschaften der Alkansäuren

Die niederen Alkansäuren sind stechend riechende, farblose Flüssigkeiten. Die mittleren Alkansäuren mit vier bis neun C-Atomen sind dickflüssiger und haben einen unangenehmen schweißartigen bis ranzigen Geruch. Höhere

Alkansäuren mit über zehn C-Atomen sind weiche, wachsartige Feststoffe. Gegenüber den Alkanen, Alkanolen und Alkanalen liegen die *Schmelz- und Siedetemperaturen* höher. Dieser Sachverhalt wird durch die Polarität der C=O- und OH-Gruppe begründet, je zwei Alkansäuremoleküle können untereinander Wasserstoffbrückenbindungen ausbilden, die zu einer erhöhten Stabilität beitragen.

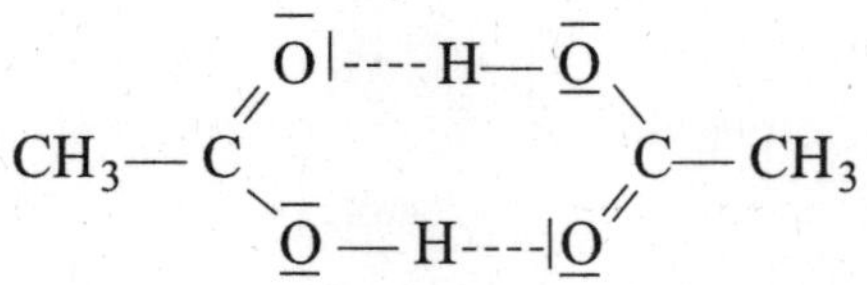

Wasserstoffbrücken zwischen zwei Alkansäuremolekülen

Die *Löslichkeit* der Alkansäuren wird durch die hydrophile Carboxylgruppe und den hydrophoben Kohlenwasserstoffrest beeinflusst.

Bei den ersten vier Alkansäuren überwiegt die Wirkung der hydrophilen Carboxylgruppe, deshalb sind sie in jedem Verhältnis in Wasser löslich. Mit steigender Anzahl an C-Atomen sinkt die Wasserlöslichkeit, weil die Wirkung des hydrophoben Kohlenwasserstoffrestes zunimmt.

Höhere Alkansäuren (ab etwa sechs C-Atomen) sind in Wasser unlöslich. Der hydrophobe Kohlenwasserstoffrest bewirkt die Löslichkeit der Alkansäuren (außer Methansäure) in unpolaren Lösungsmitteln wie z. B. Benzin.

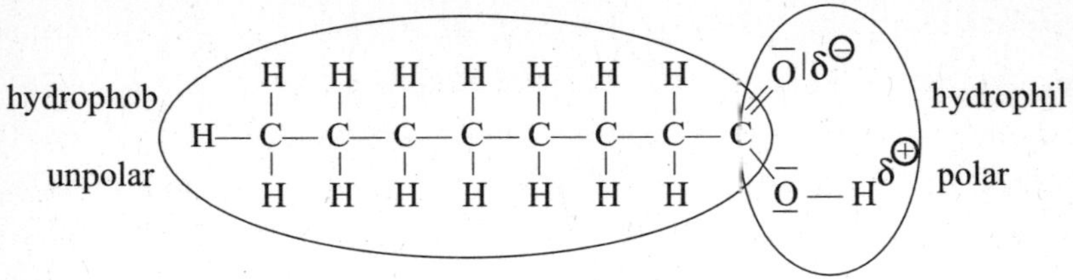

Hydrophiler und hydrophober Teil von Alkansäuremolekülen

Alkansäuren können beim Lösen in Wasser protolysieren, als einbasige Säuren geben sie ein Proton an ein Wassermolekül ab. Es entsteht ein Carboxylation (Alkanation) und ein Oxoniumion.

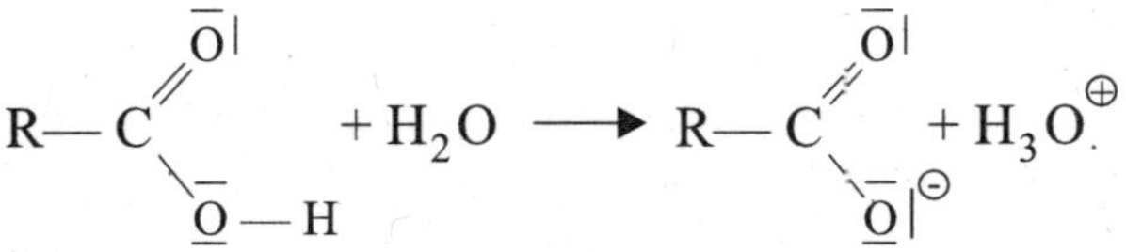

Protolyse von Alkansäuren

Die Säurestärke nimmt mit zunehmender Länge des Alkylrestes schnell ab. Methansäure ist damit die stärkste Alkansäure, Ethansäure ist schon eine wesentlich schwächere Säure.

Bei höheren Alkansäuren zeigt sich die Säurewirkung aufgrund der Unlöslichkeit in Wasser nur bei der Reaktion mit starken Basen.

Wichtige Beispiele von Alkansäuren

Methansäure, HCOOH *(Ameisensäure),* ist die stärkste der Alkansäuren. Wie der Trivialname schon andeutet, tritt Methansäure in bestimmten Ameisen, im Zerfall der Brennhaare von Brennnessel und in den Nesselkapseln von Hohltieren (Quallen) auf. Methansäure riecht stechend und wirkt auf der Haut ätzend.

Die Carboxylgruppe der Carbonsäuren stellt – mit Ausnahme der Methansäure – die Endstufe der Oxidation von primären Alkoholen dar. Im Methansäuremolekül ist neben der Carboxylgruppe auch eine Aldehydgruppe vorhanden, die z. B. mit Kaliumpermanganat oxidiert werden kann. Es entsteht Kohlensäure, die in wässriger Lösung sofort in Wasser und Kohlendioxid zerfällt.

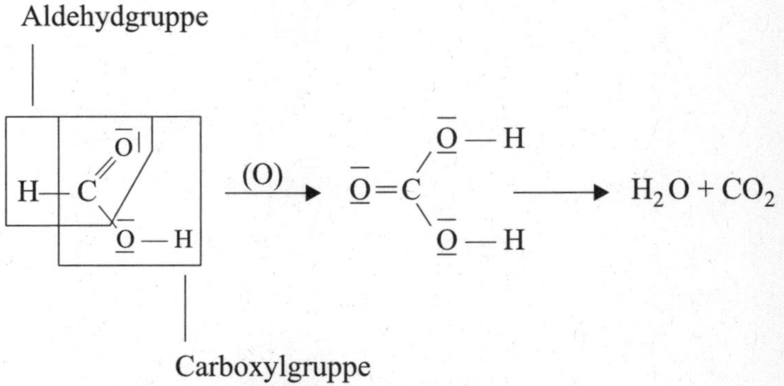

Oxidation von Methansäure

Ameisensäure ist eine mittelstarke Säure, die mit unedlen Metallen unter Wasserstoffentwicklung und Bildung ihrer Salze, den Methanaten oder Formiaten (lat. formica = Ameise) reagiert.

$$2\ HCOOH + Ca \rightarrow (HCOO)_2Ca + H_2$$

Ameisensäure *Calciumformiat*

Ethansäure, CH_3COOH *(Essigsäure),* ist eine der wichtigsten organischen Säuren überhaupt. In wässriger Lösung protolysiert Essigsäure in Oxoniumionen und Ethanationen bzw. Acetationen. Das Gleichgewicht liegt auf der Seite der undissoziierten Form, deshalb ist Essigsäure eine schwache Säure.

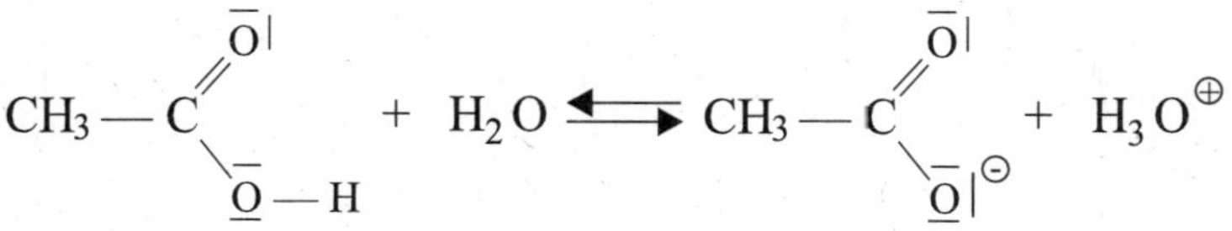

Protolysegleichgewicht von Essigsäure

Mit unedlen Metallen entstehen wie bei der Methansäure ihre Salze, die *Ethanate* oder mit historischem Namen *Acetate.*

$$2\ CH_3COOH + Ca \rightarrow (CH_3COO)_2Ca + H_2$$

Essigsäure *Calciumacetat*

Reine Essigsäure ist bei Zimmertemperatur eine farblose, stechend riechende Flüssigkeit, die ätzend wirkt. Bei 16,6 °C erstarrt sie zu eisähnlichen Kristallen, sie wird deshalb auch Eisessig genannt.

In stark mit Wasser verdünnter Lösung (ca. 5–10 % Essigsäure unschädlich und wird als Speiseessig zum Würzen von Speisen verwendet. Essigessenz ist hochprozentige Essigsäure (ca. 80 %).

Ethansäure wird in der chemischen und pharmazeutischen Industrie zur Herstellung von Kunststoffen, wie Acetatseide, sowie Arzneimitteln und bei vielen anderen chemischen Synthesen verwendet, wo eine billige und schwache Säure gebraucht wird.

Speiseessig (Weinessig) wird großtechnisch durch Oxidation von minderwertigem Wein mit einem Alkoholgehalt von 5–10 % hergestellt. Dazu lässt man den Wein über Buchenspäne rieseln, die mit Essigbakterien geimpft sind. Die Essigbakterien erzeugen Enzyme, mit deren Hilfe der Alkohol durch den Luftsauerstoff zu Essigsäure oxidiert wird.

Höhere Carbonsäuren (Fettsäuren)

Die höheren Carbonsäuren sind durch Veresterung mit Glycerin in Fetten enthalten und werden deshalb auch als *Fettsäuren* bezeichnet. Die wichtigsten *gesättigten Fettsäuren (Alkansäuren)* sind:

Dodecansäure (Laurinsäure)	$C_{11}H_{23}COOH$
Hexadecansäure (Palmitinsäure)	$C_{15}H_{31}COOH$
Octadecansäure (Stearinsäure)	$C_{17}H_{35}COOH$

Sie bilden als Glycerinester den Hauptbestandteil pflanzlicher und tierischer Fette.

Ungesättigte Carbonsäuren (Alkensäuren) enthalten eine oder mehrere Doppelbindungen. Die einfachste ungesättigte Carbonsäure ist die *Propensäure* (Trivialname: Acrylsäure)

$$CH_2{=}CH{-}COOH$$

Wegen ihrer Doppelbindung zwischen zwei Kohlenstoffatomen neigt sie stark zur Polymerisation. Technisch wird aus einem Derivat der Acrylsäure, der Methacrylsäure, ein glasartiger Kunststoff (Plexiglas) hergestellt.

Höhere ungesättigte Fettsäuren wie *Ölsäure* (mit einer Doppelbindung), *Linolsäure* (mit zwei Doppelbindungen) und *Linolensäure* (mit drei Doppelbindungen) treten als Glycerinester in Fetten und fetten Ölen auf (Olivenöl, Leinöl usw.).

Einige ungesättigte Fettsäuren wie z. B. Linolsäure sind für den Menschen essenziell, d. h. sie sind für den menschlichen Organismus unentbehrlich, aber nicht vom Körper zu synthetisieren. Sie müssen deshalb mit der Nahrung zugeführt werden.

Dicarbonsäuren

Oxidiert man statt einwertiger (Alkanole) zweiwertige Alkohole (Alkandiole), so entstehen auf diesem Wege Säuren mit zwei endständigen Carboxylgruppen. Sie werden *gesättigte Dicarbonsäuren* oder *Alkandisäuren* genannt. Zur Benennung hängt man an den Stammnamen des Alkans die Endung *-disäure* an.

Gebräuchlicher als die systematische Namensgebung sind die Trivialnamen der Dicarbonsäuren. Dicarbonsäuren bilden eine homologe Reihe, deren Glieder sich jeweils um eine CH_2-Gruppe unterscheiden.

Oxalsäure kommt in Form ihrer Salze in der Natur häufig vor. Sauerklee und Rhabarber enthalten z. B. Kaliumoxalat.

Calciumoxalat kommt in vielen Pflanzen vor. Es ist an der Bildung von Nierensteinen beteiligt. Adipinsäure ist Ausgangsstoff zur Herstellung von Kunststoffen, z. B. Nylon.

Die ersten Glieder der homologen Reihe der Dicarbonsäuren

Trivialname	systemat. Name	Halbstrukturformel
Oxalsäure	Ethandisäure	HOOC-COOH
Malonsäure	Propandisäure	HOOC-CH_2-COOH
Bernsteinsäure	Butandisäure	HOOC-$(CH_2)_2$-COOH
Glutarsäure	Pentandisäure	HOOC-$(CH_2)_3$-COOH
Adipinsäure	Hexandisäure	HOOC-$(CH_2)_4$-COOH

Ungesättigte Carbonsäuren

Ungesättigte Carbonsäuren enthalten neben den beiden Carboxylgruppen C=C-Doppelbindungen. Die beiden wichtigsten Vertreter dieser Gruppe sind die beiden stereoisomeren Formen Maleinsäure und Fumarsäure. Maleinsäure ist die cis-Form der 2-Butendisäure, Fumarsäure ihre trans-Form. Da ihr physikalisches Verhalten stark unterschiedlich ist, tragen sie unterschiedliche Namen.

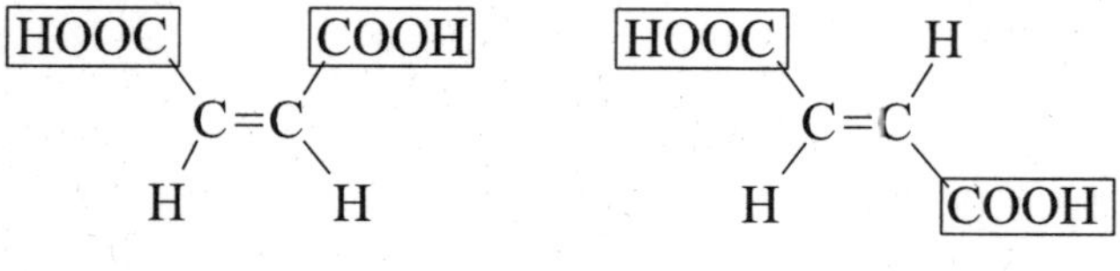

Strukturformeln von Malein- und Fumarsäure

Hydroxcarbonsäuren

Hydroxcarbonsäuren enthalten neben der Carboxylgruppe eine oder mehrere Hydroxylgruppen. Man unterscheidet je nach Stellung der OH-Gruppe im Molekül zwischen α-, β-, γ- usw. Hydroxylsäuren. Bei α-Hydroxycarbonsäuren befindet sich die OH-Gruppe am der Carboxylgrupppe benachbarten C-Atom, bei β-Hydroxycarbonsäuren am 2. der Carboxylgruppe folgenden C-Atom usw.

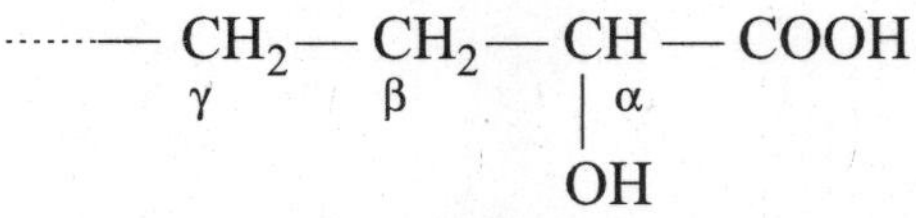

α-, β- und γ-Hydroxycarbonsäuren

Einige wichtige Hydroxysäuren kommen in der Natur vor. Zu ihrer Benennung werden meistens die Trivialnamen verwendet. *Milchsäure (2-Hydroxpropansäure)* kommt in zahlreichen Lebensmitteln wie Sauerkraut, Gurken und saurer Milch vor.

Milchsäure entsteht bei der Vergärung von Zucker (u. a. Fructose, Glucose, Maltose, Saccharose) durch Milchsäurebakterien. Eine große praktische Bedeutung hat die Milchsäuregärung bei der Herstellung von z. B. Joghurt und Buttermilch. Auch in den Muskeln entsteht Milchsäure bei ungenügender Sauerstoffzufuhr. Sie verursacht die Schmerzen beim Muskelkater.

Weinsäure (2,3-Dihydroxybutandisäure) kommt in vielen Früchten vor. Kaliumhydrogentartrat, ein Salz der Weinsäure, das als Weinstein bekannt ist, setzt sich beim Lagern von Wein ab.

Zitronensäure (2-Hydroxpropantricarbonsäure) ist in vielen Früchten enthalten. Sie nimmt eine zentrale Stellung im Stoffwechsel (Zitronensäurezyklus) ein.

Weinsäure und Zitronensäure werden in der Getränke- und Nahrungsmittelindustrie zur Herstellung von Limonaden und Backpulver verwendet.

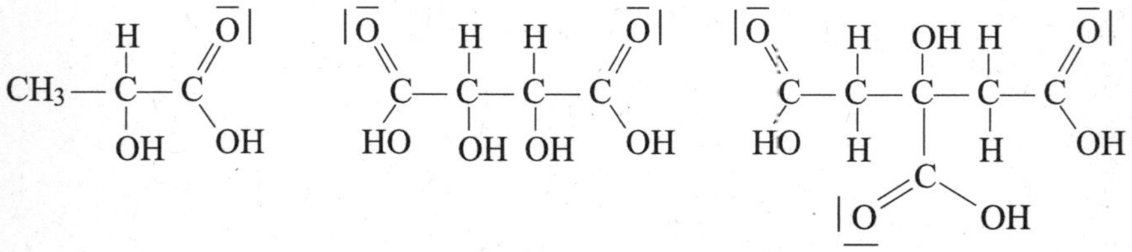

Strukturen von Milchsäure, Wein- und Zitronensäure

Aromatische Carbonsäuren

Die wichtigste und einfachste aromatische Carbonsäure ist Benzoesäure. Sie wird u. a. zur Konservierung von Lebensmitteln und zur Verhütung von Schimmelbildung im Tabak sowie in Klebstoffen eingesetzt. Aromatische

Dicarbonsäuren sind Phthalsäure und Terephthalsäure. Beide sind wichtige Zwischenprodukte für zahlreiche Synthesen, z. B. zur Herstellung von Kunstfasern wie Terylen (Trevira).

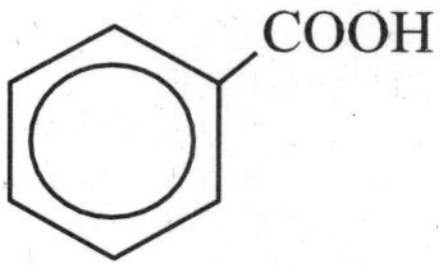

Benzoesäure

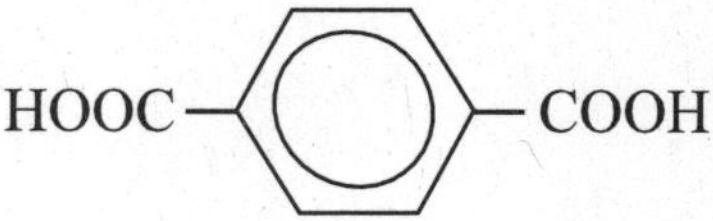

Terephthalsäure

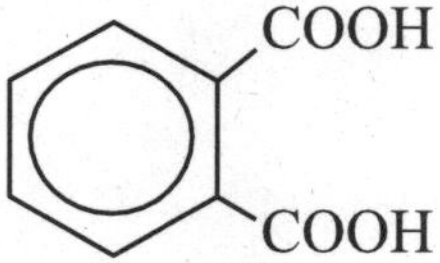

Phthalsäure

Ester

Ester sind Derivate (Abkömmlinge) der Carbonsäuren. Sie entstehen durch Reaktion zweier verschiedener funktioneller Gruppen, der Carboxylgruppe der Carbonsäuren (auch mit anorganischen Säuren) mit der Hydroxylgruppe der Alkohole, unter Wasserabspaltung (Kondensation). Die Reaktion wird durch Zusatz einer starken Säure (H_2SO_4) katalysiert allgemein:

$$R\text{-}COOH + R'OH_2 \xrightarrow{H_2SO_4} R\text{-}CO\text{-}O\text{-}R' + H_2O$$

Beispiel:

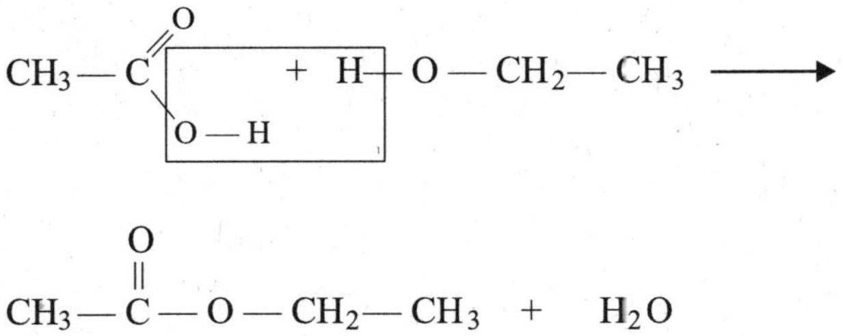

Die funktionelle Gruppe der Ester ist die -CO-O-Gruppe. Ihre Benennung erfolgt, indem man den Alkylrest des Alkohols dem Namen des Säurerestes voranstellt, z. B. Ethylacetat, Ethylmenthanoat. Häufig ist noch eine ältere Bezeichnung in Gebrauch, bei der an den Namen der Säure und den folgenden Namen des Alkylrestes die Endung *-ester* angehängt wird, z. B. Essigsäureehtylester, Essigsäuremethylester.

$$\text{Carbonsäure + Alkohol} \underset{\text{Veresterung}}{\overset{\text{Verseifung}}{\leftrightarrow}} \text{Ester + Wasser}$$

Die Esterbildung ist eine umkehrbare Reaktion (Gleichgewichtsreaktion). Die Hinreaktion wird Veresterung (Kondensation) genannt, die Rückreaktion Verseifung (Hydrolyse).

Die Reaktion lässt sich durch Zusatz einer starken, wasserentziehenden Säure (H_2SO_4), wodurch die Hinreaktion begünstigt wird, oder durch Zusatz einer starken Lauge (NaOH), wodurch das Gleichgewicht auf die Seite der Ausgangsstoffe verschoben wird, steuern.

Eigenschaften von Estern

Ester können im Gegensatz zu den Alkansäuren keine Wasserstoffbrückenbindungen ausbilden; deshalb liegen ihre Siedetemperaturen niedriger als die entsprechender Alkohole bzw. Carbonsäuren.

Aus dem gleichen Grund sind sie wasserlöslich. Als hydrophobe Verbindungen lösen sie sich gut in Benzin und anderen unpolaren Lösungsmitteln.

Wichtige Ester und ihre Verwendung

Ester niederer Carbonsäuren und niederer Alkohole werden wegen ihres obstartigen Geruches als Duft- und Aromastoffe Limonaden, Bonbons, Kaugummi usw. zugesetzt.

Daneben sind sie wichtige Lösungsmittel für Lacke, Klebstoffe und Farben. Ester höherer Carbonsäuren und höherer Alkohole gehören zur Gruppe der Wachse. Sie kommen z. B. im Bienenwachs vor. Mehrwertige Carbonsäuren und mehrwertige Alkohole können auch mehrfache Esterbindungen ausbilden. Die Fette sind z. B. Ester des dreiwertigen Alkohols Glycerin mit höheren Carbonsäuren.

Name	Strukturformel	Verwendung
Ethansäure-methylester	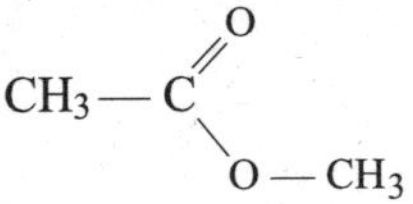	Lösungsmittel
Ethansäure-pentylester	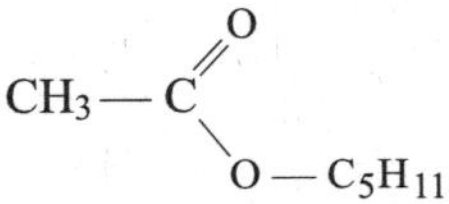	Bananenaroma
Propansäure-butylester	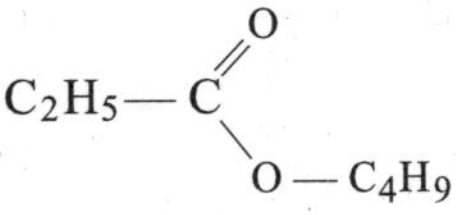	Rumaroma
Butansäure-ethylester	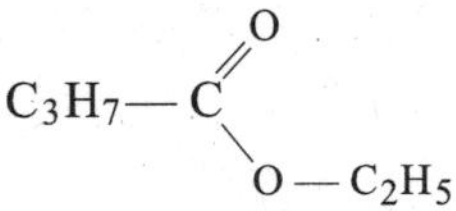	Pfirsicharoma
Pentansäure-pentylester	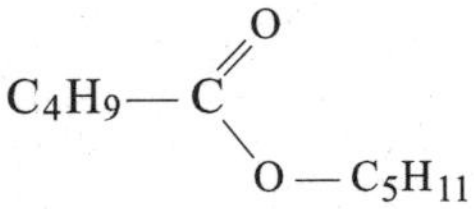	Apfelaroma

Einige wichtige Ester und ihre Verwendung

Ether

Die Alkohole wurden als Substitutionsprodukt des Wassers aufgefasst. *Ether* können als Disubstitutionsprodukte des Wassers aufgefasst werden. Beide

Wasserstoffatome wurden durch andere Substituenten ersetzt. Ihre allgemeine Formel lautet: R-O-R´, dabei können die Reste gleich (einfache oder symmetrische Ether) oder voneinander verschieden (gemischte oder unsymmetrische Ether) sein. Sie können durch Entzug von Wasser (Kondensation) aus Alkoholen mit starken wasserentziehenden Säuren hergestellt werden.

$$\underset{\textit{Ethanol}}{C_2H_5OH} + \underset{\textit{Ethanol}}{HOC_2H_5} \xrightarrow{\text{Konz. } H_2SO_4} \underset{\textit{Diethylether}}{H_5C_2\text{-}O\text{-}C_2H_5} + \underset{\textit{Wasser}}{H_2O}$$

Ihre systematische Benennung erfolgt, indem man den beiden Resten die Endung *-ether* anhängt, wie z. B. Ethylmethylether, $H_5C_2\text{-}O\text{-}CH_3$. Ether können untereinander keine Wasserstoffbrückenbindungen ausbilden. Deshalb sieden sie wesentlich tiefer als die entsprechenden Alkohole und sind somit flüchtiger. Aus dem gleichen Grund lösen sie sich nicht in Wasser.

Viele Ether haben einen angenehmen, etherischen Geruch und werden deshalb als Duftstoffe in Parfums und Kosmetika verwendet. Ether sind sehr beständige Verbindungen, die mit anderen Substanzen nur schwer reagieren. Die wichtigste Verbindung aus der Substanzklasse der Ether ist der *Diethylether,* $H_5C_2\text{-}O\text{-}C_2H_5$, auch Ether oder Ethylether genannt.

Diethylether ist eine farblose, leicht bewegliche Flüssigkeit mit charakteristischem etherartigem Geruch.

Diethylether ist leicht flüssig. Seine Dämpfe sind hoch entzündlich und brennbar. Beim längeren Stehen an der Luft bilden seine Dämpfe, die eine größere Dichte als Luft besitzen und sich deshalb am Boden ansammeln, explosive Gemische. Es besteht Detonationsgefahr. Die Dämpfe des Diethylethers führen beim Einatmen zu Rauschzuständen und Bewusstlosigkeit; deshalb wird er in der Medizin, allerdings nur vereinzelt, als Narkosemittel eingesetzt. Diethylether ist ein wichtiges Lösungsmittel für Fette und Öle.

Stickstoffhaltige organische Verbindungen

Stickstoffhaltige Verbindungen kommen in der Natur zahlreich vor, wie z. B. Aminosäuren in Proteinen (s. S. 421 ff.), Harnstoff im Urin, heterozyklische Ringe, die neben Kohlenstoff auch Stickstoff in den Ringen enthalten, in Nucleinsäuren und Farbstoffen. Hier werden zwei Gruppen von stickstoffhaltigen Verbindungen erwähnt, die *Amine* und *Nitroverbindungen*.

Amine

Die *Amine* lassen sich als Substitutionsprodukte des Ammoniaks NH_3 auffassen. Man unterscheidet je nachdem, ob ein, zwei oder drei H-Atome durch organische Reste (z. B. Alkylreste) ersetzt wurden, zwischen primären, sekundären und tertiären Aminen.

Die funktionelle Gruppe der (primären) Amine ist die *NH_2-Gruppe,* auch *Aminogruppe* genannt. Die Benennung aliphatischer Amine erfolgt, indem dem Alkylrest die Endung *-amin* angehängt wird, z. B. Methylamin

CH_3-NH_2, Ethylamin (CH_3CH_2-NH_2). Komplizierter gebauten Aminen wird die Vorsilbe Amino- vorangestellt. Aromatische Amine tragen meist Trivialnamen.

Wie Ammoniak können Amine durch ihr freies Elektronenpaar am Stickstoffatom als Basen (Protonakzeptoren) wirken. Ihre wässrigen Lösungen reagieren basisch.

Anilin

Anilin, $C_6H_5NH_2$ (Aminobenzol), ist eines der wichtigsten Amine. Es wird technisch durch Reduktion von Nitrobenzol mit Eisen und Salzsäure hergestellt.

Es ist ein wichtiger Rohstoff zur Herstellung von Farbstoffen, Kunststoffen und Arzneimitteln.

Nitroverbindungen

Nitroverbindungen enthalten als funktionelle Gruppe eine NO_2- oder auch *Nitrogruppe*. Die allgemeine Formel lautet R-NO_2.

Den Rest R können aliphatische oder aromatische Kohlenwasserstoffe bilden. Niedere aliphatische Nitroverbindungen können durch Reaktion von Alkanen mit Salpetersäure hergestellt werden:

$$CH_3\text{-}CH_2\text{-}CH_2\text{-}CH_3 \xrightarrow{HNO_3} CH_3\text{-}CH_2\text{-}CH_2\text{-}CH_2NO_2 + H_2O$$

Aromatische Nitroverbindungen entstehen durch Nitrierung der entsprechenden Kohlenwasserstoffe mit einem Gemisch aus Salpetersäure und Schwefelsäure HNO_3/H_2SO_4 *(Nitriersäure)*:

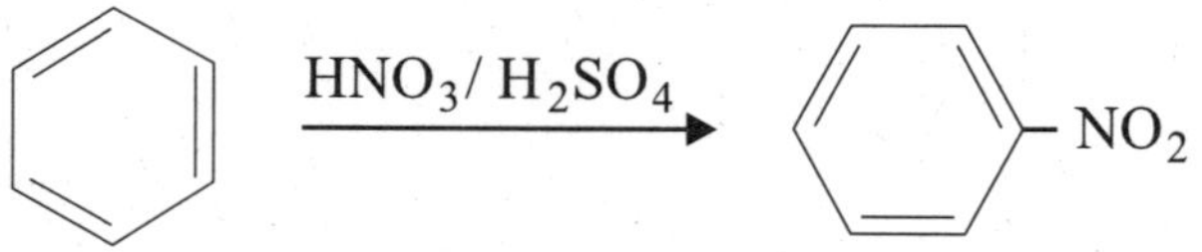

Benzol *Nitrobenzol*

Nitroverbindungen dienen als Zwischenprodukte für viele Synthesen. Sie können z. B. in Amine oder Nitrile (R-C≡N) überführt werden.

Schwefelhaltige organische Verbindungen

Von den zahlreichen organischen schwefelhaltigen Verbindungen sollen hier nur die Thiole und Sulfonsäuren abgehandelt werden.

Thiole

Thiole (früher Mercaptane) sind den Alkoholen entsprechende Verbindungen, bei denen der Sauerstoff durch Schwefel ersetzt wurde. Sie können als Monosubstitutionsprodukte des Schwefelwasserstoffes H_2S aufgefasst werden und enthalten damit als funktionelle Gruppe die *SH-Gruppe*, ihre allgemeine Formel lautet dementsprechend *R-SH*. Sie werden analog den Alkoholen mit der Endung *-thiol* benannt, z. B. Menthanthiol CH_3-SH, Ethanthiol CH_3CH_2-SH, usw. Es sind meist widerlich riechende Substanzen.

Sulfonsäuren

Sulfonsäuren sind die wichtigsten schwefelhaltigen Verbindungen, in denen Schwefel in höheren Oxidationsstufen vorliegt. Sie enthalten als funktionelle Gruppe eine *SO_3H-Gruppe*. Die allgemeine Formel lautet *R-SO_3H*. Den Rest R können aliphatische oder aromatische Kohlenwasserstoffreste bilden.

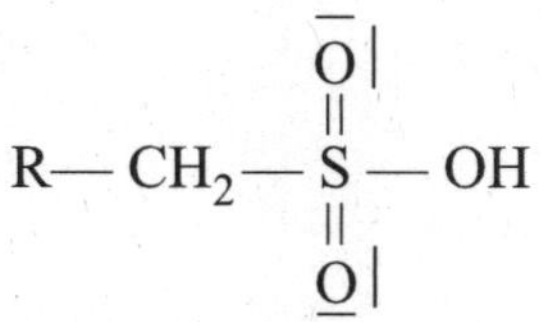

Aromatische Sulfonsäuren werden durch *Sulfonierung* von Aromaten mit konzentrierter Schwefelsäure hergestellt:

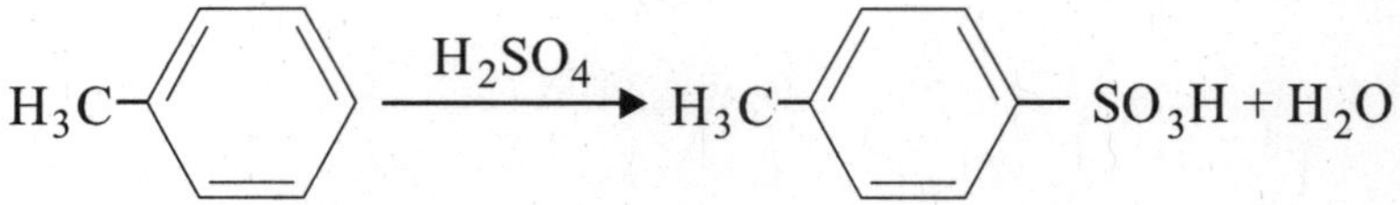

Sie sind wichtige Zwischenprodukte bei der Herstellung von Farbstoffen und Wasch- und Arzneimitteln.

Kohle, Erdöl und Erdgas

Kohle, Erdöl und Erdgas sind fossile Rohstoffe, die derzeit die wichtigsten Energieträger (Brennstoffe) sind, die zur Erzeugung von Wärme, elektrischer und mechanischer Energie in Kraftwerken und zu Heizzwecken eingesetzt werden. Außerdem sind sie wichtige Ausgangsstoffe für die Produktion vieler wichtiger synthetischer, organischer Verbindungen der chemischen Industrie. Allerdings wurde hier die Kohle weitgehend von Erdöl und Erdgas verdrängt. Erdöl und Erdgas dienen über eine Reihe von Zwischenstufen der Herstellung von Kunst- und Farbstoffen, Arznei- und Waschmitteln. Fossile Rohstoffe sind nicht regenerationsfähig, d. h., ihre Vorkommen werden in absehbarer Zeit erschöpft sein. Deshalb ist es besonders notwendig, alternative Energiequellen zu nutzen (Kern-, Wind- und Sonnenenergie) und durch Recycling die natürlichen Ressourcen zu schonen und Abfälle zu vermeiden.

Erdöl und Erdgas

Entstehung

Die Frage der Entstehung des Erdöls und Erdgases ist nicht endgültig abgeklärt. Man geht heute davon aus, dass Erdöl und Erdgas aus abgestorbenen tierischen und pflanzlichen Meeresorganismen entstanden sind, die vor Jahrmillionen auf den Grund von flachen Binnenmeeren gesunken sind und dort zusammen mit sand-, ton- und kalkhaltigem Material eine sauerstoffarme

Faulschlammschicht bildeten, die eine Verwesung des organischen Materials (Kohlehydrate, Fette, Eiweiße) verhinderte. Unter Einwirkung von anaeroben Bakterien, Tonen als Katalysatoren, niedrigen Temperaturen und hohem Druck wurde der Faulschlamm langsam biologisch abgebaut und über Zwischenprodukte in Erdöl und Erdgas umgewandelt.

Nach heutiger Auffassung entstand das Erdöl in sauerstoffundurchlässigen tonigen Schichten, findet sich heute aber überwiegend in Sanden und Sandsteinen. Man nimmt deshalb an, dass die ölhaltigen Tone durch darüberlagernde Gesteinsschichten wie ein Schwamm ausgepresst wurden, sodass das Erdöl von seinem Entstehungsort wegwanderte, bis seine weitere Ausbreitung durch undurchlässige Erdschichten gestoppt wurde und es sich in den sogenannten *Erdölfallen* ansammelte.

Vorkommen und Gewinnung

Die größten Erdöl- und Erdgaslagerstätten befinden sich im Mittleren Osten, China, der ehemaligen UdSSR, Osteuropa, Nord- und Westafrika, Nord- und Mittelamerika und in Westeuropa. Sie werden durch Bohrungen mit Bohranlagen, die bis in die entsprechenden Tiefen (bis zu einigen Kilometern) zu den Lagerstätten vorangetrieben werden, aufgespürt.

Steht das Erdöl durch begleitendes Erdgas und Wasser unter Eigendruck, wird es von selbst durch das Bohrloch an die Erdoberfläche gedrückt. Genügt der Lagerstättendruck nicht, wird das Erdöl an die Erdoberfläche gepumpt.

Zusammensetzung

Erdöl ist ein mehr oder weniger flüssiges, schwarzbraunes homogenes Gemisch von einigen Hundert bis Tausend von Kohlenwasserstoffen, das vorwiegend aus gesättigten Kohlenwasserstoffen (n/i-Alkane, Paraffine) und zum geringeren Teil aus ungesättigten Kohlenwasserstoffen (Alkene, Olefine), Cycloalkanen (Naphthene) und Aromaten besteht. Daneben enthalten Erdöle in geringen Mengen schwefel-, sauerstoff- und stickstoffhaltige organische Verbindungen und einige organische Verbindungen. Der Anteil der im Erdöl enthaltenen Verbindungen kann je nach Herkunftsort schwanken.

Verarbeitung und Produkte der Erdölraffinerie

Das bei der Förderung gewonnene Erdöl kann im Rohzustand nicht technisch verwertet werden. Es wird in Erdölraffinerien aufgearbeitet und veredelt. Das Erdöl wird zunächst in einer Destillationsanlage bei Normaldruck in Fraktionen (z. B. Benzin, Heizöl, Schmieröl) aufgetrennt. Daran schließen sich weitere Verfahren wie Vakuumdestillation, Entschwefeln, Reformieren, Cracken und Verkoken an, die die Produkte entsprechend den Qualitätsanforderungen des Marktes veredeln.

Destillation von Rohöl

Wird Rohöl im Labor in einer Destillationsapparatur erhitzt, steigt die Siedetemperatur langsam an. Zuerst verdampfen die leichter siedenden Bestandteile und die schwerer siedenden reichern sich im Rückstand an. Der Dampf kondensiert im Kühler und die Flüssigkeit sammelt sich im Destillationskolben. Der allmähliche Temperaturanstieg bei der Destillation deutet darauf hin, dass keine Reinstoffe abgetrennt werden, sondern Flüssigkeitsgemische, die *Fraktionen* genannt werden. Entnimmt man in bestimmten Temperaturbereichen (bis 80 °C, 80–140 °C usw.) verschiedene Fraktionen durch Drehen des Fraktionierverteilers, erhält man Destillate mit unterschiedlichen Eigenschaften. Eine weitere Auftrennung der einzelnen Fraktionen kann durch erneute Destillation erfolgen. Diese aufwendige Arbeitsweise wird in der Erdöl verarbeitenden Industrie bei der fraktionierten Destillation in sogenannten Destillations- oder Rektifikationskolonnen umgangen.

Fraktionierte Destillation von Rohöl

In der Raffinerie wird das Erdöl zunächst in Röhrenöfen bis zum Siedepunkt erhitzt und in einen Destillationsturm, in dem Atmosphärendruck (1,013 bar) herrscht, geleitet. Er besteht aus einem senkrechten Turm, in den zahlreiche übereinanderliegende Glockenböden eingelassen sind. Die aufsteigenden, leichter siedenden Bestandteile des siedenden Rohöls durchlaufen diese Glockenböden, wobei sie jedes Mal durch abgedeckte Durchlässe in die auf dem Glockenboden stehende, siedende Flüssigkeit geleitet werden. Schwerer siedende Dampfanteile kondensieren dort, geben ihre Kondensationswärme an die Flüssigkeit ab, sodass sie weitersiedet und die leichter flüchtigen Komponenten verdampfen. Dieser Vorgang wiederholt sich auf jedem Glockenboden, wobei jeweils die schwerer siedenden Bestandteile des Dampfes zurückbleiben und die leichter siedenden verdampfen. Jeder Glockenboden ist über einen Überlauf mit dem darunterliegenden verbunden, sodass die schwerer siedenden Bestandteile ablaufen und sich im unteren Teil des Destillationsturms anreichern. So findet zwischen zwei Böden ständig eine Destillation statt, wobei jeder Glockenboden ein Flüssigkeitsgemisch mit einem bestimmten Siedebereich enthält.

Rohölfraktionen

Am Kopf der Kolonne strömt Dampf ab, der aus den niedrig siedenden Bestandteilen des Erdöls mit einem Siedebereich < 30 °C besteht. Diese sogenannten *Topgase* sind Methan, Ethan, Propan und Butan; sie werden als Heizgase bzw. Ausgangsstoffe für die Petrochemie verwendet. Die Fraktionen der schwerer siedenden Bestandteile, Benzine (Sdp. 35–140 °C) und die Mitteldestillate Petroleum, Kerosin (Sdp. 150–250 °C), Dieselöl und leichtes Heizöl (Sdp. 250–360 °C) werden seitlich aus den entsprechenden Glockenböden abgelassen. Sie müssen vor ihrer weiteren Verwendung entschwefelt werden (s. S. 359) und werden als Motorenkraftstoffe in Kraftfahrzeugen, Flugzeugen, Lastkraftwagen und zu Heizzwecken verwendet. Am Boden der Kolonne bleibt das bei atmosphärischem Druck nicht verdampfbare Sumpfprodukt, das aus Kohlenwasserstoffen besteht, die bei Temperaturen über 400 °C sieden. Sie werden durch Vakuumdestillation weiter aufgetrennt.

Vakuumdestillation

Das Sumpfprodukt enthält Kohlenwasserstoffe, deren Siedepunkte bei über 400 °C liegen. Sie würden sich bei einer Destillation unter atmosphärischem Druck zersetzen. Deshalb werden sie in einen zweiten Destillationsturm geleitet, in dem sie unter vermindertem Druck (Vakuum) destilliert werden. Die Auftrennung des Gemisches kann dann bei Temperaturen bis zu 150 °C erfolgen, da die Siedepunkte der Kohlenwasserstoffe durch den niedrigeren Druck abgesenkt werden.

Als Kopfprodukt entsteht schweres Heizöl, seitlich können leichte und schwere Schmieröle sowie Paraffine, die zu Bohnerwachs und Kerzen verarbeitet werden, entnommen werden. Als Sumpfprodukte bleiben Teer, Pech und Bitumen zurück. Sie werden als Straßenbeläge, Dachpappe und als Dichtmasse verwendet.

Veredlung von Rohölfraktionen

Entschwefelung

Die Rohölfraktionen enthalten eine Vielzahl von Schwefelverbindungen. Sie wirken bei dem nachgeschalteten Reformierungsprozess als Katalysatorgift und belasten durch das bei der Verbrennung frei werdende Schwefeldioxid SO_2 die Umwelt. Der Schwefelgehalt der Fraktionen wird deshalb durch hydrierende Behandlung gesenkt. Dazu wird das Destillat mit Wasserstoff bei einem Druck von 60 bar und einer Temperatur von 330–380 °C in einem Röhrenofen erhitzt, wobei die Hydrierung in Gegenwart eines Kobalt/Molybdän-Katalysators durchgeführt wird. Es entsteht Schwefelwasserstoff H_2S, aus dem nach dem *Claus-Verfahren* elementarer Schwefel gewonnen wird, der in der Schwefelsäureproduktion eingesetzt wird.

Reformieren

Die Benzinfraktionen, die bei der fraktionierten Destillation des Rohöls gewonnen werden, können nicht direkt als Motorkraftstoffe verwendet werden. Dies liegt vor allem an der Zusammensetzung des aus vorwiegend geradkettigen Kohlenwasserstoffen (Alkanen) und einem geringen Anteil an Aromaten, Cycloalkanen und Alkenen bestehenden Gemischen. Es ist in Otto-Motoren nur bedingt einsatzfähig, da es das Klopfen des Motors verursacht, das die Leistungskraft beeinträchtigt und den Verschleiß des Motors erhöht. Benzine sind umso klopffester, je mehr Verzweigungen, ringförmige Alkane und Aromaten sie enthalten.

Die Benzinfraktionen werden bei etwa 500 °C und unter Druck über Platinkatalysatoren geleitet. Dabei werden die geradkettigen Kohlenwasserstoffe in verzweigte oder ringförmige Kohlenwasserstoffmoleküle umgebaut (reformiert). Das Benzin weist dann eine hohe Oktanzahl auf, die ein Maß für die Klopffestigkeit ist. Bleihaltige Benzine enthalten organische Bleiverbindungen (Bleitetraethyl (Pb $(C_2H_5)_4$), die die Klopffestigkeit zusätzlich erhöhen.

Cracken

Zwischen der durchschnittlichen Zusammensetzung des geförderten Erdöls und dem tatsächlichen Bedarf an den enthaltenen Kohlenwasserstoffen bestehen große Unterschiede. Der Anteil an z. B. Benzin, Dieselkraftstoff und leichtem Heizöl ist wesentlich niedriger als tatsächlich gebraucht wird. Deshalb werden in Raffinerien die hochsiedenden Bestandteile (Schweröl,

Schmieröle), die aus langkettigen Alkanen bestehen, durch Cracken in kurzkettige Alkane (Gase, Benzine, Dieselkraftstoff, Heizöl) zerlegt. Dazu werden die Schmierölfraktionen bei etwa 500 °C in Anwesenheit eines Katalysators ($AlCl_3$) durch Aufbrechen der C-C-Bindungen zerlegt.

Petrochemie

Die Petrochemie umfasst die industrielle Herstellung synthetischer organischer Grundstoffe, die aus Erdöl und Erdgas hergestellt werden. Sie stellt damit das Bindeglied zwischen der Erdölverarbeitung in der Raffinerie und der chemischen Industrie dar. Über 90 % der Chemieproduktion werden aus Erdölerzeugnissen hergestellt.

Das wichtigste Verfahren ist das *Steamcracking,* bei dem Rohbenzin (techn. Name: Naphta) bei 750–850 °C in Gegenwart von Wasserdampf, durch Aufbrechen der C-C- und C-H-Bindungen in niedermolekulare Kohlenwasserstoffe gespalten wird. Es entsteht ein Gemisch gasförmiger Reaktionsprodukte, das neben Wasserstoff und Methan hauptsächlich aus ungesättigten Kohlenwasserstoffen (Ethen, Propen, Buten usw.) besteht sowie flüssige aromatische Reaktionsprodukte (Benzol, Toluol, Xylol usw.) enthält. Diese sogenannten *Primärprodukte* werden in weiteren Prozessen zu *Sekundärprodukten* wie z. B. Styrol, Acrylnitril, Vinylchlorid, Caprolactam, Phenol, Hexandisäure und Terephthalsäure verarbeitet, die schließlich in der Großindustrie zu den Endprodukten wie z. B. Kunststoffen, Waschrohstoffen, Farben und Synthesefasern verarbeitet werden.

Kohle

Entstehung

Kohle ist aus dem Holz vor Jahrmillionen versunkener Bäume riesiger Sumpfwälder entstanden. Durch Zersetzung des abgelagerten pflanzlichen Materials unter Luftabschluss bei hoher Temperatur und hohem Druck bildete sich zunächst Torf, dann Braunkohle, Steinkohle und Anthrazit.

Mit zunehmendem geologischen Alter steigt der Kohlenstoffgehalt (Inkohlungsgrad). Der Heizwert nimmt entsprechend dem Inkohlungsgrad zu.

Zusammensetzung

Kohle ist ein Gemisch hochmolekularer Stoffe, die aus den Elementen C, O, H, N und S aufgebaut sind. Den Hauptbestandteil der Kohle bilden kondensierte und über kurze aliphatische Reste verbrückte Aromaten.

Verarbeitung von Kohle

Aus Kohle können dieselben Primärprodukte, die aus dem Erdöl gewonnen werden, hergestellt werden. Allerdings ist die Förderung von Erdöl und Erdgas billiger als der aufwendige Abbau der Kohle unter Tage.

In Zukunft werden diese Verfahren dennoch größere technische Bedeutung erlangen, da die Kohlevorräte größer sind als die Erdölvorräte.

Verkokung von Steinkohle (Kohleentgasung)

Steinkohle wird bei der Verkokung in Kokereien unter Luftabschluss auf 1100–1400 °C erhitzt. Dabei entsteht ein fester Rückstand, der im Wesentlichen aus Kohlenstoff besteht, der Koks (95–98 % C), der zum größten Teil für die Stahlproduktion in Hochöfen verbraucht wird.

Daneben wird ein Gas erhalten, das beim Kondensieren im Wesentlichen Ammoniak und Steinkohlenteer liefert. Das nach der Kondensation übrig bleibende Gas ist ein Gemisch, das überwiegend aus niedermolekularen Kohlenwasserstoffen wie Methan CH_4 und Wasserstoff besteht. Der flüssige, schwarzbraune Steinkohlenteer ist ein Vielstoffgemisch aus vorwiegend aromatischen Kohlenwasserstoffen wie Benzol und den Benzolabkömmlingen Naphthalin und Anthracen. Er war früher die Rohstoffquelle für synthetische organische Produkte der chemischen Industrie.

Kohlevergasung

Glühende Kohle (Koks) setzt sich mit Wasserdampf zu Synthesegas, einer Mischung aus Kohlenmonoxid und Wasserstoff um:

$$C + H_2O \rightarrow CO + H_2$$

Die Reaktion verläuft endotherm, etwa 30–40 % der Kohle werden zur Bereitstellung der erforderlichen Wärmeenergie benötigt. Das Synthesegas kann je nach Reaktionsbedingungen (Druck, Temperatur) und verwendetem

Katalysator zu gasförmigen und flüssigen Kohlenwasserstoffen oder organischen Sauerstoffverbindungen wie Alkoholen und Carbonsäuren umgesetzt werden.

Kohleverflüssigung (Kohlehydrierung)

Die Kohleverflüssigung dient der Herstellung von flüssigen Treibstoffen, v. a. Benzin. Dazu müssen die großen Moleküle der Kohlenstoffverbindungen in Bruchstücke zerlegt werden, wie sie im Benzin vorkommen. Die feingemahlene Kohle wird mit einem Katalysator und Schweröl vermischt und in einem Reaktor bei Temperaturen von 450–500 °C und einem Druck von 300–400 bar mit Wasserstoff hydriert. Es entstehen Aliphate unterschiedlicher Länge.

Waschmittel und Seifen

Seifen

Verfahren zur Seifenherstellung

Seifen sind die ältesten Waschmittel überhaupt. Sie werden auch heute noch, wenn auch zu geringem Anteil, nach einem „historischen“ Verfahren durch

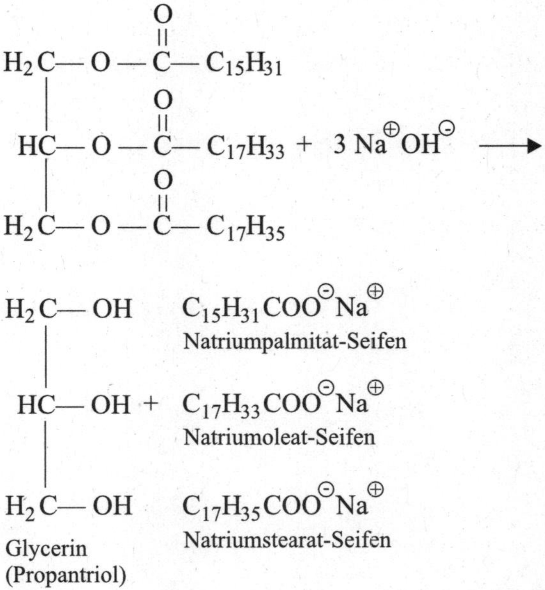

das Kochen von pflanzlichen und tierischen Fetten mit Kali- oder Natronlauge *(Seifensieden)* hergestellt. Dabei werden die Fette durch Hydrolyse *(Verseifung)* in Glycerin und die in Wasser gelösten Natrium- oder Kaliumsalze der entsprechenden höheren Fettsäuren (12–18 C-Atome), die als *Seifen* bezeichnet werden, gespalten.

Die gelösten Seifen aus dem erhaltenen „Seifenleim", der aus Glycerin, Wasser und der Seife besteht, werden durch Zugabe von Natriumchlorid ausgesalzen, d. h., durch Überschreiten des Löslichkeitsproduktes ausgefällt.

Die Natriumsalze der Fettsäuren haben eine feste Konsistenz, sie werden als *Kernseifen* bezeichnet. Die Kaliumsalze der Fettsäuren mit einer weichen Konsistenz bezeichnet man als *Schmierseifen.*

In einem anderen, moderneren Verfahren wird die schwierige Abtrennung der Seifen aus dem Seifenleim umgangen, indem die Fette in Druckkesseln mit 180 °C heißem Wasserdampf in Glycerin und wasserunlösliche Fettsäuren getrennt werden, die sich nach dem Erkalten leicht vom Glycerin abtrennen lassen.

Auch die katalytische Oxidaton von langkettigen Alkanen (Paraffinen) zu Fettsäuren ist eine gebräuchliche Methode, um Seifen herzustellen. Die Seifen werden anschließend durch Reaktion mit heißer Natriumcarbonat- oder Natriumhydroxidlösung hergestellt.

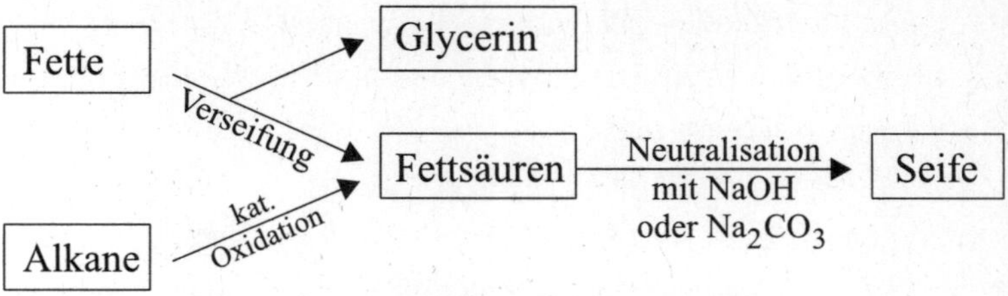

Schema der modernen Seifenherstellung

Waschwirkung der Seifen

Seifen haben die Aufgabe, den in Wasser nicht löslichen Schmutz, wie Fette, Öle, Fettabsonderungen der Haut und Farbstoffe, die auf den Gewebefasern haften, zu entfernen. Wasser grenzt sich nämlich gegenüber unpolaren Stoffen wie Fett, Öl, Luft oder Benzin deutlich durch seine hohe Oberflächenspannung ab. Die Folge ist, dass Wasser wenn möglich die Kugelform anstrebt und deshalb von dem fetthaltigen Schmutz abperlt, weil es die Berührungsfläche möglichst klein zu halten versucht.

Die hohe Oberflächenspannung des Wassers kommt durch Ausbildung von Wasserstoffbrückenbindungen zwischen den als Dipol vorliegenden Wassermolekülen zustande. Sie bewirken den Zusammenhalt der Flüssigkeit. In ihrem Inneren wirken die zwischenmolekularen Anziehungskräfte gleichmäßig nach allen Richtungen, gegenüber unpolaren Stoffen wie der Luft, Fetten oder Ölen wirken auf die Moleküle nur nach innen gerichtete Kräfte, die die Moleküle in das Innere der Flüssigkeit ziehen. Dadurch entsteht eine gespannte Grenzfläche oder „Wasserhaut“ zwischen den polaren Wassermolekülen und unpolaren Stoffen, wodurch sich das Wasser deutlich von den weniger polaren Stoffen abgrenzt.

Fügt man Wasser Seife hinzu, sinkt die Grenzflächenspannung des Wassers; deshalb werden sie auch als grenzflächenaktive Stoffe *(Tenside)* bezeichnet. Die Erklärung hierfür liegt im speziellen Bau der Seifenanionen begründet:

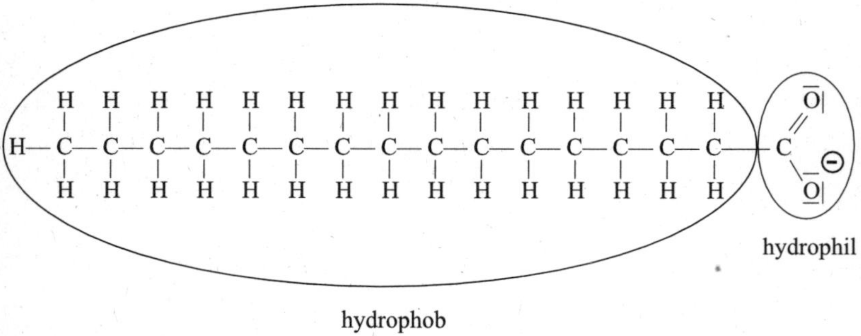

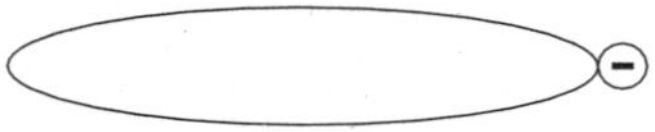

Sie drängen sich beim Lösen in Wasser zunächst zwischen die Wassermoleküle der Grenzfläche Wasser/Luft und ordnen sich so an, dass ihr polarer hydrophiler Teil in das Wasser taucht und ihr unpolarer hydrophober Teil aus der Oberfläche herausragt. Ist die Wasseroberfläche vollständig mit Seifenmolekülen besetzt, bewirkt die viel geringere Anziehungskraft zwischen den Molekülen eine Entspannung der Oberfläche. Das Waschwasser kann dann das Gewebe besser benetzen und in die Kapillarräume eindringen. Ist die Oberfläche mit Tensidmolekülen voll besetzt, bilden sich sogenannte Micellen, deren hydrophobe Reste nach innen ragen, während die hydrophilen polaren Reste Kontakt mit dem Wasser haben.

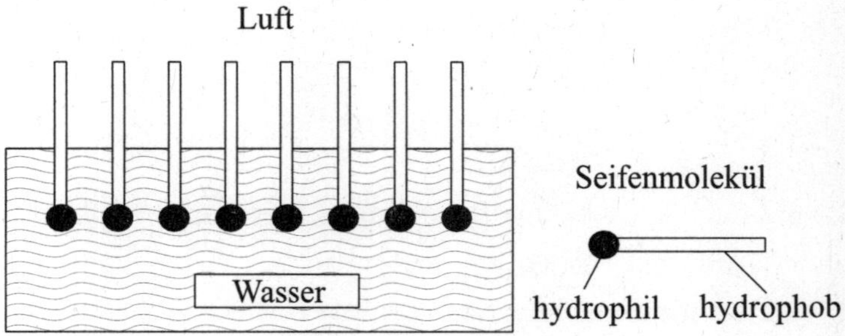

Wirkung von Seife.

Die lipophilen („fettliebend“) oder hydrophoben Reste sind in unpolaren Flüssigkeiten löslich und vermitteln zwischen diesen und der Wasseroberfläche.

Die Schmutzpartikel werden von den hydrophoben Enden der Seifenanionen umhüllt und abgehoben, während die hydrophilen Enden eine Verbindung zum Wasser herstellen. Durch die Waschbewegungen werden die Schmutzteilchen (Öltröpfchen) fein zerteilt und in Lösung gehalten. Der Schmutz wird *dispergiert,* es entsteht eine beständige *Emulsion* von Fetttröpfchen bzw. eine *Suspension* von Schmutzteilchen.

Nachteile bei der Verwendung von Seifen

Seifen dissoziieren in wässriger Lösung in Seifen- (Fettsäurerest-) Anionen und Alkalimetallkationen. Die Seifenanionen reagieren mit den Wassermolekülen in eine Säure-Base-Reaktion:

$$\text{R-COO}^- + H_2O \leftrightarrow \text{R-COOH} + OH^-$$

Die alkalische Reaktion der Seifenlaugen kann zur Schädigung von empfindlichen Fasern und Farben, vor allem aber zur Schädigung der Haut führen, die zur Regeneration ihres Säureschutzmantels (pH-Wert von 5,5) eine längere Regenerationszeit braucht, in der die Haut besonders anfällig gegenüber Infektionen ist. Bei niedrigem, saurem pH-Wert sind Seifen unwirksam, da die wasserunlöslichen Fettsäuren ausfallen:

$$\text{R-COO}^- + H_3O^+ \rightarrow \text{R-COOH}\downarrow + H_2O$$

Die Waschwirkung der Seifen wird in hartem Wasser stark durch den hohen Gehalt an Calcium- und Magnesiumionen herabgesetzt. Sie bilden mit den Seifenanionen schwer lösliche Calcium- und Magenesiumsalze, die sogenannte *Kalkseife,* die sich auf den Gewebefasern und in den Geräten als

Kruste ablagert und zur Schädigung und Vergrauung der Gewebe führt. Seifenhaltige Waschmittel müssen deshalb immer Enthärter enthalten.

Moderne Wasch- und Reinigungsmittel

Moderne Wasch- und Reinigungsmittel enthalten statt Seifen andere grenzflächenaktive, waschwirksame Substanzen, die *synthetischen Tenside (Detergentien),* die nicht die Nachteile der Seifen haben. Es sind wasserlösliche organische Verbindungen, die wie die Seifen aus einem unpolaren hydrophoben Kohlenwasserstoffrest und einer polaren hydrophilen Gruppe bestehen.

Nach dem Aufbau des polaren Teils unterscheidet man *anionische Tenside* (anionische Gruppe z. B. $-COO^-$, $-SO_3^-$), *kationische Tenside* (kationische Gruppe $-NR_3^+$) und *amphotere Tenside (Amphotenside),* die eine anionische und eine kationische Gruppe tragen. *Nichtionische Tenside* enthalten Kohlenwasserstoffe, die durch unpolare Ethergruppen verbunden sind und eine endständige Carboxylgruppe tragen, wodurch sie wasserlöslich werden. Die wichtigsten in Wasch- und Reinigungsmitteln eingesetzten Tenside sind die anionischen Tenside, zu denen die *Alkylbenzolsulfonate* und *Fettalkoholsulfate* gehören.

Die Sulfonate werden hauptsächlich als Waschmittel für Textilien eingesetzt, während die Sulfate wegen ihrer guten Hautverträglichkeit und guten Waschwirkung bei niedrigen Temperaturen eher als Shampoos, Geschirrspülmittel und Fein- und Wollwaschmittel Verwendung finden.

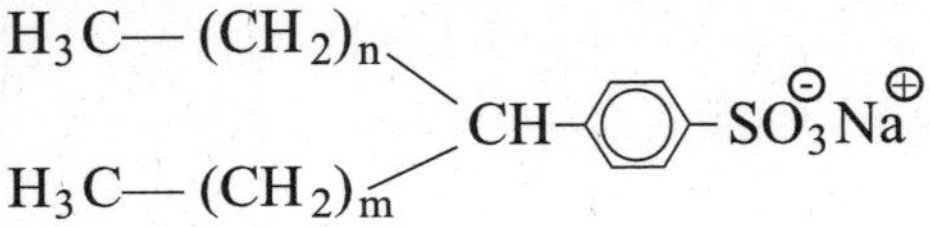

Akylbenzolsulfonat

$$H_3C-(CH_2)_n-O-SO_3^{\ominus}Na^{\oplus}$$ Fettalkoholsulfat

Die kationischen Tenside spielen als Waschmittel keine Rolle. Zu ihrer Gruppe gehören die Invertseifen, die wegen ihrer Bakterien abtötenden Wirkung in Desinfektionsmitteln eingesetzt werden.

Zu der Gruppe der nicht ionischen Tenside gehören z. B. die *Alkylpolyglykolether*. Ihre Waschkraft ist vor allem bei Temperaturen zwischen 30 und 60 °C wesentlich besser als die der Alkylbenzolsulfonate.

Mit steigender Temperatur lässt sie allerdings nach, weshalb sie in Verbindung mit anionischen Tensiden als Wasch- und Spülmittel eingesetzt werden. Amphotenside werden wegen ihrer guten Hautverträglichkeit und Bakterien abtötenden Wirkung hauptsächlich in Kosmetikprodukten eingesetzt.

Waschmittelzusatzstoffe

Neben einem Gemisch aus waschaktiven Substanzen, den Tensiden, enthalten moderne Waschmittel eine Reihe von Waschhilfsstoffen (bis zu 80 %), deren Art und Menge sich nach dem Verwendungszweck des Waschmittels richtet. *Enthärter* wie z. B. Pentanatriumtriphosphat (NTP) wird als *Kom-*

plexbildner eingesetzt, um die in hartem Wasser enthaltenen Ca^{2+}- und Mg^{2+}-Ionen, die die Waschwirkung reduzieren, als Komplexe zu binden und unschädlich zu machen. Es unterstützt und verbessert ebenfalls die Waschwirkung der anderen Inhaltsstoffe.

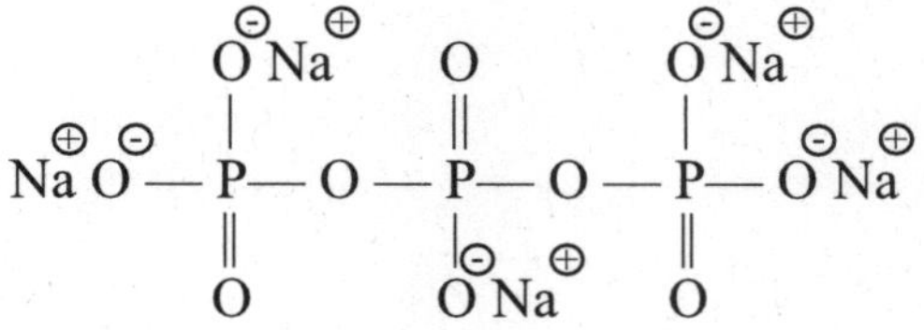

Strukturformel von Pentanatriumtriphosphat

Zusammensetzung eines Vollwaschmittels

Bestandteile	Beispiel	Anteil (%)
Tenside	Alkylbenzolsulfonat, Seifen, Alkylpolyglykolether	10–15
Komplexbildner	Pentanatriumtriphosphat, Zeolithe	30–40
Bleichmittel	Natriumperborat, Natriumhypochlorit	20–30
optische Aufheller	Stilbenderivate	0,1–0,3
Schaumregulatoren	Silikonöl	2–3
Füllstoffe	Natriumsulfat	30
sowie geringe Mengen Enzyme, Vergrauungsinhibitoren, Stabilisatoren, Duftstoffe, Korrosionsschutzmittel		

Bleichmittel. Farbige Flecken von z. B. Obst, Gemüse oder Wein werden durch die Tenside nicht hinreichend entfernt. Deshalb werden den Waschmitteln Bleichmittel wie *Natriumperborat* $NaBO_2 \cdot H_2O_2$ oder *Natriumhypochlorit* NaOCl zugesetzt, die die Farbstoffflecken durch Oxidation mit Sauerstoff zerstören.

Enzyme, hauptsächlich *Amylasen* und *Proteasen* bauen als Biokatalysatoren Verschmutzungen durch Proteine und Stärke biologisch ab. Als Eiweißstoffe sind sie temperaturempfindlich.

Bei Temperaturen über 60 °C werden sie durch Denaturierung zerstört und verlieren ihre Wirkung.

Optische Aufheller werden den Waschmitteln zugesetzt, um die Wäsche optisch weißer erscheinen zu lassen. Sie verbinden sich beim Waschen mit den Fasern, absorbieren unsichtbares UV-Licht und strahlen blaues, sichtbares Licht ab. Der Blauanteil des Lichtes überdeckt die Gelbtöne vergilbter Wäsche und führt zu einer Verstärkung des Weißgrades.

Weitere Zusatzstoffe sind u. a. *Duftstoffe,* die den unangenehmen Geruch der Waschlaugen überdecken, *Schaumregulatoren,* die die Schaumbildung regulieren und ein Überschäumen in der Waschmaschine verhindern, *Korrosionsschutzmittel,* die die Metallteile der Waschmaschinen schützen sollen und *Füllstoffe,* die die Rieselfähigkeit verbessern und ein Verklumpen verhindern.

Umweltprobleme durch Waschmittel

Umweltbelastung durch Tenside

Bis Anfang der 1960er Jahre wurden Tenside mit verzweigten Alkylresten, wie Tetrapropylenbenzosulfonat (TPS) verwendet, die kostengünstig hergestellt werden konnten und gute Wascheigenschaften besaßen. Aufgrund des verzweigten Baus der Alkylgruppen konnten sie allerdings biologisch nicht abgebaut werden und belasteten die Gewässer durch vermehrte Schaumbildung, die die Sauerstoffaufnahme aus der Luft beeinträchtigte und zu vermehrtem Fischsterben führte.

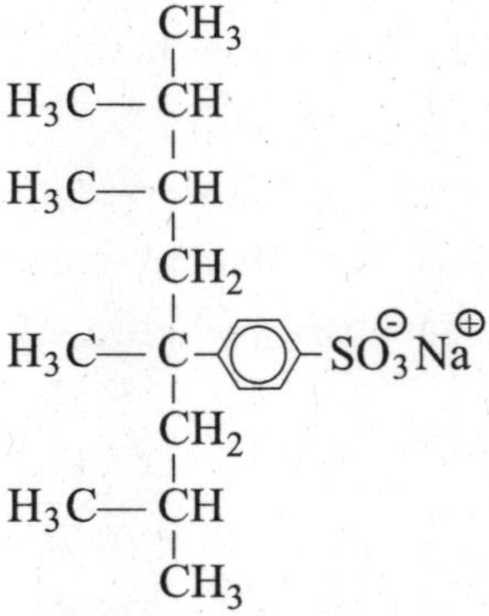

Tetrapropylenbenzosulfonat

Seit 1964 sind durch das *Detergentiengesetz* nur noch solche anionischen Tenside in Waschmitteln zulässig, die zu mindestens 80 % biologisch abbaubar sind. 1975 trat das allgemeine *Waschmittelgesetz* in Kraft, das die Verwendung von geradkettigen (unverzweigten) Tensiden vorschreibt, die in der biologischen Reinigungsstufe der Kläranlagen zu mindestens 80 % durch Mikroorganismen innerhalb von drei Wochen zu einfachen Grundbausteinen zerlegt werden können, die keine Grenzflächenaktivität mehr zeigen.

Gewässerbelastung durch Phosphate

Der Einsatz von Phosphaten als Wasserenthärter führt zur Überdüngung (Eutrophierung) von Gewässern, da sie in Kläranlagen ohne chemische Reinigungsstufe nicht herausgefiltert werden. Als Phosphatersatzstoffe werden deshalb Natriumaluminiumsilicate (Zeolith A, Sasil) und Nitrilotriacetat (NTA) eingesetzt. Diese Ersatzstoffe können die Phosphate allerdings nicht vollständig ersetzen, da sie entweder ökologisch oder waschtechnisch nachteilige Eigenschaften aufweisen. Der Verbraucher kann durch gezielten Einsatz und Einhaltung der Dosierempfehlungen nach dem Härtegrad des Wassers zur Verringerung der Phosphatbelastung der Gewässer beitragen.

Kunststoffe

Kunststoffe, auch *Plaste* genannt, sind organische Werkstoffe, die heute in allen Bereichen des täglichen Lebens Einzug gehalten haben. Sie sind vielseitig verwendbar und leicht zu verarbeiten. Wegen ihrer kostengünstigen Herstellung eignen sie sich besonders zur Produktion von Massenartikeln. Sie sind allerdings keineswegs nur billige Ersatzstoffe für viele natürliche Werkstoffe wie Holz, Metalle, Baumwolle, Seide, Leder und Glas, sondern besitzen auch vorausgeplante Eigenschaften, die denen der Naturstoffe überlegen sind. Möbel, Werkzeuge, Klebstoffe, Teppiche, Verpackungsfolien, Boote, Autozubehör, Textilien, Spielwaren, Dämmplatten, Geschirr und Bestecke, um nur einige Gegenstände zu nennen, bestehen heute ganz oder teilweise aus Kunststoffen. Die Elektro- und Computertechnik sowie die Raumfahrt wären ohne Kunststoffe nicht möglich. Allerdings sind Kunststoffe nicht für alle Zwecke ideale Werkstoffe, den vielen Vorteilen stehen auch eine Reihe von Nachteilen gegenüber:

Vorteile

- geringe Dichte
- geringe thermische und elektrische Leitfähigkeit (bis ca. 100 °C)
- beständig gegenüber Wasser, Luft, Säuren und Laugen
- glatte, dekorative, leicht zu reinigende Oberfläche
- durch Farbstoffe einfärbbar und leicht zu bedrucken
- leicht zu bearbeiten und umformbar

Nachteile

- geringe Wärmebeständigkeit
- neigen zur elektrischen Aufladung
- meist brennbar
- geringe Härte und deshalb nicht kratzfest
- teilweise unbeständig gegen bestimmte organische Lösungsmittel
- Kunststoffe verrotten nicht und sind nur zum Teil recycelbar

Aufbau und Eigenschaften von Kunststoffen

Kunststoffe sind aus Makromolekülen aufgebaut. Die Grundbausteine, aus denen sich die Makromoleküle zusammensetzen, werden *Monomere* genannt; durch ihre Verknüpfung entstehen die vielgliedrigen Makromoleküle, die *Polymere*. Die Monomere eines Makromoleküls bestehen aus organischen Verbindungen, die synthetisch oder durch Umwandlung von Naturprodukten hergestellt werden. Nach ihrem Verhalten beim Erhitzen, das sich hauptsächlich aus dem Vernetzungsgrad der Makromoleküle ableiten lässt, werden Kunststoffe in drei Gruppen, die Duroplaste, Thermoplaste und Elastomere, eingeteilt.

Duroplaste

Duroplaste sind *stark verzweigte* Makromoleküle, die ein engmaschiges dreidimensionales *Netzwerk* bilden, das durch Hauptvalenzen (Atombindungen) zusammengehalten wird. Bei Raumtemperatur sind sie hart und spröde. Im ausgehärteten Zustand sind sie auch in der Wärme nicht schmelz- und verformbar. Bei starker Erwärmung zersetzen sie sich direkt, da die Hauptvalenzkräfte (Atombindungen) durch Wärmebewegungen nicht gelöst werden und keine Verschiebung der Makromoleküle möglich ist. Duroplastische Gegenstände werden deshalb aus harzähnlichen thermoplastischen Vorprodukten hergestellt, in denen die Moleküle noch nicht vernetzt sind. Duroplaste sind nicht schweißbar und unlöslich in organischen Lösungsmitteln. Sie entstehen durch Polykondensation oder Polyaddition.

Thermoplaste

Thermoplaste sind fadenförmige, wenig verzweigte Makromoleküle, die bei Raumtemperatur hart und spröde sind. Die linearen oder verzweigten Makromoleküle sind in festem Zustand entweder völlig ungeordnet verknäuelt (amorph) oder bereichsweise parallel angeordnet (teilkristallin).

Durch Nebenvalenzkräfte (z. B. Wasserstoffbrückenverbindungen) werden sie in ihrem Ordnungszustand fixiert. Bei Erwärmung werden sie weich elastisch, bei weiterer Temperaturerhöhung plastisch-fließend, da sich die Nebenvalenzkräfte durch die Wärmebewegung mehr und mehr lockern und teilweise aufgehoben werden. Die Makromoleküle sind dann in gewissen Grenzen gegeneinander verschiebbar. Deshalb können Thermoplaste in der Wärme durch Zug oder Druck verformt werden. Bei Abkühlung werden sie unter Erhalt dieser neuen Form wieder hart, da die zwischenmolekularen Kräfte wieder wirksam werden. Wie alle Plaste zersetzen sie sich bei zu starker Erwärmung. Die meisten Thermoplaste entstehen durch Polymerisation und sind aufgrund ihrer Struktur schweißbar, quellbar und löslich in organischen Lösungsmitteln.

Elastomere

Elastomere sind weitmaschig vernetzte Makromoleküle. Sie sind *gummielastisch,* d. h., sie lassen sich bei Zugbeanspruchung um ein Vielfaches dehnen und federn nach der mechanischen Verformung in die ursprüngliche Form zurück. Bei tiefen Temperaturen sind sie hart bis hartelastisch, bei höheren Temperaturen weichelastisch.

Elastomere sind nicht plastisch verformbar, nicht schweißbar und unlöslich in organischen Lösungsmitteln. Beispiele für Elastomere sind der aus Naturkautschuk gewonnenen Naturgummi (NR) und Styrol-Butadien-Gummi (SBR).

Synthese von Kunststoffen

Um aus Monomeren die Polymere aufzubauen, bedient man sich im Wesentlichen dreier Verfahren: der Polymerisation, Polykondensation und Polyaddition.

1. Polymerisation

Zur Polymerisation sind chemische Substanzen mit Mehrfachbindungen geeignet, besonders solche mit C=C-Doppelbindung, wovon die wichtigsten

Ehten (Ethylen) und seine Derivate sind. Formal entstehen aus den Monomeren durch Aufbrechen der Doppelbindung und Ausbildung einer Einfachbindung zu den Nachbarmolekülen als Endprodukte Makromoleküle, die *Polymerisate* genannt werden. Dabei werden keine Nebenprodukte abgespalten.

Unter der Polymerisation versteht man eine chemische Reaktion, bei der aus vielen Monomeren mit C=C-Doppelbindung unter Auflösung der Mehrfachbindung Polymere (Polymerisate) entstehen, wobei keine niedermolekularen Nebenprodukte gebildet werden.

Polymerisationen sind exotherme Reaktionen, bei denen die Reaktionswärme abgeführt werden muss, um eine Zersetzung des Polymers zu vermeiden.

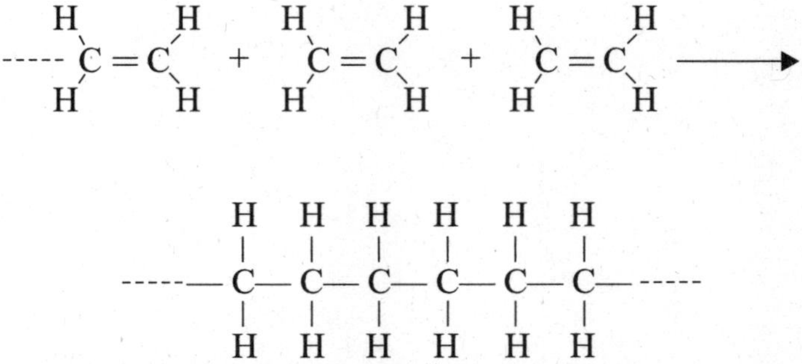

Schema der Polymerisation (Bildung von Polyethylen aus Ethylen)

2. Polykondensation

Bei der Polykondensation verbinden sich chemisch gleiche oder aber verschiedenartige Monomere unter Abspaltung von niedermolekularen Nebenprodukten, wie z. B. Wasser, Ammoniak, Alkoholen und Halogenwasserstoffen.

Die Monomere müssen nicht wie bei der Polymerisation Doppelbindungen enthalten, sondern mindestens zwei reaktionsfähige funktionelle Gruppen, die durch Reaktionen miteinander Makromoleküle bilden.

Die *technisch wichtigen Polymerisate* werden auf den Tabellen der nächsten Seiten dargestellt.

Name (Abk.)	Handelsname	Monomermolekül
Polyethylen (PE)	Lupolen, Hostalen, Vestolen A	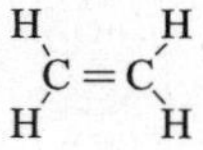
Polypropylen (PP)	Luparen, Hostalen, Vestolen P	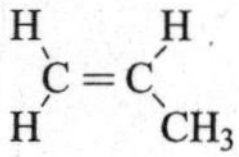
Polyvinylchlorid (PVC)	Hostalit, Vinoflex, Vestolit	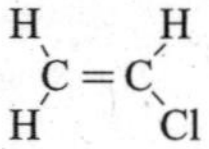
Polystyrol (PS)	Styropor, Hostyren, Styrodur	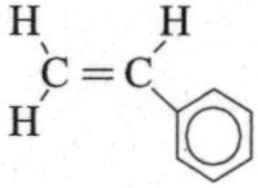
Polytetrafluorethylen (PTFE)	Teflon, Hostalen TF	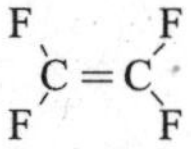
Polyacrylnitril (PAN)	Dralon, Orlon	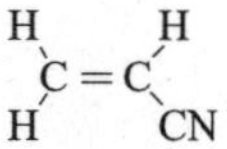
Polymethacrylsäure-methylester (PMMA)	Plexiglas, Plexidur	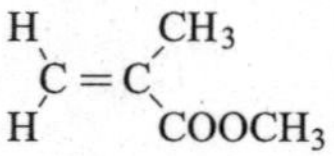

Name (Abk.)	Anwendung/ Eigenschaften	Polymermolekül
Polyethylen (PE)	Durchscheinend bis milchig; wachsartiger Griff; biegsam, zäh, chemikalienbeständig; unzerbrechliche Gefäße, Flaschen, Schläuche, Isolierungs- und Verpackungsmaterial	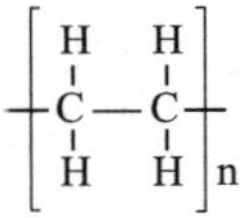
Polypropylen (PP)	glatte Oberfläche, beständig gegen kochendes Wasser, steif, chemikalienbeständig; Rohre, Schuhabsätze, Formteile (Eimer, Schüsseln, Wannen usw.)	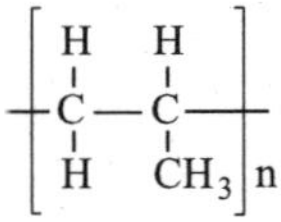
Polyvinylchlorid (PVC)	nicht brennbar, Härte durch Zusatz von Weichmachern variierbar; Kunstleder, Dichtungen, Rohre, Gehäuse, Stiefel, Verpackungen	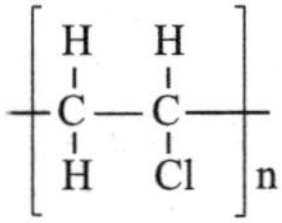
Polystyrol (PS)	hart, spröde, verschäumbar, guter elektrischer Isolator; Wärme- und Kälteisolation, Formteile (Telefone, Büromöbel, Radio- und Staubsaugerteile)	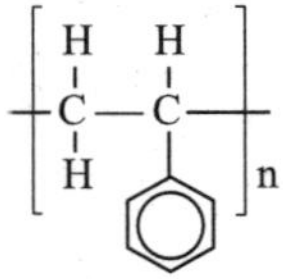
Polytetrafluorethylen (PTFE)	hohe thermische und chemische Widerstandsfähigkeit, schwer entflammbar, lichtbeständig; Laborgeräte, Isofolien, Beschichtung von Bratpfannen, Bügeleisen	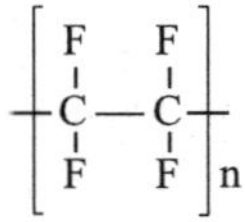

Polyacrylnitril (PAN)	zugfest, verspinnbar; Textilien, Wolle, Taue	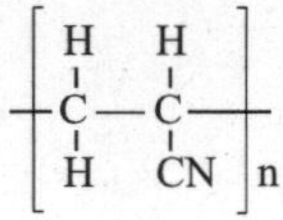
Polymethacrylsäuremethylester (PMMA)	hart, glasklar, witterungsbeständig, schwer zerbrechlich; Sicherheitsglas, Dachverglasung, Haushaltsgegenstände, Schmuck, Sanitärartikel	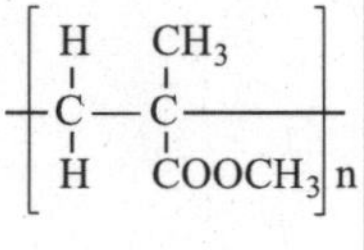

Diese werden *Polykondensate* genannt. Beispiele für reaktionsfähige funktionelle Gruppen sind die Hydroxylgruppe -OH, die Carbonylgruppe C=O, die Carboxylgruppe -COOH und die Aminogruppe $-NH_2$. Monomere mit zwei funktionellen Gruppen reagieren zu linearen Makromolekülen, bei Monomeren mit mehr als zwei funktionellen Gruppen entstehen verzweigte oder vernetzte Makromoleküle. Schema einer Polykondensation am Beispiel der Bildung eines linearen Polyesters aus Ethandiol und Terephthalsäure:

Bei der Polykondensation entstehen aus den Manomeren Makromoleküle durch Kondensation, wobei niedermolekulare Nebenprodukte (z. B. Wasser, Ammoniak oder Alkohole) abgespalten werden. Voraussetzung für die Reaktion sind Moleküle mit mehreren reaktionsfähigen funktionellen Gruppen.

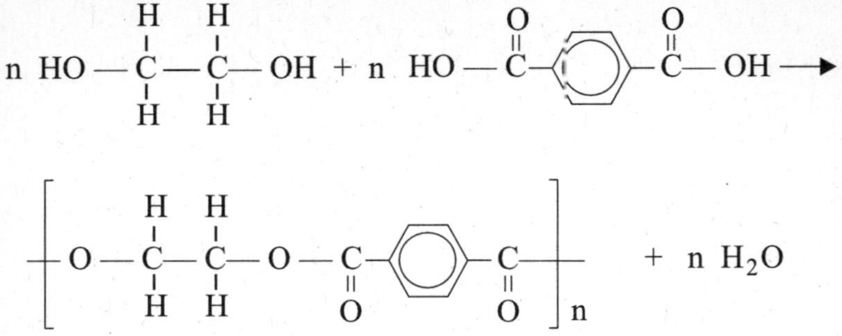

Ethandiol + Terephthalsäure → Polyester + Wasser

Technisch wichtige Polykondensate

Polyester werden durch Polykondensation von organischen Säuren mit zwei- oder mehrwertigen Alkoholen hergestellt. Je nach Ausgangsstoff erhält man ungesättigte oder gesättigte Polyester. Bei der Umsetzung von Dicarbonsäuren mit Diolen (zweiwertigen Alkoholen) erhält man lineare, gesättigte Polyester mit thermoplastischen Eigenschaften. Der aus Ethandiol und Terephthalsäure hergestellte Polyester ist verspinnbar und wird zu Textilfasern verarbeitet, die unter den Namen Trevira oder Diolen in den Handel kommen.

Vernetzte, gesättigte Polyester mit duroplastischen Eigenschaften werden durch Polykondensation von z. B. dreiwertigen Alkoholen hergestellt. Ungesättigte, lineare Polyester lassen sich z. B. durch Umsetzung von Maleinsäure HOOC-HC=CH-COOH und Ethandiol herstellen. Polyester werden

u. a. als Lacke, Gießharze und glasklare Folien verwendet. Durch Einlagerung von z. B. Glasfasern können sie verstärkt werden und zu Formteilen, wie z. B. Karosserieteilen, Tanks und Bootskörpern verarbeitet werden.

Polyamide (PA) werden aus Dicarbonsäuren und Diaminen oder durch Polykondensation von Aminocarbonsäuren hergestellt.

Das Polyamid 66 wird z. B. aus Adipinsäure (Hexandisäure) und Hexamethylendiamin (1,6-Diaminohexan) nach folgendem Reaktionsschema hergestellt:

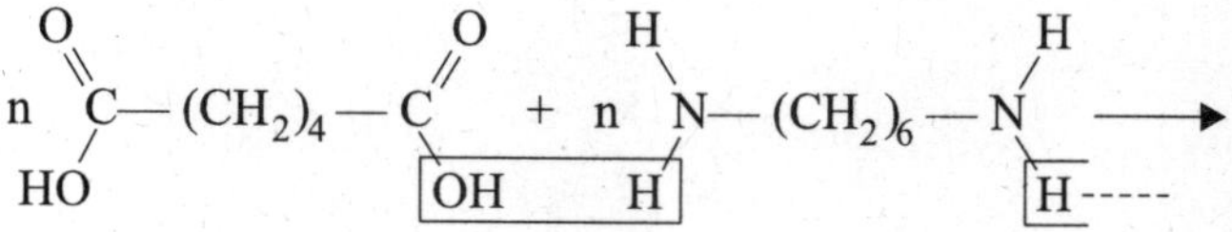

Adipinsäure
(Hexandisäure)

Hexamethylendiamin
(1,6-Diaminohexan)

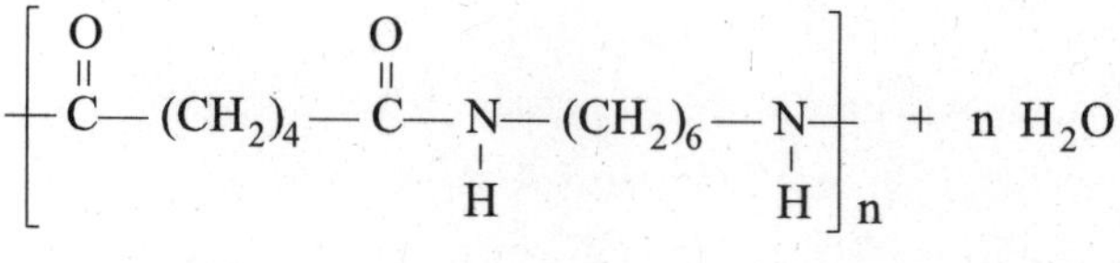

PA 66
(Nylon)

Wasser

Das Polyamid 6 entsteht durch Polykondensation von E-Caprolactam (6-Aminohexansäure):

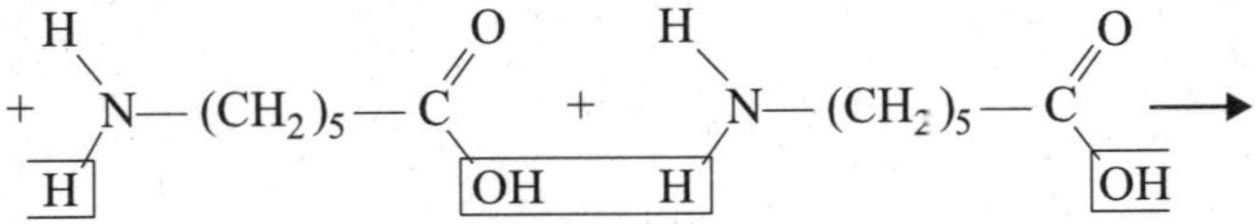

Caprolactam (6-Aminosäure)　　　　Caprolactam (6-Aminosäure)

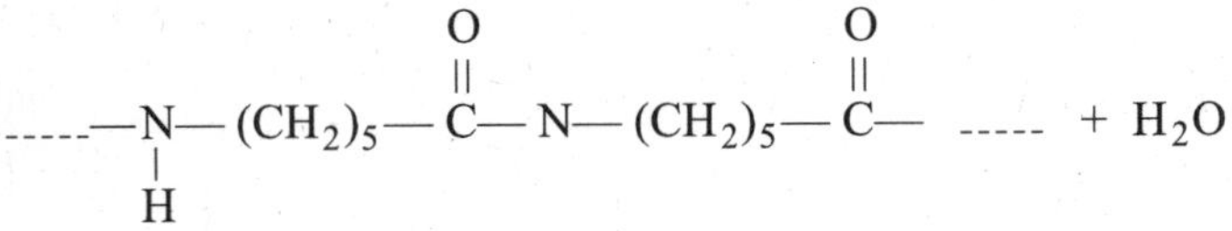

PA 6 (Perlon)

Das Polyamid 66 (Nylon) und das Polyamid 6 (Perlon) werden hauptsächlich nach dem Schmelzspinnverfahren zu Textilfasern verarbeitet, aus denen z. B. Strumpfhosen, Vorhänge, Bettwäsche, aber auch Taue, Netze und Gurte hergestellt werden. Nach dem Spritzgussverfahren werden sie zu festen widerstandsfähigen Gebrauchsartikeln wie Schutzhelmen, Zahnrädern und Gleitschienen verarbeitet. *Phenoplaste* und *Aminoplaste* werden aus Phenol und Formaldehyd (Methanal) bzw. aus Harnstoff und Formaldehyd unter Wasserabspaltung durch Polykondensation hergestellt.

Reaktionsschema:

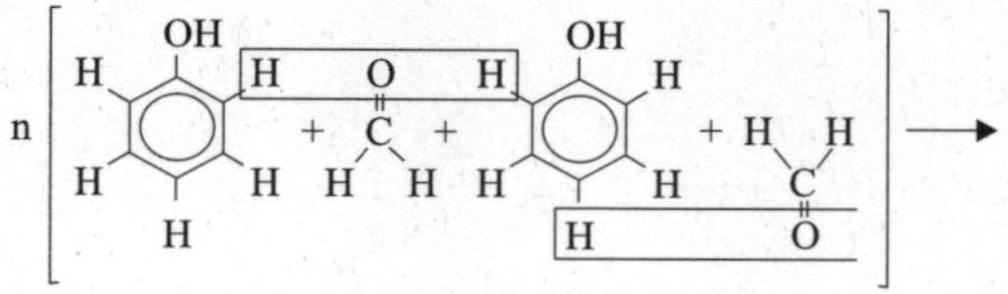

Phenol + Formaldehyd

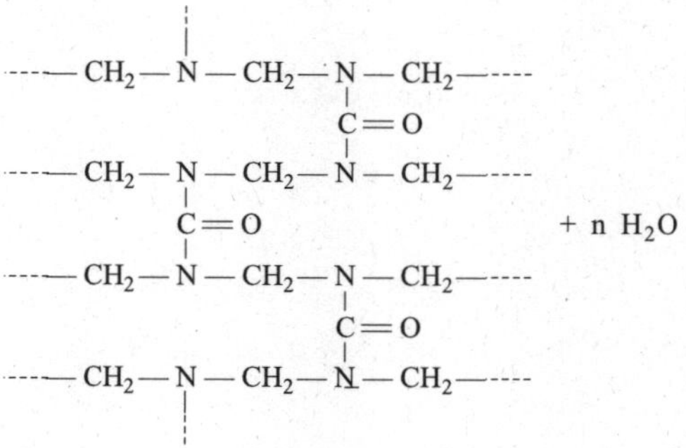

Phenoplast

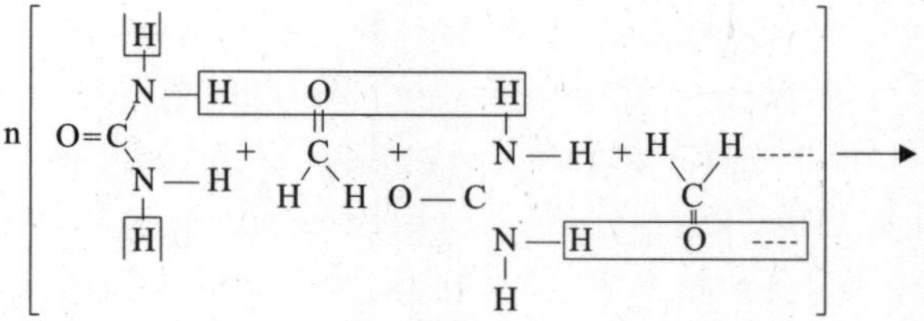

Harnstoff + Formaldehyd

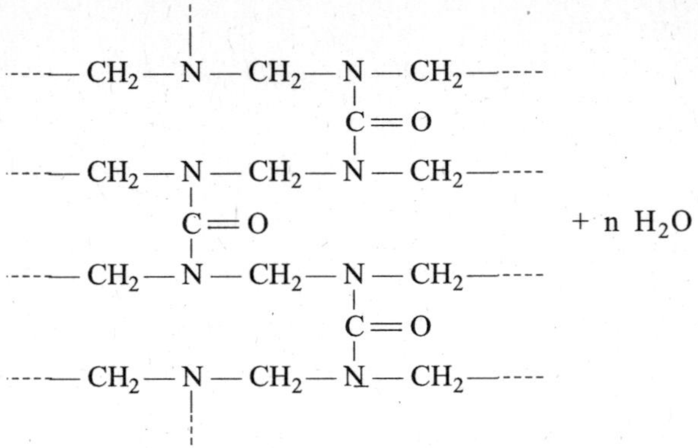

Aminoplast

Wegen ihres starken Vernetzungsgrades gehören sie zu den Duroplasten. Sie werden meist mit Füllstoffen verarbeitet, wodurch die mechanischen Eigenschaften verbessert werden. Sie werden u. a. zu PKW- und Maschinenteilen verarbeitet.

3. Polyaddition

Bei der Polyaddition verbinden sich verschiedene Monomere, die mindestens zwei reaktionsfähige funktionelle Gruppe enthalten, miteinander, ohne dass Nebenprodukte wie Wasser oder dass andere Verbindungen entstehen. Wie bei der Polykondensation ist eine Doppelbindung im Molekül keine Voraussetzung für die Fähigkeit zu Polyaddition. Bei vielen Polyadditionen kommt die Bindung zwischen den Molekülen durch intermolekulare Umlagerungen von Wasserstoffatomen der funktionellen Gruppen eines Monomers zur funktionellen Gruppe eines anderen zustande. Die entstehenden Makromoleküle werden *Polyaddukte* genannt.

> Bei der *Polyaddition* entstehen aus den Monomeren, die mehrere reaktionsfähige Gruppen erhalten, durch Addition hochmolekulare Polyaddukte ohne Abspaltung von niedermolekularen Produkten.

Zu den technisch wichtigsten Polyaddukten gehören *Polyurethane (PU)*. Sie werden durch Polyaddition von Di- oder Polyhydroxyverbindungen an Di- oder Polyisocyanate synthetisiert. Je nach Ausgangsstoff erhält man Polyurethane mit unterschiedlichen Vernetzungsgraden. Lineare, thermoplastische Polyurethane entstehen aus kurzkettigen Alkandiolen und Diisocyanaten.

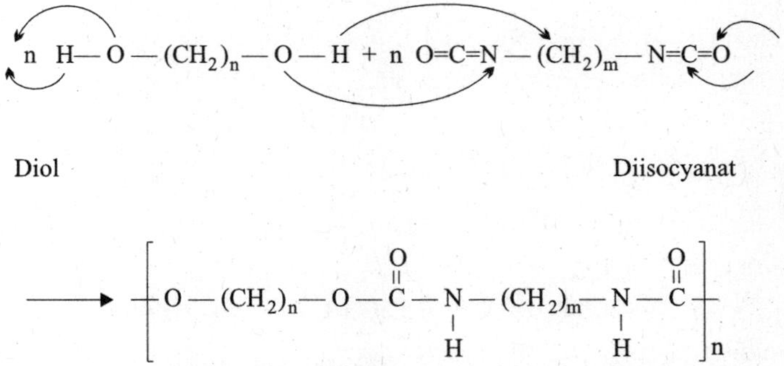

Schema einer Polyaddition; Bildung von Polyurethan aus einem Diisocyanat und einem Diol

Vernetzte Polyurethane werden durch Polyaddition von Di- oder Triisocyanaten an hochmolekulare Polyhydroxyverbindungen hergestellt. Weitmaschig vernetzte Polyurethane sind weich und elastisch (Elastomere).

Mit steigendem Grad der Vernetzung steigt die Härte (Duroplaste). Je nach Reaktionsprodukt werden vernetzte Polyurethane als Lackharze, Klebstoffe oder feste duroplastische Kunststoffe (z. B. PKW-Stoßstangen) verwendet.

Fügt man dem Reaktionsgemisch Wasser hinzu, entstehen Polyurethanschaumstoffe, die nach Art der verwendeten Monomere weich oder hart sein können. Weichelastische Schaumstoffe werden in der Polstermöbelindustrie verwendet, hartelastische Schaumstoffe dienen u. a. der Wärmedämmung.

Verarbeitung von Kunststoffen

Die Polymerisate, Polyaddukte und Polykondensate sind die Rohstoffe für die Kunststoffproduktion. Sie werden als Feststoffe, Pasten, Emulsionen, Lösungen und Flüssigkeiten angeliefert und durch Zugabe von Zusatzstoffen wie Weichmachern, Füllstoffen, Stabilisatoren und Farbstoffen gemischt und als Granulat oder Pulver gelagert.

Die verschiedenen Verfahren zur Verarbeitung von Kunststoffen sind von den Strukturen der Kunststoffe abhängig. Die Verfahren zur Verarbeitung von Thermoplasten und die zur Verarbeitung von Duroplasten und Elastomeren unterscheiden sich wesentlich, weil die Duroplaste und Elastomere vor dem Aushärten in ihre endgültige Form gebracht werden müssen. Bei den Thermoplasten ergeben sich vielfältige Verarbeitungsmöglichkeiten.

Extrudieren

Beim *Extrudieren* wird die Formmasse über einen beheizten Zylinder erwärmt und über eine Schneckenstrangpresse, welche die Formmasse nach vorn befördert, verdichtet und tritt durch eine nachgeschaltete Düse (Breitschlitzdüsen oder Ringdüsen) als Endlosstrang aus. Auf diese Weise erhält man Rohre, Tafeln, Stäbe, Profile und Folien. Als Ausgangsmaterialien werden Thermoplaste verwendet.

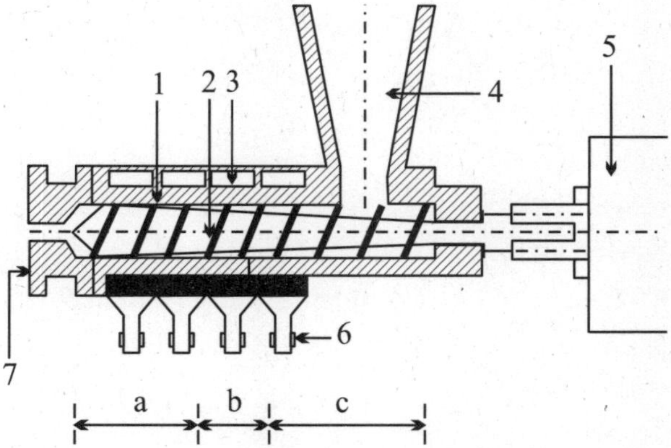

1 Zylinder, 2 Schnecke, 3 Heizbänder, 4 Einfülltrichter, 5 Antriebsmotor für Schnecke, 6 Kühlgebläse, 7 Extrusionswerkzeug, a Ausstoßzone, b Kompressionszone, c Einzugszone

Spritzgießen

Wenn die zu verarbeitenden Kunststoffe nicht dünnflüssig genug sind, um beim Gießen die Form richtig auszufüllen, wendet man das Spritzgießverfahren an.

Die Spritzeinheit ist ein Extruder, der über die Extruderschnecke die Formmasse erwärmt, transportiert und in gekühlte Hohlformen spritzt. Über einer Schließeinheit wird die Hohlform verschlossen und nach dem Erstarren der Formmasse das Formteil ausgeworfen.

Dann beginnt ein neuer Fertigungsvorgang. Man erhält Formteile wie Eimer, Schüsseln, Gehäuse usw. Ausgangsstoffe sind wie beim Extrudieren Thermoplaste.

Extrusionsblasen

Hohlkörper, wie Flaschen, Tanks, Kanister und Spielzeug, werden durch Extrusionsblasen hergestellt. Dazu wird ein plastifiziertes Schlauchstück vom Extruder in eine zweiteilige Hohlform gepresst und nach dem Schließen Luft eingeblasen, die das Schlauchstück aufbläst und gegen die gekühlten Innenwände der Hohlform presst.

So erhält der Hohlkörper die gewünschte Form, erstarrt und wird durch Öffnen des Hohlraumes ausgestoßen.

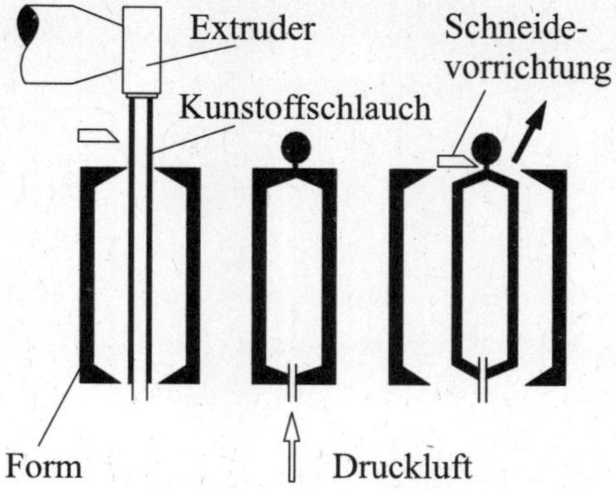

Extrusionsblasen

Formpressen

Bei der Herstellung von Kunststoffen aus Duroplasten und Elastomeren wird die Kunststoffmasse mit Härter und Füllmitteln versehen in ein heißes Formunterteil gefüllt und das Oberteil daraufgepresst. Das Material erhärtet in der heißen Form und wird ausgeworfen. Auf diese Weise können z. B. Sturzhelme, Gehäuse, Dichtungen usw. hergestellt werden.

Kalandrieren

Zur Herstellung von z. B. Bodenbelägen, Taschen, Folien und Dichtungsbahnen wird die Kunststoffmasse aus dem Extruder über eine Mischwalze in ein Kalanderwalzwerk gezogen, in dem der Kunststoff über mehrere Quetschwalzen bis zur gewünschten Dicke zu einem Endlosband ausgewalzt wird. Nach Verlassen des Kalanders kann die Folie noch mit einer Walze geprägt oder bedruckt werden.

Schäumen

Den Ausgangsmaterialien werden Stoffe zugegeben, die beim Aushärten Gase freisetzen und den entstandenen Kunststoff zu einem Schaumkörper aufblasen. Geschäumte Kunststoffe besitzen eine geringe Dichte.

Spinnverfahren

Beim *Nassspinnverfahren* wird eine viskose Lösung durch Spinndüsen in ein Fällband gepresst, wobei die Fäden im Fällband ausgefällt werden.

Beim *Schmelzspinnverfahren* wird der geschmolzene Kunststoff durch Spinndüsen in einen Spinnschacht gepresst und die Fasern durch Einblasen von Stickstoff gekühlt.

Beim *Trockenspinnverfahren* werden die in einem Lösungsmittel gelösten Makromoleküle durch Spinndüsen gepresst und gegen einen warmen Luftstrom geleitet, sodass das Lösungsmittel verdampft. Die Fasern werden anschließend gestreckt, wodurch sich ihre Festigkeit erhöht.

Naturstoffe und Biochemie

Fette

Aufbau von Fetten

Fette sind Ester des dreiwertigen Alkohols Glycerin (Propantriol) mit Fettsäuren (höhere Carbonsäuren). Man nennt sie deshalb auch Fettsäureglycerinester. Sie werden in Mono-, Di- und Triacylglycerine unterteilt, je nachdem ob eine, zwei oder drei Fettsäuren mit den Hydroxylgruppen des Glycerins verestert sind. Die *Triglycerine* stellen mengenmäßig die größte Gruppe der Fette dar. Sie werden auch als *Neutralfette* oder *Triglyceride* bezeichnet.

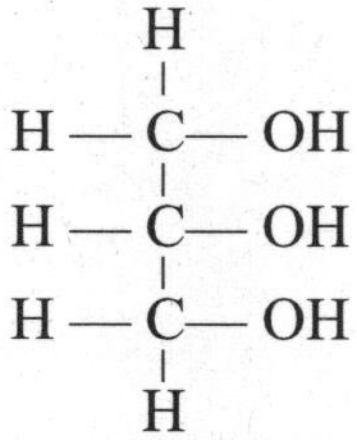

Glycerin als Baustein der Fette

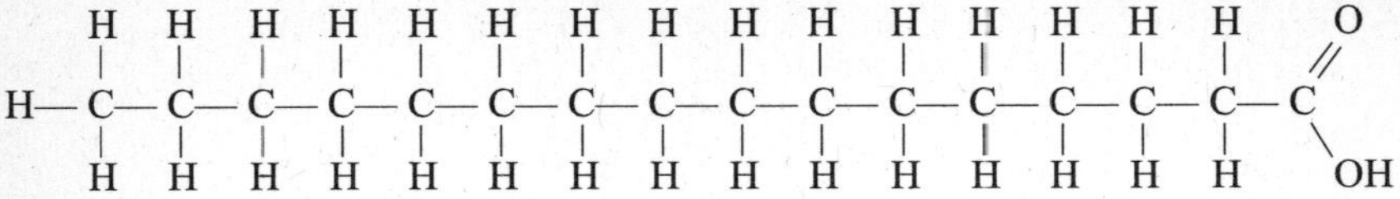

Fettsäuren als Baustein der Fette

Triacylglycerine, die nur eine Art von Fettsäuren enthalten, sind in der Natur nur sehr selten anzutreffen. Die meisten natürlichen Fette sind Gemische verschiedener Fettsäureglycerinester, in denen mit einem Molekül Glycerin verschiedene Fettsäuremoleküle verbunden sind.

Die Fettsäuren sind unverzweigt und besitzen eine gerade Anzahl von Kohlenstoffatomen. Die Alkylreste können gesättigt oder ungesättigt sein. Am häufigsten sind die Fettsäuren mit 16 und 18 C-Atomen.

In den tierischen Fetten, die in der Regel fest sind, überwiegen die gesättigten Fettsäuren Palmitinsäure (Hexadecansäure) und Stearinsäure (Octadecansäure) und die zu den ungesättigten Fettsäuren zählende Ölsäure (Octadecensäure).

In pflanzlichen Fetten sind zudem noch mehrfach ungesättigte Fettsäuren wie Linol- und Linolensäure enthalten, deshalb liegen pflanzliche Fette meist in flüssiger Form vor.

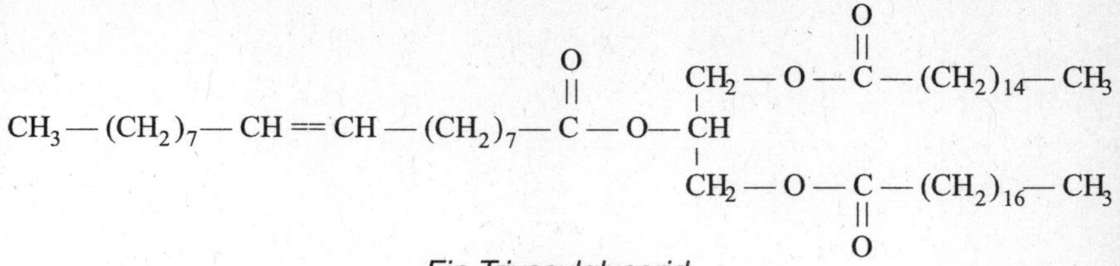

Ein Triyacylglycerid

Durch die große Anzahl der Fettsäuren und ihren vielfältigen Kombinationsmöglichkeiten hat jede Organismenart arteigene Fette.

Wichtige gesättigte und ungesättigte Fettsäuren

Trivialname	systematischer Name	vereinfachte Strukturformel
Palmitinsäure	Hexadecansäure	CH_3-$(CH_2)_{14}$-COOH
Stearinsäure	Octadecansäure	CH_3-$(CH_2)_{16}$-COOH
Ölsäure	9-Octadecansäure	CH_3-$(CH_2)_7$-CH=CH-$(CH_2)_7$-COOH
Linolsäure	9,12-Octadecansäure	CH_3-$(CH_2)_4$-CH=CH-CH_2-CH=CH-$(CH_2)_7$-COOH
Linolensäure	9,12,15-Octadecansäure	CH_3-CH_2-CH=CH-CH_2-CH=CH-CH_2-CH=CH-$(CH_2)_7$-COOH

Eigenschaften der Fette

Fette sind in einer Form geruch- und geschmacklos. Lässt man sie jedoch längere Zeit an der Luft stehen, werden sie *ranzig*. Der unangenehme Geruch wird durch flüchtige niedere Carbonsäuren, Aldehyde und Ketone hervorgerufen, die entstehen, wenn Fette dem Licht ausgesetzt sind und gleichzeitig mit Luftsauerstoff in Berührung kommen. Die C=C-Doppelbindung(en) ungesättigter Fettsäuren werden durch den Luftsauerstoff oxidiert und anschließend gespalten. Auch Mikroorganismen können zur Spaltung der Fettsäuren beitragen. Da natürliche Fette aus einem Gemisch verschiedener Fettsäureester bestehen, haben sie keinen bestimmbaren Schmelzpunkt, sondern einen Schmelzbereich.

Die Kettenlänge und Anzahl der Doppelbindungen beeinflussen entscheidend die Schmelzbereiche und damit den Aggregatzustand der Fette. Triglyceride, wie z. B. Kokosfett und Schweineschmalz, die gesättigte Fettsäuren mit über zehn C-Atomen enthalten, sind bei Zimmertemperatur fest.

Normalfette, die bei Zimmertemperatur flüssig sind, nennt man auch *fette Öle*. Dazu zählen Pflanzenöle, wie z. B. Olivenöl, Leinöl, Sonnenblumenöl und Rapsöl. Sie enthalten einen großen Anteil an ungesättigten Fettsäuren, die für den Menschen essenziell sind. Sie können vom Körper nicht synthetisiert werden und müssen deshalb mit der Nahrung zugeführt werden.

Fette sind wegen der langen hydrophoben (wasserabstoßenden) Kohlenwasserstoffketten wasserunlöslich. In unpolaren Lösungsmitteln wie Hexan, Tetrachlorkohlenstoff und Benzol lösen sie sich hingegen gut. Sie sind lipophil (fettfreundlich). Zur Entfernung von Fettflecken werden deshalb hydrophobe Lösungsmittel verwendet.

Die *Dichte* von Fetten liegt bei 0,90 und 0,97 g/cm^3. Sie haben eine geringere Dichte als Wasser und schwimmen deshalb auf ihm. Mischt man flüssiges Fett mit Wasser unter kräftigem Schütteln, verteilt sich das Fett in kleinen Tröpfchen. Es bildet sich eine Emulsion, die sich bald entmischt. Fettbrände dürfen nicht mit Wasser gelöscht werden, da das Wasser im heißen Fett sofort verdampft und dabei brennendes Fett herausschleudert.

Iodzahl

Die Fettqualität kann in der Lebensmittelindustrie durch die *Iodzahl* bestimmt werden. Sie ist eine Maßzahl, die angibt, wie viel Gramm Iod von 100 g eines Fettes an die C=C-Doppelbindungen im Molekül addiert werden können. Sonnenblumenöl hat z. B. eine Iodzahl von 130 g Iod/100 g, Kokosfett hat eine Iodzahl von 7g Iod/100g.

Biologische Bedeutung der Fette

Fette sind die für den Körper wichtigste Energiequelle. Ihr Abbau liefert eine mehr als doppelt so hohe Energiemenge wie bei Verbrennung gleicher Portionen an Kohlenhydraten oder Eiweißen.

Fette werden mit der Nahrung aufgenommen und im Darm durch Enzyme hydrolytisch in Fettsäuren und Glycerin gespalten, die die Darmwand passieren können und ins Blut gelangen. Sie werden im Körper entweder in körpereigene Fette umgebaut oder im Stoffwechsel als Energielieferanten verwertet. Überschüssige Fette werden im Fettgewebe als Brennstoffvorräte gespeichert. Als Wärmeisolatoren schützen sie den Körper vor Wärmeverlusten und empfindliche Organe wie z. B. die Leber vor Stößen. Einige ungesättigte Fettsäuren wie Linol- und Linolensäure sind für den Körper essenziell, d. h., sie müssen mit der Nahrung aufgenommen werden und sind vom Körper nicht synthetisierbar.

Gewinnung und Verarbeitung von Fetten

Fette, die man für die Produktion von Nahrungsmitteln verwendet, werden aus natürlichen, in Tieren und Pflanzen vorhandenen Fetten hergestellt. Tierische Fette (Schmalz, Tran) lassen sich aus dem Fettgewebe durch Ausschmelzen bei höheren Temperaturen gewinnen. Pflanzliche Fette und Öle (z. B. Olivenöl, Leinöl, Sojaöl, Kokosfett, Walnussöl) lassen sich aus den fetthaltigen Samen oder Früchten durch Kaltpressen oder Heißpressen gewinnen. Kalt gepresste Öle sind besonders vitaminreich, da bei den niedrigen Presstemperaturen die meisten Inhaltsstoffe einschließlich der fettlöslichen Vitamine erhalten bleiben. Die erhaltene Menge ist allerdings geringer als beim Heißpressen. Eine andere Möglichkeit der Herstellung ist die Extraktion, bei der die Fette mit einem hydrophoben Lösungsmittel (z. B. Hexan) aus den gemahlenen Samen oder Früchten herausgelöst (extrahiert) werden. Das Lösungsmittel wird nach der Extraktion abdestilliert.

Die durch Anpressen, Ausschmelzen oder Extraktion gewonnenen Fette durchlaufen meistens noch mehrere Reinigungsstufen. Den Reinigungsvorgang nennt man *Raffinieren.*

Margarineherstellung

Zur Herstellung von streichfähigen Fetten aus preiswert zu gewinnenden Pflanzenölen entwickelte 1902 der deutsche Chemiker W. Normann die *katalytische Hydrierung (Fetthärtung)*. Dabei werden die flüssigen Fette durch Addition von Wasserstoff an die Doppelbindungen der ungesättigten Fettsäuren verfestigt. Die Fetthärtung wird großtechnisch mit pulverisiertem Nickel als Katalysator bei 180 °C und einem Druck von 6 bar durchgeführt. Eine Mischung von gehärteten Fetten und pflanzlichen Ölen wird dann mit entrahmter Milch, Wasser und Lecithin als Emulgator unter Zusatz von Vitaminen und Farbstoffen intensiv gerührt. Das entstehende Produkt wird *Margarine* genannt, die zur Unterscheidung von Butter mit einem gesetzlich vorgeschriebenen Stärkezusatz versetzt wird. Im Gegensatz zur Butter ist Margarine cholesterinfrei.

Kohlenhydrate

Kohlenhydrate stellen mengenmäßig den größten Anteil der auf der Erde vorkommenden organischen Verbindungen. Sie sind als Stärke und Zucker Hauptbestandteile der menschlichen und tierischen Nahrung, die für den Organismus wichtige Energielieferanten und Speicherstoffe bilden. In den pflanzlichen Zellwänden erfüllen sie in Form von Cellulose Stütz- und Gerüstfunktionen. Die Kohlenhydrate werden durch Fotosynthese betreibende Pflanzen mithilfe des Sonnenlichts aus dem Kohlendioxid der Luft und Wasser aufgebaut. Neben den Kohlenhydraten entsteht Sauerstoff, der an die Umgebung abgegeben wird.

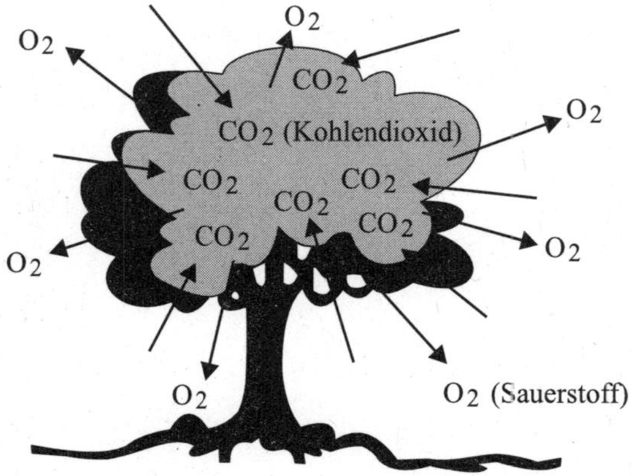

Fotosynthese

Die Bruttogleichung der Fotosynthese lautet:

$$6\,CO_2 + 6\,H_2O \rightarrow C_6H_{12}O_6 + 6\,O_2$$

Die Moleküle enthalten neben Kohlenstoffatomen die Atome der Elemente Wasserstoff und Sauerstoff im Zahlenverhältnis 2 : 1. Daher leitet sich der Name der Kohlenhydrate ab: hydratisierte Kohlenwasserstoffverbindungen. Die allgemeine Summenformel lautet:

$$C_n(H_2O)_n \text{ (mit n} \leq 3)$$

Die einfachen Kohlenhydrate sind Einfachzucker oder auch *Monosaccharide* genannt. Es sind Aldehyde oder Ketone mit vielen Hydroxylgruppen. Sie erhalten ihren Namen nach der Anzahl n der Kohlenstoffatome im Molekül, z. B. Triose (n = 3), Tetrose (n = 4), Pentose (n = 5), Hexose (n = 6) usw. Die einfachsten Monosaccharide sind 2,3-Dihydroxypropanal (Glycerinaldehyd) und 1,3-Dihydroxyropanon (Dihydroxyaceton) mit der Summenformel $C_3H_6O_3$.

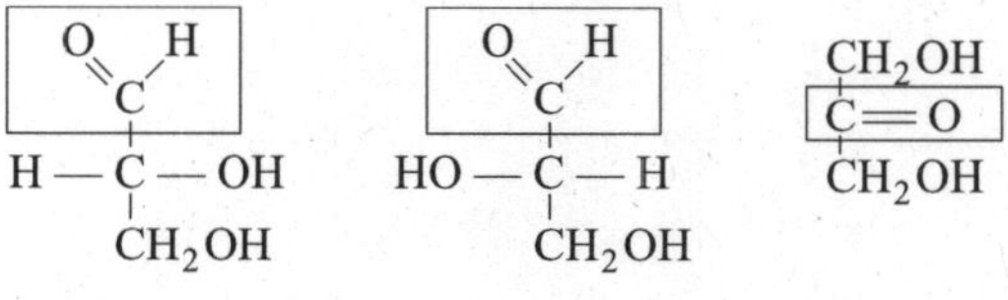

D-Form | L-Form
2,3-Dihydroxypropanal
Glycerinaldehyd
(eine Aldotriose)

1,3-Dihydroxypropanon
Dihydroxyaceton
(eine Ketotriose)

Glycerinaldehyd gehört zur Gruppe der Aldehyde und wird deshalb *Aldose* genannt, Dihydroxyaceton gehört zur Gruppe der Ketone und wird deshalb *Ketose* genannt.

Alle Monosaccharide enthalten mit der Ausnahme von Dihydroxyaceton ein oder auch mehrere *asymmetrische Kohlenstoffatome,* das bedeutet, an das zentrale Kohenstoffatom sind in diesem Fall vier verschiedene Substituenten gebunden.

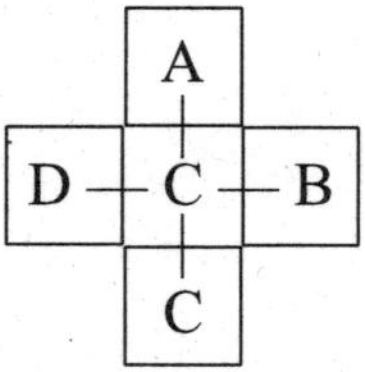

Die Aldotriose Glycerinaldehyd besitzt ein asymmetrisches C-Atom.

Sie kommt in zwei stereoisomeren Formen der *D-* und der *L-Form* vor („D" für dextrum (rechts) und „L" für laevum (links)) die Anordnung der OH-Gruppe rechts bzw. links vom asymmetrischen C-Atom, die sich wie Bild und Spiegelbild verhalten und deshalb nicht miteinander zur Deckung bringen lassen.

Menschliche Hände verhalten sich z. B. wie Bild und Spiegelbild:

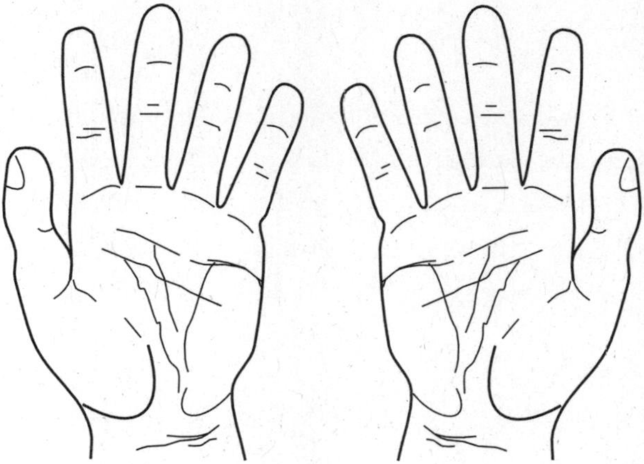

Allgemein gilt: Verbindungen mit n (n = 1, 2 ,3 ...) asymmetrischen C-Atomen existieren in 2^n stereoisomeren Formen. Beim Glycerinaldehyd mit n = 1 gibt es deshalb zwei stereoisomere Formen, bei den Aldotetrosen gibt es $2^2 = 4$ stereoisomere Formen, bei den Aldopentosen können $2^3 = 8$ stereoisomere Formen auftreten usw.

Moleküle mit einem oder mehreren asymmetrischen C-Atomen sind *optisch aktiv,* d. h., sie drehen die Schwingungsebene des linear polarisierten Lichts um einen bestimmten Winkel nach rechts oder links. Sie werden mit den Vorzeichen (+) für rechtsrum oder (–) für linksrum gekennzeichnet.

Die Monosaccharide sind die Grundbausteine der zusammengesetzten Zucker. Sie entstehen durch Kondensation (Wasserabspaltung) zwischen zwei oder mehreren Monosacchariden.

Zucker, die sich aus zwei Monosacchariden zusammensetzen, nennt man Zweifachzucker oder *Disaccharide,* Zucker, die aus drei Monosaccharideinheiten bestehen, bezeichnet man als Dreifachzucker oder *Trisaccharide* usw. Verbinden sich viele Monosaccharideinheiten miteinander, entstehen Vielfachzucker oder *Polysaccharide*.

Monosaccharide

D-Glucose (Traubenzucker, Dextrose) kommt in vielen Früchten, in Pflanzen, im Honig und in geringer Konzentration im menschlichen Blut (Blutzucker) vor. Als Energielieferant spielt Glucose eine große Rolle im Organismus. Glucose gehört zu den *Hexosen*. Die Summenfomel lautet: $C_6H_{12}O_6$. In Lösung liegt D-Glucose in zwei isomeren Formen vor: einer offenen Form (Kettenform) und einer geschlossenen Form (Ringform), wobei die geschlossene Form überwiegt.

Beim Ringschluss reagiert die Hydroxylgruppe des C-5-Atoms mit der Aldehydgruppe am C-1-Atom. Es entsteht ein sechsgliedriger Zuckerring mit einer neuen Hydroxylgruppe am C-1-Atom, das C-1-Atom ist mit dem C-5-Atom über eine Sauerstoffbrücke verbunden.

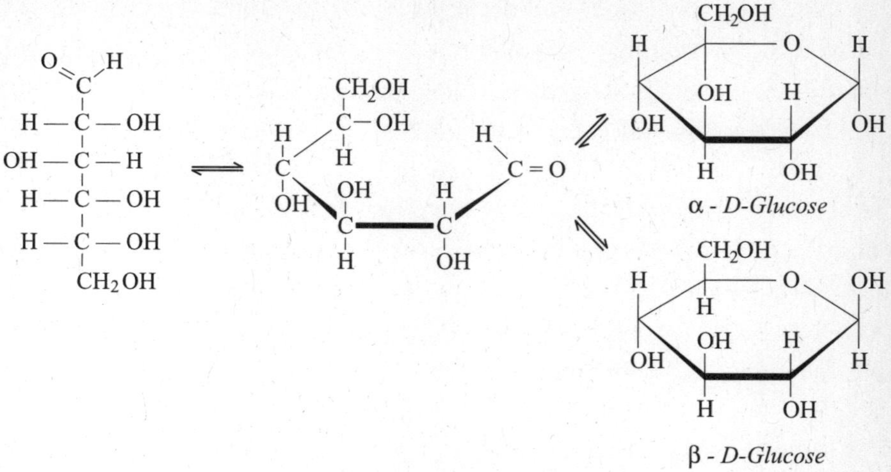

Offene und geschlossene Form der Glucose

Am C-1-Atom entsteht in der Ringform ein zusätzliches asymmetrisches C-Atom, wodurch zwei verschiedene Isomere auftreten können. Je nachdem ob die Hydroxylgruppe cis- oder transständig zur Hydroxylgruppe des C-4-Atoms ist, spricht man von *α-D-Glucose* oder *β-D-Glucose*.

Glucose gehört aufgrund der im Molekül vorhandenen Aldehydgruppe zu den *Aldohexosen*. Da die Aldehydgruppe reduzierend wirkt, kann Glucose mit *Fehling'scher Lösung* nachgewiesen werden.

Der Gehalt an Glucose im menschlichen Blut, der Blutzuckerspiegel, wird normalerweise durch ein kompliziertes Zusammenspiel von blutzuckersenkenden und blutzuckersteigenden Hormonen, die in der Bauchspeicheldrüse produziert werden, konstant gehalten (0,08–0,1 g Glucose pro 100 ml Blut).

Bei Zuckerkrankheit (Diabetes mellitus, Diabetes), einer häufig auftretenden chronischen Stoffwechselerkrankung, wird von der Bauchspeicheldrüse nicht mehr genug oder gar kein Insulin, das blutzuckersenkend wirkt, gebildet. Deshalb steigt der Blutzuckerspiegel an und es kommt zu einer erhöhten Ausscheidung glucosehaltigen Harns.

Das Problem bei der Zuckererkrankung ist nicht der erhöhte Blutzuckerspiegel, sondern die Umstellung der verwerteten Brennstoffe von Kohlenhydraten auf Fette. Es entstehen als Endprodukte Stoffe, die vom Körper nicht weiter verwertet werden können und sich deshalb anreichern. Sie führen bei unbehandelter Diabetes schließlich zum diabetischen Koma und zum Tod.

Fructose

Die D-Fructose (Fruchtzucker) kommt wie die D-Glucose im Honig und in Früchten vor. Sie ist der süßeste natürlich vorkommende Zucker und wird als Zuckerersatzstoff (Fruchtzucker) bei Zuckerkrankheit verwendet, weil sie insulinunabhängig im menschlichen Organismus abgebaut wird. D-Fructose gehört zu den Hexosen und hat wie Glucose die Summenformel $C_6H_{12}O_6$. Während die D-Glucose in wässriger Lösung vorwiegend als sechsgliedriger

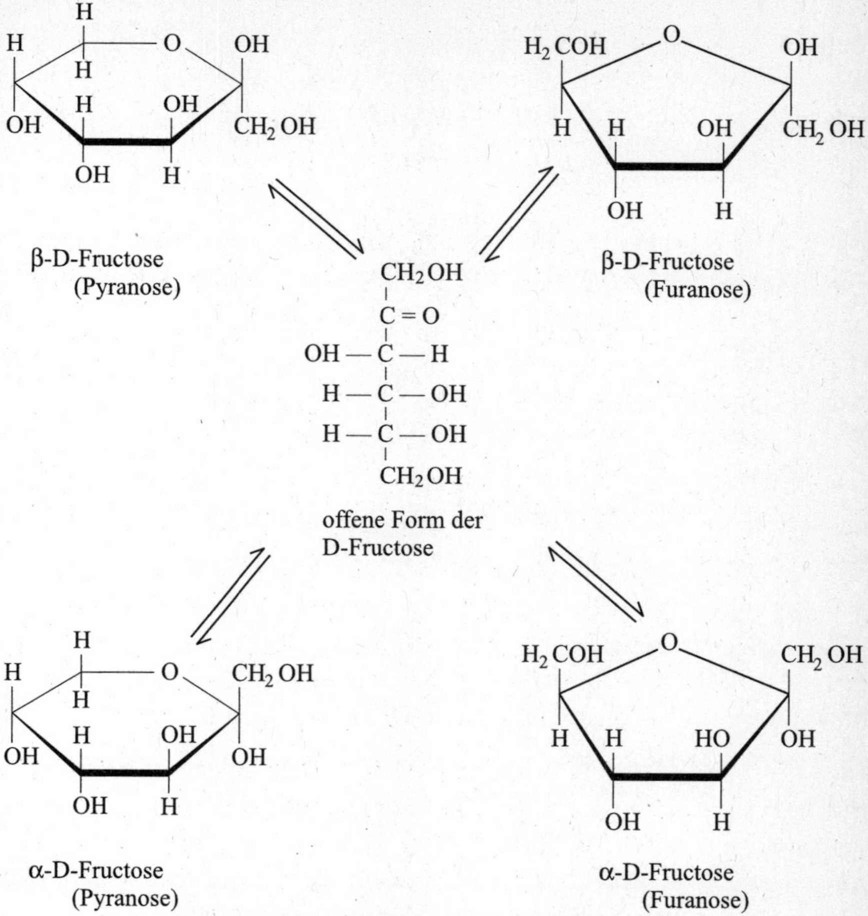

Offene und geschlossene Formen der Fructose

Ring vorliegt, bildet Fructose in Gemisch aus fünf- und sechsgliedrigen Ringen im Verhältnis 70 : 30. In offener Form trägt Fructose neben 5 Hydroxylgruppen als funktionelle Gruppe eine Ketogruppe. Sie wird deshalb zu den *Ketosen* gezählt.

Auch bei der D-Fructose können wie bei der D-Glucose aufgrund der Entstehung eines neuen asymmetrischen C-1-Atoms α- und β-Formen auftreten.

Disaccharide

Saccharose ist der gewöhnliche, im Haushalt verwendete Zucker, der aus Zuckerrüben (Rübenzucker) oder Zuckerrohr (Rohrzucker) hergestellt wird.

Saccharose ist ein *Disaccharid* mit der Summenformel $C_{11}H_{22}O_{11}$, das aus zwei Monosaccharideinheiten, der α-D-Glucose und β-D-Fructose, aufgebaut ist.

Die beiden Molekülteile verbinden sich durch Kondensation (Wasserabspaltung) und sind über eine Sauerstoffbrücke miteinander verbunden. Die Bindung erfolgt zwischen dem C-1-Atom der Glucose und dem C-2-Atom der Fructose.

Man spricht auch von 1,2-glycosidischer Bindung. Eine Ringöffnung ist hier nicht mehr möglich, deshalb wirkt Saccharose nicht reduzierend.

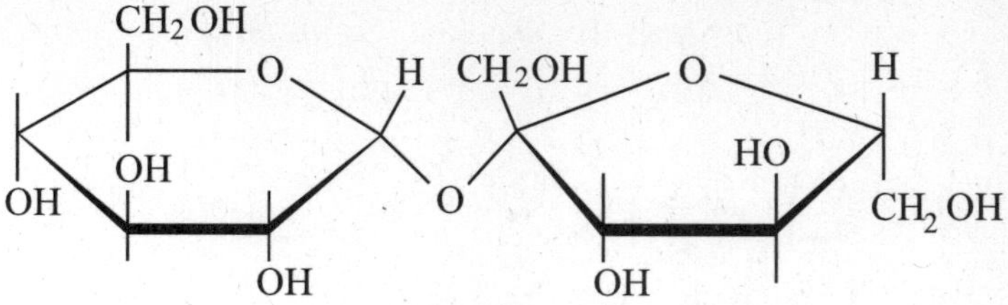

Strukturformel der Saccharose

Maltose (Malzzucker) baut sich aus zwei α-D-Glucosemolekülen auf, die 1,4-glycosidisch verknüpft sind, deshalb ist eine Ringöffnung an einer der Glucoseeinheiten möglich. Maltose wirkt deshalb reduzierend. Maltose ist ein Abbauprodukt der Amylose (s. Stärke, S. 417 ff.)).

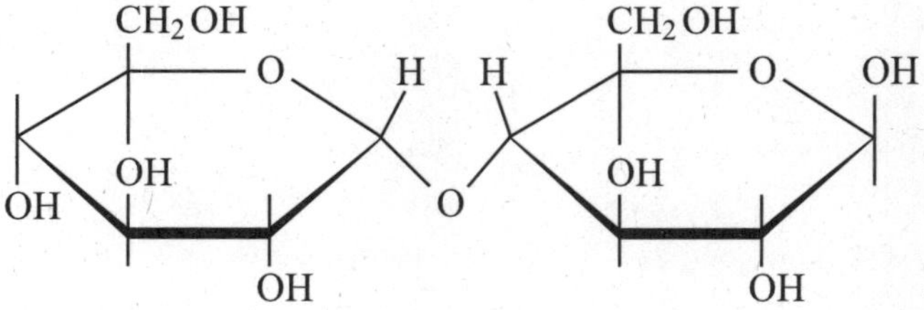

Strukturformel der Maltose

Lactose (Milchzucker) kommt in Milch vor. Das Molekül besteht aus einer Galactose- und einer Glucoseeinheit. Maltose gehört zu den reduzierenden Zuckern.

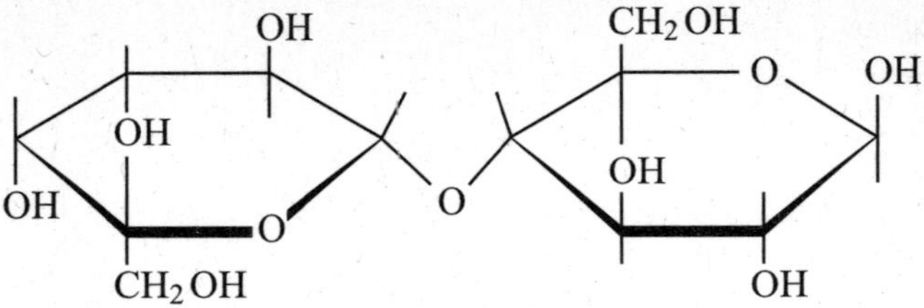

Strukturformel der Lactose

Die Disaccharide Saccharose, Maltose und Lactose werden im Verdauungstrakt des Menschen durch die Enzyme Saccharase, Maltase und Lactase gespalten.

In manchen Bevölkerungsgruppen fehlt den Erwachsenen das Enzym Lactase.

Polysaccharide

Cellulose baut sich aus unverzweigten Ketten auf, die aus β-D-Glucoseeinheiten bestehen. Die β-D-Glucosemoleküle sind durch Kondensation 1,4-glycosidisch miteinander verknüpft.

Jede zweite Glucoseeinheit ist gegenüber der vorhergehenden um 180° gedreht. Die Summenformel lautet $(C_6H_{10}O_5)_n$.

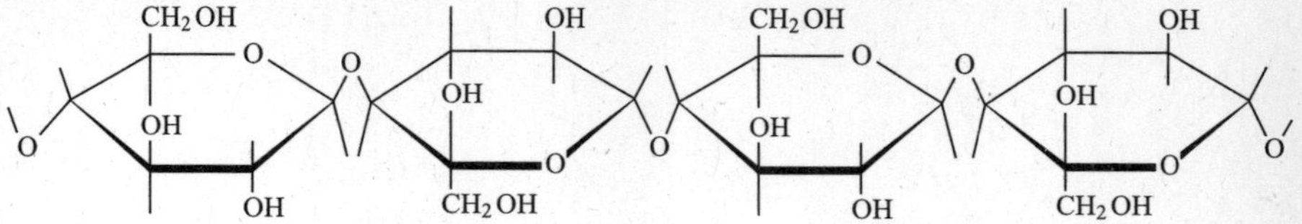

Kettenmolekül der Cellulose

Cellulose bildet die Gerüstsubstanz der pflanzlichen Zellwände und ist damit die am häufigsten vorkommende organische Verbindung. Die Zellwände werden aus Lagen von Cellulosefasern gebildet. Die Fasern entstehen dadurch, dass sich viele Makromoleküle falten und sich zu parallel angeordneten Ketten zusammenlagern, die untereinander Wasserstoffbrückenbindungen ausbilden. Dadurch erhalten sie eine hohe Zugfestigkeit. Die Cellulose erfüllt in den Zellen als Gerüstsubstanz eine Stützfunktion.

Cellulose wird durch das Enzym Cellulase abgebaut, das bei den meisten Säugern fehlt, deshalb können Holz und Pflanzenfasern vom Menschen nicht verdaut werden. Nur einige Wiederkäuer, wie z. B. Pferde und Kühe, einige Insektenarten und Schnecken können Cellulose verdauen. In ihrem Darmtrakt existieren spezielle Bakterien, die Cellulase produzieren.

Cellulose ist in Wasser unlöslich. Durch Einwirkung von konzentrierten Säuren und nach längerem Kochen lässt sie sich in Glucose zerlegen. In starken Laugen quillt sie auf und verliert ihre kristalline Struktur.

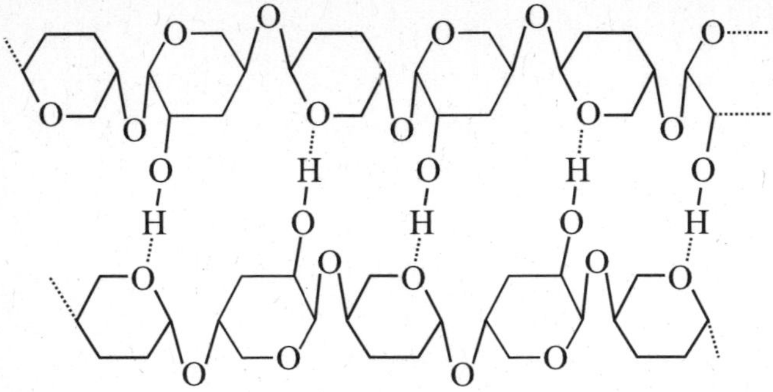

Faserbildung durch parallele Anordnung der Cellulosestränge

Cellulose ist einer der wichtigsten technischen Rohstoffe und wird vorwiegend aus Holz gewonnen, das etwa 50 % Cellulose enthält.

Der größte Teil der Cellulose wird zur *Papierherstellung* benutzt. Dazu wird das zuvor entrindete Holz zuerst mechanisch zerkleinert (Holzschliff), Zeitungspapier besteht bis zu 80 % aus diesem Holzschliff, der neben der Cellulose noch Cellulosebegleitstoffe wie Lignin enthält, das zum Vergilben von Papier führt.

Qualitativ hochwertiges, ligninfreies Papier wird durch mehrstündiges Kochen des Holzschliffs mit einer Lösung von Calciumhydrogensulfit $Ca(HSO_3)_2$ hergestellt. Dabei werden die Cellulosebegleitstoffe in wasserlösliche Formen überführt und abgeleitet. Dem zurückbleibenden verfilzten

Faserbrei werden Leim- und Füllstoffe zugesetzt, die dem Papier eine glatte Oberfläche geben und das Auslaufen und Durchschlagen von Tinte verhindern. Der Brei wird zu dünnen Bahnen ausgepresst, getrocknet und geglättet. Heute ist auch Altpapier ein wichtiger Rohstoff zur Papierherstellung (Recycling-Papier).

Cellulose kann auch nach anderen Verfahren zur Herstellung von Textilfasern (z. B. Reyon) und Folien (z. B. Cellophan) genutzt werden.

Derivate der Cellulose, z. B. Celluloseester, werden zur Herstellung von Acetatseide und Acetatfolie verwendet, Cellulosenitrate (Nitrocellulose) dienen der Herstellung von Nitrolacken, Celluloid, Schießpulver und Sprengstoffen.

Stärke ist das Reservepolysaccharid der Pflanzen mit der Summenformel $(C_6H_{10}O_5)_n$. Es wird in den Samen, Knollen und Früchten in Form von Stärkekörnern charakteristischer Größe und arttypischer Gestalt gespeichert. Besonders stärkehaltig sind u. a. Kartoffeln, Reis und Getreide.

Stärke ist das für die menschliche Ernährung wichtigste Energie liefernde Kohlenhydrat. Es wird im Magen und Darm durch Enzyme über Zwischenprodukte zu α-D-Glucose gespalten und in der Leber und Muskulatur als Glycogen gespeichert.

$$n\,C_6H_{10}O_5 + n\,H_2O \rightarrow n\,C_6H_{12}O_6$$

Cellulose und Stärke haben die gleiche Summenformel:

$$(C_6H_{10}O_5)_n$$

Stärke ist allerdings im Gegensatz zur Cellulose aus α-D-Glucoseeinheiten aufgebaut, die sich durch Kondensation miteinander verbunden haben. Auch in ihrer Struktur unterscheidet sich Stärke von der der Cellulose: Während Cellulose aus gestreckten unverzweigten Molekülsträngen aufgebaut ist, sind die Stärkemoleküle schraubig gewunden und miteinander verknüpft. Stärke besteht aus zwei Komponenten, dem wasserunlöslichen Amylopektin

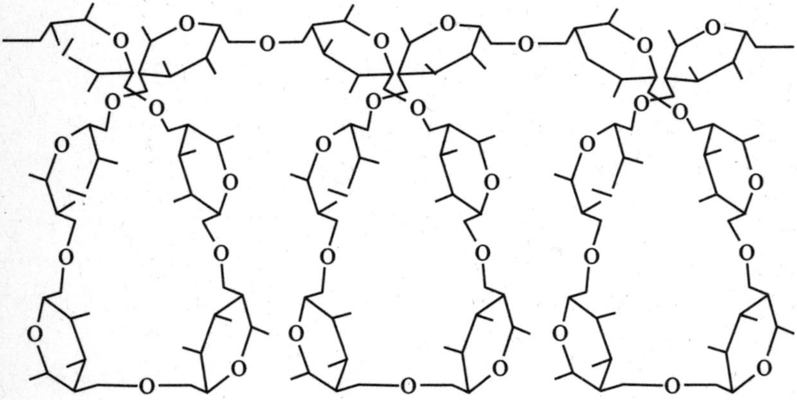

a) schraubenförmige Anordnung der 1,4-glycosidisch verknüpften α-D-Glucose-einheiten im Amylosemolekül

(80–85 %) und der wasserlöslichen Amylose (15–20 %). Das Amylopektin besteht aus verzweigten Ketten von 1,4- und 1,6-glykosidisch verknüpften α-Glucosemolekülen, Amylose ist aus unverzweigten, spiralig gewundenen 1,4-glycosidisch gebundenen α-D-Glucoseeinheiten aufgebaut.

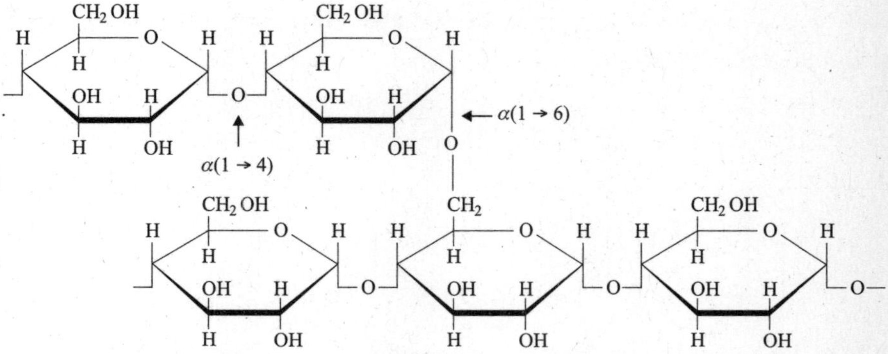

b) Verzweigung im Amylopektin durch 1,6-glycosidische Bindungen

Dem Nachweis der Stärke dient die *Iod-Stärke-Reaktion.* Elementares Iod kann sich in den Hohlraum einer Molekülschraube einlagern, wobei eine intensive Blaufärbung entsteht, die zum Nachweis von Stärke benutzt wird.

Glycogen ist eines der wichtigsten Reservepolysaccharide zur Energiespeicherung beim Menschen und Tier. Als Abbauprodukt der Stärke wird Glycogen aus α-D-Glucosemolekülen durch Kondensation in der Leber und teilweise auch in den Muskeln aufgebaut und gespeichert. Glycogen ist ähnlich dem Amylopektin (s. Stärke) aufgebaut, jedoch sind die Makromoleküle stärker vernetzt. Glycogen wird bei Bedarf infolge von Muskelarbeit oder zwischen den Mahlzeiten zu Glucose abgebaut und ist für den Körper schnell über das Blut verfügbar. Der Blutzuckerspiegel und damit der Auf- oder Abbau von Glycogen wird hormonell durch die Hormone Insulin (Glycogenaufbau) und Glucagon (Glycogenabbau) gesteuert, die in der Bauchspeicheldrüse produziert werden.

Proteine

Aminosäuren als Bausteine der Proteine

Proteine (Eiweiße) bestehen aus Polypeptidketten, deren Struktur, die Aminosäuren, durch Kondensation miteinander verknüpft sind. In allen Lebewesen – vom Bakterium bis zum Menschen – bauen sich die Proteine aus denselben 20 verschiedenen Aminosäuren auf und unterscheiden sich nur durch die genetisch festgelegte Reihenfolge dieser Aminosäuren und ihre Kettenlängen.

Die Aminosäuren bestehen aus einem zentralen C-Atom, an das zwei funktionelle Gruppen, die Aminogruppe $-NH_2$ und die Carboxylgruppe -COOH, ein Wasserstoffatom und ein Rest R gebunden sind.

Die einzelnen Aminosäuren unterscheiden sich durch den Rest R. Weil die Aminogruppe in α-Stellung zur Carboxylgruppe steht, werden sie α-Aminosäuren genannt.

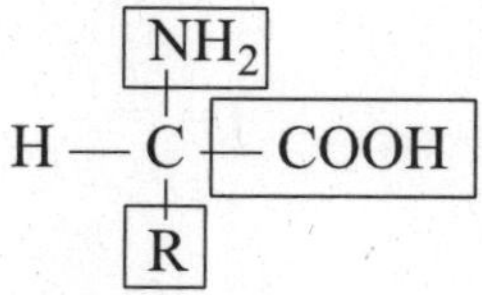

Allgemeine Formel von α-Aminosäuren

Die allgemeine Formel der Aminosäuren gilt nur formal. In fester Form als auch in neutraler Lösung liegen Aminosäuren ungeladen als Zwitterionen vor, die eine positive Ladung ($-NH_3^+$) und eine negative Ladung ($-COO^-$) tragen. Die positive und negative Ladung entsteht durch Protonenverschiebung innerhalb des Moleküls.

Die Carboxylgruppe spaltet als Protonendonator (Säure) ein Proton ab, das von der Aminogruppe als Protonenakzeptor (Base) aufgenommen wird. In saurer Lösung wirkt die ionisierte Carboxylgruppe (COO^-) als Protonenakzeptor und wird unter Aufnahme eines Protons von den Hydroniumionen (H_3O^+) entladen. Die Aminogruppe liegt dann ionisiert ($-NH_3^+$) und die Carboxylgruppe nicht ionisiert (-COOH) vor. In alkalischer Lösung gibt die protonierte Aminogruppe als Protonendonator ein Proton an die OH^--Ionen ab. Die Carboxylgruppe liegt dann ionisiert ($-COO^-$) und die Aminogruppe nicht ionisiert ($-NH_2$) vor. In beiden Fällen entsteht Wasser. Es hat eine Neutralisierung stattgefunden (Pufferwirkung).

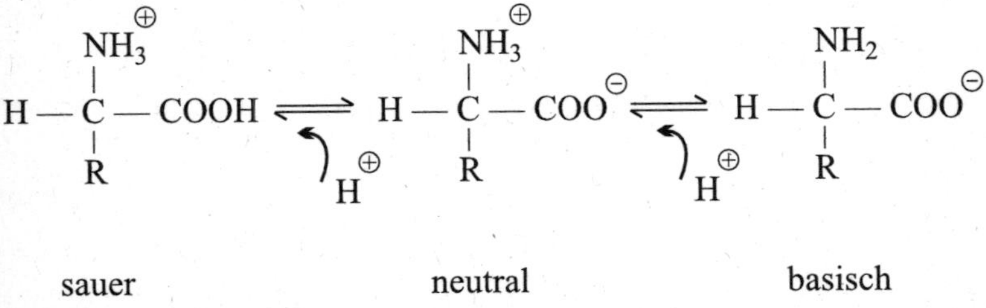

Ladungszustand einer Aminosäure in verschiedenen Lösungen

Alle Aminosäuren (Ausnahme: Glycin) sind optisch aktiv, weil das α-Kohlenstoffatom als asymmetrisches C-Atom vier verschiedene Substituenten trägt.

Glycin trägt dort zwei H-Atome. Moleküle mit einem oder mehreren asymmetrischen C-Atomen besitzen 2^n (= Anzahl der asymmetrischen C-Atome) stereoisomere Formen.

Mit n = 1 bei den Aminosäuren besitzen sie 2 stereoisomere Formen, die D- und die L-Form, die sich wie Bild und Spiegelbild verhalten. Nur die L-Aminosäuren sind Bausteine der Proteine.

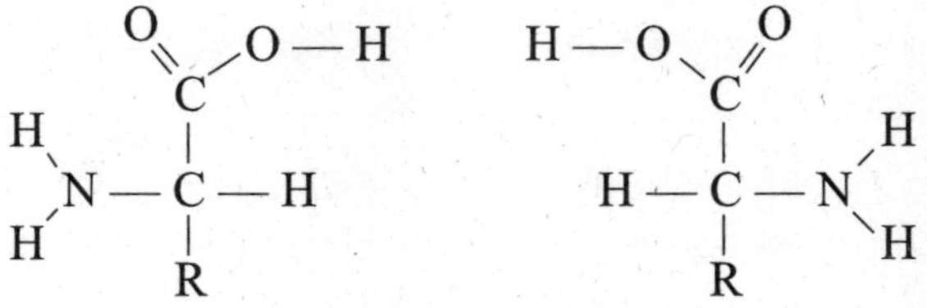

D- und L-Isomere der Aminosäuren

Von den 20 Aminosäuren, aus denen Proteine aufgebaut werden, muss der Mensch neun Aminosäuren mit der Nahrung aufnehmen, d. h., sie sind essenziell und können vom Körper nicht synthetisiert werden. In folgender Tabelle sind die essenziellen Aminosäuren mit einem * gekennzeichnet. Die Reste R beziehen sich auf die allgemeine Formel der Aminosäuren.

Die 20 Aminosäuren, aus denen Proteine aufgebaut sind

Name	Kurzzeichen	Rest R der allgemeinen Formel $NH_2-CH(R)-COOH$
Aminosäuren mit aliphatischem Rest		
Glycin	Gly	$-H$
Alanin	Ala	$-CH_3$
*Valin	Val	$-CH(CH_3)_2$
*Leucin	Leu	$-CH_2-CH(CH_3)_2$
*Isoleucin	Ile	$-CH(CH_3)-CH_2-CH_3$
Prolin	Pro	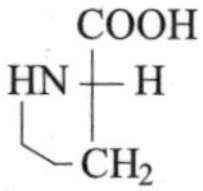
Aminosäuren mit aromatischem Rest		
*Phenylalanin	Phe	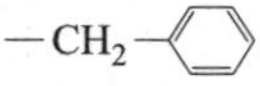
Tyrosin	Tyr	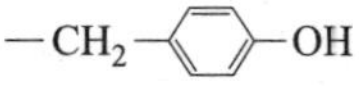

*Tryptophan	Trp	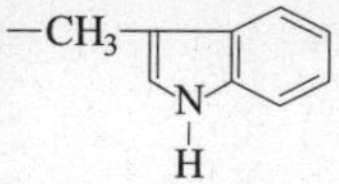
Aminosäuren mit funktionalisierten Resten		
*Lysin	Lys	$-CH_2-CH_2-CH_2-CH_2-NH_2$
Arginin	Arg	$-CH_2-CH_2-CH_2-NH-C(=NH)-NH_2$
*Histidin	His	$-CH_2-C=CH-NH-CH=N-$ (Ring: $C=CH$, $N=CH$, NH)
Cystein	Cys	$-CH_2-SH$
*Methionin	Met	$-CH_2-CH_2-S-CH_3$
Serin	Ser	$-CH_2OH$
*Threonin	Thr	$-CH(OH)-CH_3$
Asparaginsäure	Asp	$-CH_2-COOH$
Glutaminsäure	Glu	$-CH_2-CH_2-COOH$
Asparagin	Asn	$-CH_2-C(=O)-NH_2$
Glutamin	Gln	$-CH_2-CH_2-C(=O)-NH_2$

Aufbau der Proteine

In Proteinen sind die Aminosäuren zu langen Polypeptidketten verknüpft, die in der Regel mehr als 100 Aminosäuren enthalten und keine Kettenverzweigung aufweisen. Die Kettenbildung erfolgt zwischen der Carboxylgruppe der einen und der Aminogruppe der nächsten Aminosäure, wobei Wasser abgespalten wird (Kondensation). Die Bindung nennt man *Peptidbildung*. Die Spaltung einer Peptidbildung erfolgt unter Einführung von Wasser (Hydrolyse).

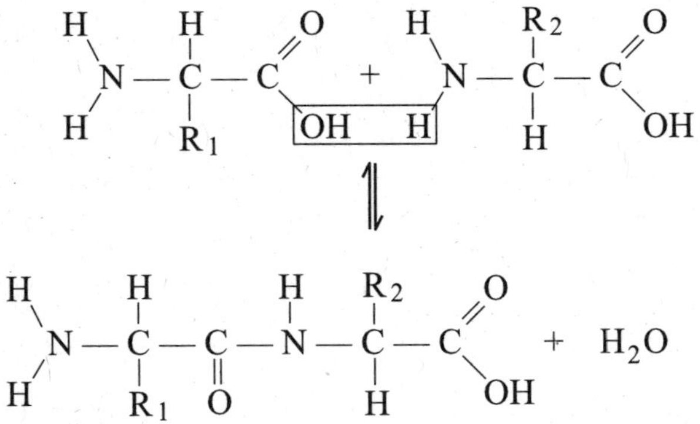

Die *Peptidgruppe* -CO-NH- ist ein charakteristisches Merkmal für alle Proteine. Zwei Aminosäuren, die durch Peptidbildung miteinander verknüpft sind, nennt man Dipeptid. Ein Dipeptid kann an jedem Molekülende weiterreagieren. Je nach Anzahl der verknüpften Aminosäuren unterscheidet man zwischen Di-, Tri-, ... und Polypeptiden. Die Polypeptidkette besteht aus sich regelmäßig wiederholenden Einheiten -NH-CHR_n-CO-, die die Hauptkette bilden, und den Seitenketten (R_1, R_2, R_3 ...).

Die Hauptkette wird auch als das Rückgrat der Polypeptidkette bezeichnet. Eine Polypeptidkette hat eine bestimmte Richtung, da sie zwei verschiedene Enden besitzt. Die Aminogruppe bezeichnet den Anfang einer Polypeptidkette, die Carboxylgruppe das Ende.

Struktur von Proteinen

Die Proteine unterscheiden sich in ihren Kettenlängen und der Reihenfolge der Aminosäuren.

Die Reihenfolge der Aminosäuren bezeichnet man als *Aminosäuresequenz* oder *Primärstruktur*. Sie ist für jedes Protein genetisch in der DNS (DesoxyriboNucleinSäure) im Zellkern festgelegt und bestimmt die Eigenschaften und Struktur eines Proteins.

Die Kombinationsmöglichkeiten der 20 Aminosäuren sind unvorstellbar groß. Bei einem Dipetid gibt es schon $20^2 = 400$ verschiedene Kombinationsmöglichkeiten, bei einem Tripeptid sind es 8000, bei einem Polypeptid aus 50 Aminosäuren sind es $1{,}13 \cdot 10^{65}$ Kombinationsmöglichkeiten. Deshalb überrascht es nicht, dass jede Tier- und Pflanzenart arteigene spezifische Proteine besitzt, die die verschiedensten Aufgaben erfüllen können.

Im natürlichen Zustand liegen die Aminosäuren nicht als gestreckte Peptidketten vor. Es kann in bestimmten Bereichen durch Ausbildung von Wasserstoffbrückenbildungen zwischen benachbarten Carbonylgruppen und NH-Gruppen der Peptidbindung zur Ausbildung dreidimensionaler Strukturen in einer Polypeptidkette kommen, die als *Sekundärstrukturen* bezeichnet werden.

Die beiden häufigsten Sekundärstrukturen sind die α-Helix und die β-Faltblattstruktur. Sie unterscheiden sich durch ihre Struktur und die Lage der Wasserstoffbrückenbindungen.

Die schraubenförmige Struktur, vergleichbar mit einer Wendeltreppe, der α-Helix, kommt durch die Ausbildung von Wasserstoffbrücken innerhalb einer Peptidkette zustande (intramolekulare Wasserstoffbrücken), die gefaltete Form der β-Faltblattstruktur durch Ausbildung von Wasserstoffbrücken zwischen parallel nebeneinander angeordneten Polypeptidketten (intermolekulare Wasserstoffbrücken).

Die *Tertiärstruktur* beschreibt die räumliche Anordnung der Polypeptidketten im Proteinmolekül, die durch Bindungen zwischen den Aminosäureseitenketten zustande kommt. Die Primär-, Sekundär- und Tertiärstrukturen beschreiben die Struktur einer einzelnen Polypeptidkette. Einige Proteine bestehen aus mehreren Ketten, die eine funktionelle Einheit bilden. Ihre Anordnung relativ zueinander beschreibt die *Quartärstruktur*.

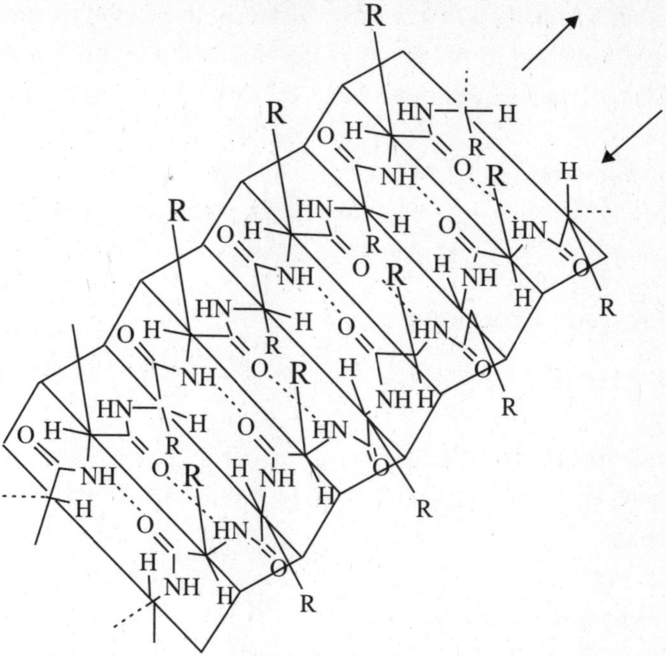

β-*Faltblattstruktur*

Denaturierung

Beim Erhitzen auf Temperaturen von 40–60 °C wird die räumliche Struktur der Proteine durch Lösen der Bindungen der Sekundär- und Tertiärstruktur zerstört, sie werden *denaturiert*. Damit verlieren die Proteine ihre biologische Funktionsfähigkeit. Denaturierte Proteine koagulieren (gerinnen), das heißt, sie fallen sichtbar aus einer Lösung aus, Hühnereiweiß koaguliert z. B. bei einer Temperatur von 60 °C, das Bluteiweiß des Menschen ist temperaturempfindlicher, es gerinnt bei 42 °C.

Die Denaturierung von Proteinen ist nicht reversibel (rückgängig zu machen). Auch Chemikalien wie Schwermetallionen, starke Säuren und organische Lösungsmittel können zur Denaturierung eines Proteins führen.

Nachweis von Proteinen

Proteine werden durch bestimmte Farbreaktionen nachgewiesen:

1. **Biuret-Reaktion**
   Proteine geben in alkalischer Lösung mit Cu^{2+}-Ionen eine blauviolette Färbung.

2. **Xanthoproteinreaktion**
   Mit konzentrierter Salpetersäure entsteht eine Gelbfärbung. Dieser Nachweis kann auch mit festem Eiweiß durchgeführt werden.

Biologische Funktionen der Proteine im Organismus

Proteine (Eiweiße) gehören neben den Fetten und Kohlenhydraten zu den Hauptbestandteilen der Nahrung. Nur Pflanzen können Proteine aufbauen. Der tierische und menschliche Organismus ist auf die Zufuhr von körperfremden Proteinen aus der Nahrung angewiesen, die er durch die Verdauung bis zu den Aminosäuren zerlegt und in körpereigene Eiweiße umbaut. Eiweißstoffe haben keine Speicherfunktion, spielen aber praktisch in allen biologischen Prozessen eine entscheidende Rolle. Sie werden nach ihrer biologischen Funktion klassifiziert:

- Als *Enzyme* (Biokatalysatoren) bewirken sie fast alle chemischen Reaktionen im Organismus. Sie sind z. B. für den Ablauf des Stoffwechsels verantwortlich.

- Als *Schutzproteine* (Antikörper) sind sie Bestandteile des Abwehrsystems des Organismus. Sie werden gebildet, wenn körperfremde Substanzen wie Viren, Bakterien und Zellen anderer Organismen auftreten. Die Abstoßung transplantierter Organe beruht auf dieser Unterscheidung zwischen körpereigenen und körperfremden Stoffen.

- Als *Transportproteine* können sie bestimmte niedermolekulare Substanzen wie z. B. Sauerstoff binden und über das Blut transportieren. Im menschlichen Organismus z. B. dient das Hämoglobin in den roten Blutkörperchen als Träger des Sauerstoffs.

- Als *Speicherprotein* versorgen sie im Ei-Eiweiß und der Milch den wachsenden Embryo mit Nahrung und Aminosäuren. Auch in den Samen von Pflanzen sind Proteine gespeichert.

- Als *Strukturproteine* sind sie Bestandteil von Zellmembranen. Als Bindegewebsbestandteile sind sie am Aufbau von Haut, Nägeln, Haaren und Knorpeln beteiligt. Tierische Strukturproteine sind am Aufbau von Federn, Klauen, Spinnweben, Seide von Seidenraupen und Exoskeletten der Insekten beteiligt.

- Als *Hormone* beeinflussen sie entscheidend die Stoffwechselregulation.

- Als *kontraktile Proteine* in den Muskeln ermöglichen sie die koordinierte Bewegung.